准噶尔盆地开发理论与实践丛书

浅层稠油超稠油油藏开发关键技术

Key Technologies for Development of Shallow Heavy Oil and Super
Heavy Oil Reservoirs

霍　进　陈新发　王志章　孙新革　王延杰　桑林翔等　著

科学出版社

北　京

内 容 简 介

本书主要依托新疆风城油田、红山嘴油田，系统阐述了浅层稠油超稠油油藏砂体精细刻画与储层构型、开发初期蒸汽吞吐技术、稠油蒸汽驱开发技术、超稠油双水平井SAGD开发技术、火烧油层提高采收率技术、CO_2辅助热采技术及稠油热采工艺技术，阐明了多介质协同驱油机理、火烧高温驱油机理，实现了蒸汽吞吐由单一蒸汽到多介质辅助、由直井到多井型、由单井无序到集团式立体注汽的技术跨越。

本书可供从事现场实际油气地质工作的科研人员使用，也可作为石油院校油气地质工程、石油工程专业的本科生、研究生的教学参考书。

图书在版编目（CIP）数据

浅层稠油超稠油油藏开发关键技术=Key Technologies for Development of Shallow Heavy Oil and Super Heavy Oil Reservoirs / 霍进等著.—北京：科学出版社，2020.5

（准噶尔盆地开发理论与实践丛书）

ISBN 978-7-03-063161-9

Ⅰ.①浅… Ⅱ.①霍… Ⅲ.①浅层开采—稠油开采—开采工艺

Ⅳ.①TE345

中国版本图书馆CIP数据核字（2019）第253170号

责任编辑：万群霞　崔元春 / 责任校对：王萌萌
责任印制：师艳茹 / 封面设计：无极书装

科 学 出 版 社 出版

北京东黄城根北街16号
邮政编码：100717
http://www.sciencep.com

北京九天鸿程印刷有限责任公司 印刷

科学出版社发行　各地新华书店经销

*

2020年5月第 一 版　开本：787×1092　1/16
2020年5月第一次印刷　印张：17 1/4
字数：381 000

定价：280.00元

（如有印装质量问题，我社负责调换）

本书作者名单

霍　进　　陈新发　　王志章　　孙新革

王延杰　　桑林翔　　樊玉新　　韩　云

杨　果　　李秀峦　　韩秀梅　　韩海英

裴升杰　　吕柏林　　沈德煌　　陈文浩

王如意

前　言

　　新疆浅层稠油属优质环烷基原油，资源量继美国和委内瑞拉之后居世界第三位，但质量优于前者，可保证其持续有效地规模开发，无论是对我国的国防和经济建设，还是对新疆地区的稳定与发展都具有重大战略意义。从 1984 年开始，依靠常规蒸汽吞吐技术，新疆浅层稠油实现有效开发，但经过多轮次蒸汽吞吐后，开发效果下降。按国家发展和改革委员会发布的《石油发展"十三五"规划》，"十三五"期间，新疆浅层稠油年产量要达到 400 万 ~500 万 t 并持续稳产 15 年以上。要实现这一目标，需要解决四大难题：一是如何创新发展蒸汽吞吐技术，使低品位储量得到有效利用；二是如何通过转换开发方式，大幅提高蒸汽吞吐后的采收率；三是如何突破 SAGD（蒸汽辅助重力泄油）开发关键技术，实现超稠油高效规模开发；四是如何攻关火烧驱油技术，实现注蒸汽后期油藏继续大幅度提高采收率。从 1996 年开始，中国石油新疆油田分公司（简称新疆油田）依托一批国家、中国石油天然气集团有限公司和新疆油田项目，通过 20 多年的持续攻关，创新发展并形成了新疆浅层稠油超稠油开发系列关键技术，实现了上产稳产目标，取得的主要创新成果如下所述。

　　（1）创新发展了复合蒸汽吞吐技术。揭示了多介质协同驱油机理，发明了解决水平井吞吐出砂严重的冲砂装置与工艺，创新了蒸汽吞吐模式，实现了蒸汽吞吐由单一蒸汽到多介质辅助、由直井到多井型、由单井无序到集团式立体注汽的技术跨越，使近 2 亿 t 薄层低品位稠油超稠油储量得以规模效益开发。

　　（2）创新发展了蒸汽驱提高采收率技术。研发了蒸汽吞吐后剩余油精细表征方法，创新了蒸汽驱油藏工程优化设计方法，研制出了分层注汽工艺管柱和高温调堵防窜产品，集成创新了蒸汽驱配套技术，实现了浅层稠油油藏蒸汽吞吐后采收率再提高 30%以上的目标，支撑建成我国首个大规模稠油蒸汽驱工业化基地。

　　（3）创新形成了陆相浅层超稠油双水平井 SAGD 开发技术。揭示了 SAGD 开发机理与生产规律，发明了双水平井钻井轨迹精细控制仪器，创新了 SAGD 开发调控技术，研发形成了适合 SAGD 开发的地面配套设备和技术，打破了国外技术垄断，支撑建成我国大规模双水平井 SAGD 生产基地，该基地 2017 年产油量突破百万吨。

　　（4）创新形成了稠油高温火烧驱油技术。揭示了高温火烧驱油机理，发明了低含油饱和度油藏高效点火器，创新了火驱前缘动态监测与调控技术，建立了火驱全生命周期安全生产与作业技术，破解了废弃稠油油藏开发再利用的世界级难题，可在前期注蒸汽开发的基础上采收率再提高 35%以上。

　　全书共六章，第一章为总论，主要阐述了新疆浅层稠油超稠油油藏的基本地质特征，以及近 20 年来取得的主要创新性成果；第二章详细阐述了稠油超稠油油藏开发技术研究进展；第三章详细阐述了多介质辅助蒸汽吞吐技术、薄层水平井蒸汽吞吐技术、组合式蒸汽吞吐技术；第四章详细阐述了在蒸汽吞吐后剩余油定量表征的基础上，所进行的蒸汽驱油藏工程优化设计技术、蒸汽驱开发综合调控技术；第五章详细阐述了所开展的 SAGD 油藏工程优化技术、SAGD 开发调控技术、钻井轨迹精细控制技术及双水平井 SAGD 地面工程技术；第六章通过开展室内研究和模拟实验，明确了实现高温燃烧的关键因素，研制了低含油饱和度油藏高效点火技术、火线前缘动态监测与调控技术、火驱全生命周期安全生产作业技术。

本书是对国家科技重大专项"稠油 / 超稠油开发关键技术"、中国石油天然气集团有限公司科技攻关项目"浅层超稠油 SAGD 关键技术研究与应用"及重大开发试验项目"新疆风城超稠油 SAGD 开发先导试验""新疆红山嘴油田红浅 1 井区火驱开发先导试验"等研究成果的高度总结，是中国石油新疆油田分公司勘探开发研究院、中国石油大学（北京）等相关大专院校及科研院所共同努力的结晶。

全书由霍进、陈新发、王志章、孙新革等统稿，中国石油大学（华东）李汉林 教授对书稿进行了审读修改，在此表示衷心的感谢。由于笔者水平所限，难免存在不足之处，敬请批评指正。

作　者
2019 年 10 月

目 录

总 论 第一章

与国外相比，准噶尔盆地浅层稠油属于陆相沉积，油层多为薄互层、物性差、非均质性强，开发难度大。1984年，新疆浅层稠油开始逐步规模开发，产量迅速上升，"九五"期间，年产量达到200万t，但经过多轮次蒸汽吞吐后，开发效果迅速下降。如果按当时的资源和技术，则产量平均每年递减20万t以上，无法持续稳产。

第一节　稠油的定义

一、稠油的定义

稠油，国际上称为重质油或重油。严格地讲，稠油和重油是两个不同性质的概念。稠油是以其黏度高低作为分类标准，而原油黏度的高低取决于原油中胶质、沥青质及蜡含量的多少。重油是以原油密度的大小进行分类，而原油密度的大小往往取决于其金属、机械混合物及硫含量的多少。

二、国内外稠油的划分标准

1982年，联合国训练研究所（UNITAR）在第二届国际重质油及沥青砂学术会议上，制定了以原油黏度为主要指标，密度为辅助指标的分类标准，并把原油黏度为 $100 \sim 1000$ mPa·s、密度为 $934 \sim 1000$ kg/m³ 的原油称为重油（表1-1）。

表1-1　UNITAR 推荐的重油及沥青分类标准

稠油分类	第一指标	第二指标	
	黏度 /（mPa·s）	密度（15.6℃）/（kg/m³）	API 重度（15.6℃）
重油	$100 \sim 10000$	$934 \sim 1000$	$20 \sim 10$
沥青	> 10000	> 1000	< 10

在我国，稠油是指地层原油黏度大于50mPa·s（地层温度下脱气原油黏度大于100mPa·s），原油相对密度大于0.92的原油（表1-2）。

表 1-2 中国石油行业稠油分类试行标准

稠油分类			主要指标	辅助指标
名称	类别		黏度 /（mPa·s）	相对密度（20℃）
普通稠油	Ⅰ		50*（或 100）～10000	> 0.92
	亚类	Ⅰ-1	50*～150*	> 0.92
		Ⅰ-2	150*～10000	> 0.92
特稠油	Ⅱ		10000～50000	> 0.95
超稠油(天然沥青)	Ⅲ		> 50000	> 0.98

*指油层条件下的黏度，其他指地层温度下脱气原油黏度。

三、稠油的特点

我国稠油油藏分布广泛，类型很多，埋藏深度变化很大，一般为 10～2000m，主要是砂岩储层，其特点与世界各国的稠油特性大体相似，主要特点如下所述。

（1）黏度高、密度大、流动性差。该特征不仅增加了开发难度和成本，而且导致油田的最终采收率非常低。稠油开发的关键是提高其在油层、井筒和集输管线中的流动能力。

（2）稠油黏度对温度极其敏感。随稠油温度的降低，其黏度显著增加。大量实验证明，温度每降低 10℃，原油黏度约增加 1 倍。目前国内外稠油采用的热力开发方法正是基于稠油的这一特点。

（3）稠油中轻质组分含量低，而焦质、沥青质含量高。

第二节 国内外稠油油藏分布

一、国外稠油油藏分布

世界稠油和沥青资源极为丰富，但对全世界稠油资源进行估算与评价非常困难，因为各地区资源分类标准存在很大的差异。据相关研究机构统计，世界稠油和沥青的地质储量约为 61800 亿 bbl[①]，其中加拿大位居首位，地质储量约为 30000 亿 bbl，约占世界总量的 49%；其次为委内瑞拉，地质储量为 12000 亿 bbl，约占世界总量的 19%；此后依次是伊拉克、科威特、美国等。美国的稠油和沥青的资源量约为 1600 亿 bbl，稠油和沥青的储量基本各为 800 亿 bbl。其中加利福尼亚州稠油和沥青的储量占总资源量的 36%，其次为阿拉斯加州（27%）。美国稠油资源特征差异较大，加利福尼亚州的稠油油田大而浅，油层厚，丰度高；而在中部地区的油田油层薄，油藏规模较小；在阿拉斯加州的冻土区蕴藏着相当规模且埋藏较深的稠油资源，因此这里的稠油开发极富挑战性。

加拿大的稠油资源主要分布在阿尔伯塔省和劳埃德明特斯省，资源量约为 29500 亿 bbl，其中 13500 亿 bbl 分布在阿尔伯塔省的白垩纪油砂矿中；400 亿 bbl 分布在劳埃

---

① 1bbl=1.58987×10²dm³。

德明特斯及其以南地区；另外的 15600 亿 bbl 为前白垩纪重油和沥青储量，其中分布在阿萨巴斯卡地区北部的 740 亿 bbl 油砂矿可以露天开采，因为其表层土厚度均小于 50m。

苏联重油和沥青的储量约为 9886 亿 bbl，主要集中分布在东西伯利亚盆地（74%），其次分布在伏尔加—乌拉尔盆地（12%）。

委内瑞拉的稠油资源主要集中分布在东委内瑞拉盆地的奥里诺科重油带和马拉开波盆地，其中奥里诺科重油带的稠油储量为 11820 亿 bbl，是世界上最大的稠油储集区。在南美洲的其他地区也分布着一些稠油资源。

印度尼西亚的稠油资源主要分布在 Duri 油田，而在中东地区也蕴藏着一定规模的稠油油藏。

二、国内稠油油藏分布

从全球范围来看，稠油主要沿两个带展布，即环太平洋带和阿尔卑斯带，中国稠油资源的分布也受阿尔卑斯构造域和环太平洋构造域的控制，主要分布在我国的东部地区和西部地区。

中国稠油资源多数为中新生代陆相沉积，少量为古生代海相沉积。储层以碎屑岩为主，具有高孔隙度、高渗透率、胶结疏松的特征。

我国稠油资源比较丰富，陆上稠油和沥青资源约占石油资源总量的 20% 以上。截至 2015 年底，我国已探明重油地质储量约为 20.6 亿 t，已动用地质储量 13.59 亿 t，剩余未动用地质储量 7.01 亿 t。已在松辽盆地、二连盆地、渤海湾盆地、南阳盆地、苏北盆地、江汉盆地、四川盆地、准格尔盆地、塔里木盆地、吐哈盆地等盆地中发现了 70 多个稠油油田，稠油储量最多的是东北的辽河油区，其次是东部的胜利油区和西北的新疆克拉玛依油区。我国重油油藏具有陆相沉积的特点，油层非均质性现象严重，地质构造复杂，油藏类型多，油藏埋藏深。油藏埋深大于 800m 的稠油油藏储量约占已探明储量的 80% 以上，其中约有一半的油藏埋深为 1300～1700m。吐哈油田的稠油油藏埋深为 2400～3400m，而塔里木油田的轮古稠油油藏埋深为 5300m 左右。

第三节　国内外提高稠油采收率技术开发情况

国内稠油开发方面所有的技术几乎都源于国外，都是在国外首先提出、研发和进行商业应用的。1959 年在委内瑞拉由荷兰皇家壳牌集团在明格兰德油田开始用蒸汽吞吐技术开采稠油；20 世纪 60 年代之后，开始用该技术进行工业化开采。

目前在美国，稠油蒸汽驱热采技术属国际领先；在加拿大，稠油开发主要靠蒸汽辅助重力泄油（SAGD）技术；在委内瑞拉，稠油开发技术主要体现在改善蒸汽吞吐开发效果上。近年来，国外稠油开发技术的进展主要有：SAGD 技术、稠油出砂冷采技术、稠油气体溶剂超临界萃取冷采技术、重力辅助火烧油层技术、电磁波热采技术等。例如，美国加利福尼亚州外 Kern River 油田和印度尼西亚 Duri 油田的大型蒸汽驱项目，采收率高达 55%～70%，油汽比（ROS）均超过 0.25，开发效果好、经济效益高。美国、加拿大在稠油开发方面，包括蒸汽驱热能管、油藏监测技术等都处于国际领先水平。

我国自 20 世纪 90 年代以来就在四大稠油区（河南油田、胜利油田、新疆油田、辽河油田）相继开展蒸汽驱先导性试验，目前我国的稠油油藏蒸汽吞吐技术已基本配套，形成了深达 1600m 的蒸汽吞吐系列，其已成为我国稠油开发的主导技术，而且在今后若干年中仍将继续发挥主导作用。稠油蒸汽吞吐在高轮次开发情况下产量递减加快。"九五"期间产量递减总量比"八五"期间增加了 212 万 t。而新井产量占基础井的比例由 72% 降为 38%，在这种情况下，新疆油田一方面加大措施工作量，使措施增产比例由 40% 增大到 46%，多增油 163 万 t；另一方面应用改进的蒸汽吞吐技术，如分层注汽、投球选注等，改善蒸汽波及体积，使纵向动用程度由"八五"初期的 40% 左右提高到了 60%，在极端困难的条件下实现了稠油产量稳中有增。与此同时，新疆油田还发展了普通稠油油藏注水后转注蒸汽开发的新技术，扩大了热采领域。

在稠油吞吐转驱方面，新疆浅层稠油蒸汽驱矿场试验已获成功，蒸汽驱井组从 252 个扩大到了 557 个。2000 年蒸汽驱产量为 91.254 万 t，油汽比达到 0.22。在辽河油区发展了超稠油蒸汽吞吐配套技术，超稠油生产能力已达到 100 万 t 以上。截至 2002 年底，我国应用热力开发技术已累计动用地质储量 12.6 亿 t，当年产量为 1267 万 t。我国已成为世界第四大稠油生产国。

稠油超稠油油藏开发技术研究进展 第二章

稠油自 20 世纪 50 年代开始进行工业化生产，在短短的 60 多年时间里，稠油开发发展很快。就目前的稠油开发技术而言，稠油油藏开发可分为热采和冷采两类。其中以蒸汽吞吐、蒸汽驱、火烧油层、化学降黏等方法为主，同时也发展了许多新的技术。

第一节 注蒸汽热采技术

一、蒸汽吞吐技术

蒸汽吞吐技术是一种相对简单和成熟的注蒸汽开发稠油技术。

蒸汽吞吐采油机理主要是加热近井地带原油，使黏度降低，当生产压力下降时，为地层束缚水和蒸汽的闪蒸提供气体驱动力。

1. 蒸汽吞吐采油技术工艺

蒸汽吞吐采油技术工艺的过程是先向油井注入一定量的蒸汽，关井一段时间，待蒸汽的热能向油层扩散后，再开井生产，即在同一口井进行注入蒸汽、关井浸泡（焖井）及开井生产 3 个步骤，蒸汽吞吐采油技术工艺描述如图 2-1 所示。注入蒸汽的数量（简称注汽量）及焖井时间是根据井深、油层性质、原油黏度、井筒热损失等条件预先设计好的。

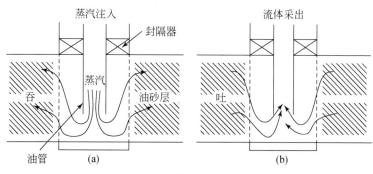

图 2-1　蒸汽吞吐采油技术工艺

通常注汽量按水当量计算，注入蒸汽的干度要高，井底蒸汽干度要求达到 50%

以上；注入压力及速度以不超过油藏破裂压力为上限。

2. 蒸汽吞吐油藏筛选标准

适于蒸汽吞吐开发技术的油藏筛选标准见表 2-1。

表 2-1 适于蒸汽吞吐开发技术的油藏筛选标准

	筛选标准
原油黏度（油层）/（mPa·s）	50 ～ 10000
原油密度 /（g/cm³）	> 0.9200
油层深度 /m	150 ～ 1600
油层厚度 /m	> 10
净总厚度比	> 0.4
孔隙度 /%	≥ 20
原始含油饱和度（S_{oi}）/%	≥ 50
孔隙度 × 原始含油饱和度	≥ 0.1
渗透率 /mD*	≥ 200

*1D=0.986923×10^{-12}m²。

3. 蒸汽吞吐采油技术进展

蒸汽吞吐采油技术是目前稠油注蒸汽开发的主要方法，用该方法开发的稠油产量约占稠油总产量的 80%。蒸汽吞吐几乎对各种类型的稠油油藏都有增产效果，年采油速度是常规采油方法的数倍，一般达到 3% ～ 8%。因此，不仅产量增加快，而且投资回收快、经济效益好。近几年蒸汽吞吐技术的发展主要在于使用各种助剂改善吞吐效果。该技术是 20 世纪 80 年代在委内瑞拉发展起来的，注入的助剂主要有天然气、溶剂及高温泡沫剂。

4. 蒸汽吞吐采油技术存在的问题及解决办法

蒸汽吞吐见效快，容易控制，工作灵活，因而得到了快速发展。但一般经过几个周期的连续吞吐，含水饱和度的增加使油水比上升，吞吐效果逐渐变差。目前蒸汽吞吐技术存在的问题及解决办法如下所述。

（1）热采完井及防砂技术：热采完井方面主要存在的问题是套管变形。针对出砂这一问题，通常采用的方法是利用绕丝管砾石充填防砂，但这种方法对细粉砂效果差，多次吞吐后容易失败。

（2）注汽井筒隔热技术：针对注汽过程中热损失问题，研究应用了隔热技术，如使用超级隔热油管、绝热同心连续油管、隔热接箍、环空密封、喷涂防辐射层等。

（3）注汽监控系统：在注汽过程中，需要监测和控制蒸汽参数，以提高注汽的应用效果。为此，可应用地面水蒸气流量、干度测量技术，地面水蒸气分配与调节技术，井下压力、温度、流量、干度等注汽参数检测技术等。

二、蒸汽驱技术

注蒸汽采油有两个阶段,一个阶段是蒸汽吞吐,另一个阶段是蒸汽驱。蒸汽驱开发是稠油油藏经过蒸汽吞吐开发后为进一步提高原油采收率而进行的主要热采阶段。因为只进行蒸汽吞吐开发时,只能采出各个油井井点附近油层中的原油,井间留有大量的死油区,所以一般原油采收率仅为10%～20%,损失了大量可采储量。

采用蒸汽驱开发技术时,由于注入井连续注入高干度蒸汽,注入油层中的大量热能将油层加热,大大降低了原油黏度,而且注入的热流体将原油驱动至周围的生产井中,可采出更多原油,使原油采收率增加了20%～30%。

1. 蒸汽驱采油技术机理

蒸汽驱采油技术机理主要是降低稠油黏度,提高原油流度。蒸汽相不仅含水蒸气组成,而且也含烃蒸气。烃蒸气与水蒸气一起凝结,驱替并稀释前缘原油,从而留下较少或较重的残余油。

2. 蒸汽驱采油技术工艺

常规的蒸汽驱采油技术工艺过程是指从一口井注入蒸汽,然后从另一口井开发原油的方法,也就是注汽井持续注汽而从相邻的生产井采油。与蒸汽吞吐采油技术相比,蒸汽驱采油技术需要经过较长时间的注入蒸汽才能见到效果,费用高、回收时间长。

3. 蒸汽驱开发技术的油藏筛选标准

适于蒸汽驱开发技术的油藏筛选标准见表2-2。

表 2-2　适于蒸汽驱开发技术的油藏筛选标准

	现有技术条件	近期技术进步	技术待发展
原油黏度(油层)/(mPa·s)	50～10000	10000～50000	＞50000
原油密度/(g/cm³)	＞0.92	＞0.95	＞0.98
油层深度/m	150～1400	150～1600	≤1800
油层厚度/m	≥10	≥10	≥5
净总厚度比	≥0.5	≥0.5	≥0.5
孔隙度/%	≥20	≥20	≥20
原始含油饱和度(S_{oi})/%	＞50	＞50	≥40
孔隙度×原始含油饱和度	≥0.1	≥0.1	≥0.08
储量系数10⁴t/(km²·m)	＞10	＞10	＞7
渗透率/mD	≥200	≥200	≥200

4. 蒸汽驱采油技术进展

蒸汽驱采油技术是稠油开发中已工业化应用的成熟技术,也是三次采油技术中的一项重要技术,注蒸汽项目数及其产量在提高采收率(EOR)法采油中占有很大比例,

2005 年，全世界共实施注蒸汽项目 119 个，累计产油量为 $5951 \times 10^4 m^3$，占全球 EOR 总产量的 63.3%。油田实施蒸汽驱开采的成功实例也较多，美国的 Ken River 油田、印度尼西亚的 Duri 油田、委内瑞拉的 Bare 油田等几个大型蒸汽驱开发油田采收率可达 60% 以上。

第二节　火烧油层技术

火烧油层又称为地下（层内）燃烧，亦称火驱开发技术。是热采中应用最早的一种提高原油采收率的方法。

1. 火烧油层技术机理

火烧油层技术机理主要是以热力、蒸馏、热解、轻质油稀释及 CO_2 溶解等方式降低原油黏度，使原来不能流动的稠油降黏而流动。在此过程中，油藏温度能达到较高的氧化温度（约 800℃），并形成一个高温氧化带。根据燃烧前缘与 O_2 流动的方向分为正向火驱和反向火驱，根据在燃烧过程中或之后是否注入水又分为干式火驱和湿式火驱。

2. 火烧油层技术工艺

火烧油层技术是先向注入井中注入空气、O_2 或富氧气体，然后依靠自燃或利用井下点火装置点火燃烧，在继续注气的过程中在油层内形成一个狭窄的高温燃烧带，由注入井向生产井推进。

3. 火烧油层技术进展

自 1945 年菲利浦石油公司的佛雷格（Freg）提出火烧油层技术以来，大规模实施火烧油层技术的油田主要有罗马尼亚的 Suplacude Barcau 油田，美国的 Bellevue 油田、Midway Sunset 油田、Sloss 油田，苏联的 Kraazhabas 油田，加拿大的 Mobil 油田。

火烧油层技术平均采收率达到 50% 以上。其中，面积为 $30 km^2$ 的罗马尼亚 Suplacude Barcau 油田，于 1964 年 4 月投入火烧油层开发，采用线性井网（即从构造高部位近平行于等高线逐渐向下部驱动），截至 1992 年 3 月，共有生产井 1900 口，注空气井（火井）185 口，日注空气 $280 \sim 350 m^3$，注气压力为 $1.8 \sim 1.9 MPa$，火烧油层受效井 600 口，火线前缘 $200 \sim 400 m$ 范围的生产井均可受效。日产原油 $1500 \sim 1600 t$，年产油 $55 \times 10^4 t$，年采油速度为 1.4%，生产气油比为 $2000 m^3/t$，每燃烧 $1 m^3$ 油砂需要注入空气 $360 \sim 380 m^3$（燃烧率），已燃烧区采收率为 $70\% \sim 80\%$，垂向波及系数平均为 76%。

近年来，火烧油层技术得到了较大发展，火烧油层项目数增加较快。以美国为例，2000 年火烧油层项目数为 5 个，2019 年增加到 12 个，日产油量也由 2000 年的 2781 桶增加到 2019 年的 17025 桶，使火烧油层开发日趋大型化、规模化。

火烧油层法的驱油效率是其他采油方法无法比拟的。实验室试验证明，已燃烧区的残余油饱和度几乎为零，采收率可达 85% ～ 90%，在已实施的矿场火烧油层方案中，采收率亦可以达到 50% ～ 80%。

近几年，随着水平井技术的发展，火烧油层技术呈现出新的发展趋势，即由常规火驱变为复合驱。例如，利用水平井进行重力辅助火烧油层（SOSH，也译作燃烧超覆分采水平井）、火驱与蒸汽驱复合驱等，从而提高了采收率及经济效益。

4. 火烧油层技术特点

火烧油层技术具有以下特点。

（1）热利用率和驱油效率高，驱油效率一般可达 80% ～ 90%。

（2）注入的是空气，成本低且气源充足。

（3）火烧油层技术对于薄油层来说是一种理想的开发技术，该技术对于 10 ～ 50ft[①]厚的砂岩油藏是最有效的。

（4）对油藏的非均质性影响小于蒸汽驱，且可用于大井距的油藏，相同条件下，比采用蒸气驱获得的最终采收率要高。

（5）地面消耗能量少，对同样规模的油藏实施火烧油层技术所消耗的地面能量只是蒸汽驱消耗能量的 1/4 ～ 1/5。

（6）对油藏具有较广泛的适应性，它不但适合于一般轻油油藏和一般重油油藏，而且对那些油层较薄或埋深较大、用蒸汽驱未取得经济效益的重油油藏，火烧油层技术也具有明显的优势。

5. 火烧油层技术的油藏筛选标准

适用于火烧油层开发技术的油藏筛选标准见表 2-3。

表 2-3　蒸汽驱技术与火烧油层技术的油藏筛选标准

	蒸汽驱		火烧油层	
	现有技术	先进技术	现有技术	先进技术
油藏埋深 /ft	≤ 3000	≤ 5000	≤ 11500	—
油层厚度 /ft	≥ 20	≥ 15	≥ 20	≥ 10
孔隙度 × 原始含油饱和度	≥ 0.1	≥ 0.08	≥ 0.08	≥ 0.08
孔隙度 /%	≥ 20	≥ 15	≥ 20	≥ 15
渗透率 /mD	≥ 250	≥ 10	≥ 35	≥ 10
API 重度（15.6℃）	10 ～ 35	—	10 ～ 35	—
原油黏度 /cP*	≤ 15000	—	≤ 5000	≤ 5000
目前油藏压力 /psi**	≤ 1500	≤ 2000	≤ 2000	≤ 4000

*1cP=10^{-3}Pa·s。

**1psi=6.89476×10^{3}Pa。

---

① 1ft=3.048×10^{-1}m。

第三节　SAGD 及蒸汽萃取技术

一、SAGD 技术

当原油黏度高于 100000mPa·s 时，油层流动阻力非常大，必须要考虑依靠其他动力增加原油的流动性，SAGD 技术就是一种开发这种高黏原油的有效前沿技术。

1.SAGD 采油机理

实现注采井之间的热连通，以蒸汽为热介质，在上覆地层中形成蒸汽腔，在流体热对流及热传导作用下加热油层，依靠重力作用开发稠油。

2.SAGD 采油技术工艺

向水平井上方一口或几口垂直井中注蒸汽，加热后可流动的沥青在重力作用下流向位于其下方的水平井中，其工艺如图 2-2 所示。

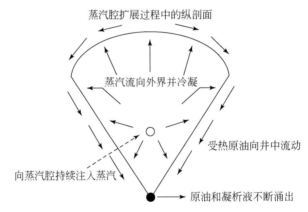

图 2-2　SAGD 采油技术工艺

利用 SAGD 采油技术进行稠油开发一般需要以下阶段：循环预热、降压生产和 SAGD 生产。循环预热也是启动阶段，即上部垂直井与下部水平井同时吞吐生产，各自形成独立的蒸汽腔；随着被加热原油和冷凝水的不断采出及吞吐轮次的增加，蒸汽腔不断扩大，直至相互连通（降压生产阶段），之后进入 SAGD 生产阶段。

3.SAGD 采油技术进展

SAGD 技术一般是在接近油柱底部、油水界面以上钻一口水平生产井，蒸汽通过该井上方与第一口水平井相平行的第二口水平井或一系列垂直井持续注入。从而在生产井上方形成蒸汽腔，蒸汽在注入上升过程中通过多孔介质与冷油接触，并逐渐冷凝，凝析水和被加热的原油在重力驱替作用下泄至生产井并由生产井产出。

水平井 SAGD 的井配置可分为 3 种方式：第一种是双水平井，即上部水平井注汽，下部水平井采油。第二种是水平井和垂直井组合的方式，即上部垂直井注入蒸汽，下部水平井采油。第三种是单井 SAGD，即在同一水平井口下注入蒸汽、采用两套管柱，通过注汽管柱向水平井最顶端注入蒸汽，使蒸汽腔沿水平井逆向发展。与成对的 SAGD 相比，单井 SAGD 适用于厚度为 10 ～ 15m 的油藏。

SAGD 技术主要应用在加拿大的超稠油油藏开发中。EnCana 公司于 2002 年 9 月开始的 Mackay River 的 SAGD 项目，日产原油 30000bbl，该公司在 Christina Lake 的 SAGD 项目有 700 口水平井，日产原油 50000 ～ 70000bbl。Suncor 公司于 2003 年开始的 Firebag 的 SAGD 项目，约有 93 亿 bbl 储量，2005 年日产量已达 35000bbl，2010 年日产量为 140000bbl。日本－加拿大油砂公司（JACOS）在 Hangingstone 的 SAGD 项目 2006 年日产量为 50000bbl。加拿大自然资源公司（CNRL）在 Primrose、Wolf Lake、Burnt Lake 的稠油生产项目包括蒸汽吞吐和 SAGD 两类，这些项目在 2006 年的日产量约为 38000bbl，计划在 15 ～ 20 年内新钻 600 口水平井，将日产量提高到 120000bbl。加拿大 OPTI 公司与 Nexen 公司在 Long Lake 的合作开发项目约有 10 亿 bbl 的沥青储量，投资 34 亿美元，2007 年日产量达 72000bbl，该项目是第一个将 SAGD 与现场改质结合在一起的项目。

在加拿大 Tangleflage 稠油区的 SAGD 项目，开展时间最长，资料相对翔实。其油藏条件和生产效果如下：油藏埋深为 480 ～ 550m；油层厚度为 15 ～ 25m；孔隙度为 33%；水平渗透率为 2 ～ 3μm^2，垂向渗透率为 0.8 ～ 1.2μm^2；原始含油饱和度为 80%；油层温度下的脱气原油黏度为 20000 ～ 40000mPa·s；油层压力为 4MPa；油层温度为 20℃。采用垂直井和水平井组合方式，水平井段长 400m，水平井段位于油底上方 5 ～ 7m，垂直井与水平井的水平距离为 75m，垂直井射孔底界距水平井的垂直距离为 3 ～ 5m。单井日注汽速度为 100 ～ 200m³，井口注汽干度为 80%；注汽压力在 SAGD 初期为 6.0MPa，蒸汽腔形成后压力稳定在 4.0MPa。该试验区的 SAGD 效果可大致分为 3 个阶段：蒸汽腔形成时间约 1.5 年，平均单井日产油 60t，油汽比为 0.18；蒸汽腔形成后，高峰期单井日产油达 150 ～ 200t，油汽比为 0.4 ～ 0.5；截至 2006 年试验区生产 12 年，平均单井日产原油 90t，采出程度为 60%，累积油汽比为 0.33。

二、蒸汽萃取技术

1. 基本概念

萃取是指利用不同物质在选定溶剂中的溶解度不同而分离混合物中各组分的方法。用溶剂分离液体混合物中的组分称液液萃取，又称溶剂萃取。

萃取剂是指萃取所用的溶剂，要求其对液体或固体混合物中的组分具有选择性溶解能力。

蒸汽萃取技术（VAPEX）是在油藏条件下，利用液态溶剂或超临界流体对原油中油组分有较大的溶解度，而对胶质、沥青质几乎不溶的特性，在油藏萃取过程中，利用抽提油液相和重质油沉积相的重力作用和密度的差异性，使一部分油被采出。

2. 蒸汽萃取采油机理

蒸汽萃取开发稠油技术机理是将气化的萃取剂注入稠油油藏中，在合适的温度和压力条件下，其能溶解到原油中，在原油中扩散，稀释原油，降低原油黏度，促进原油流动，从而提高稠油采收率。

3. 蒸汽萃取采油技术工艺

注入井在生产井之上，所注入的溶剂降低了地层中的原油黏度，于是在重力作用下，稀释的原油获得流动能力，流入下部的水平生产井，被泵送至地面。而在注入井周围被稀释的原油排出后，周围孔隙空间内充满了烃类溶剂蒸汽，形成了蒸汽腔，随着生产的继续，越来越多的原油被采出，蒸汽腔会慢慢向上扩展。

4. 蒸汽萃取技术特点

（1）蒸汽萃取技术是一项可以对热力采油技术加以补充，甚至是全面代替热力采油技术的新工艺。由于该工艺属于非热力采油技术，可以极大地节约资源，同时省去了水处理环节，可节约水资源，避免环境污染。

（2）该技术对薄层、有底水或含水饱和度高、有垂直裂缝、孔隙度低和导热性差的稠油油藏有独特的优势，可大大提高油藏的采收率。

（3）该技术在采油过程中使用的萃取溶剂可以循环利用，并可以在开发终止阶段基本全部回收，节约了开发成本。

（4）由于在油藏中发生脱沥青，将大大改善采出油的品质，使其黏度和重金属含量大幅度降低，为采出油的地面集输及炼制提供了便利。

（5）该工艺过程中沉积的沥青质是否堵塞油藏，影响原油的流动是一个令人担忧的问题，但是 Das 及 Butler 所做的赫尔-肖氏实验给出了沥青的沉淀不会影响原油在油藏中流动的结论。实验证明：丙烷气溶解在界面处的沥青中，并通过界面扩散，当丙烷浓度超过一定值时，沥青开始沉淀，脱沥青的稀释油向下泄出，当界面扩散时，丙烷气跑到沉积层后面，并与新沥青相接触，该过程就这样继续下去。因此脱沥青作用不会阻止原油从油层中流出，相反，由于降低了原油黏度，提高了流速，产量可提高 30% ~ 50%。

（6）该技术可以灵活地采用多种注采系统加以应用，如单水平井吞吐，成对水平井注采，单直井、多直井注采，垂直井与水平井组合注采等，为现存的开发效果不佳的水平井及垂直井提供了转换开发方式，同时也最大限度地节约了钻井的费用。

同时蒸汽萃取技术也存在着一些问题，如容积的压缩、损失问题，油藏的非均质性产生的不利影响严重，油井和设备的设计未经验证。

5. 蒸汽萃取技术进展

蒸汽萃取技术用于稠油吞吐是一种用于改善稠油开发效果的新技术。由加拿大石油专家 Butler 等最先提出，并开展室内研究。该工艺与 SAGD 工艺密切相关。

以液化石油气（LPG）作为萃取剂辅助蒸汽吞吐除了能起到增加地层能量，回采时发挥气体助排作用外还有另一个作用，也是在吞吐中最重要的作用，即 LPG 作为一种轻烃类气体，在适当的温度、压力条件下，能够和原油达到拟混相甚至超临界状态，可大大降低原油黏度，增加蒸汽吞吐的效果；LPG 的露点压力较小，一般在 0.9MPa 左右，在较低的压力下可以液化，地层能量虽然增加不多，但其和原油有着很好的混溶能力，注入后很容易和地下原油混溶；由于 LPG 的泡点压力也不高，大约在 3.0MPa 以下，在 LPG 降压回采时，LPG 很容易从原油中分离出来，起到溶解气驱的作用。

超临界萃取技术作为一种比较成熟的技术早已应用于食品、药品工业，但超临界萃取技术作为一种全新的工艺技术用于稠油萃取开发原油的研究才刚刚开始，技术上还存在一些问题。加拿大卡尔加里（Calgary）大学进行了大量的实验及研究，他们主要以乙烷、丙烷及丁烷作为萃取剂，并进行了矿场试验研究，取得了较好的效果；埃德蒙顿（Edmonton）国家石油研究院多年来一直在进行稠油油砂超临界萃取实验，萃取效果非常好；国内对这方面研究也不少，中国科学院化学研究所在"八五"期间曾用丙烷进行超临界萃取稠油的室内实验研究，并对丙烷与原油混合后的黏度和密度变化进行了研究，但没有进行现场试验。

目前该技术正处于现场试验和研究阶段，加拿大正在 3 种不同类型的油藏中进行蒸汽萃取技术的先导试验。该项技术成功应用的关键除了精细的油藏描述，还要研究所注入溶剂与原油的配伍性，以提高溶剂在油层中的扩散程度。

在目前的研究水平下，尚未对蒸汽萃取技术的适用条件有明确的结论，根据室内实验和油藏模拟，认为蒸汽萃取技术适用于水平和垂向渗透率较高的油藏，而对油藏的深度、油藏是否有气顶或底水没有特别的界定，但对于原油性质包括黏度及其与溶剂的配伍性都需要进行重点研究与试验才可确定。

第四节　化学驱技术

根据我国提高采收率方法的筛选、潜力分析及发展战略研究结果，我国注水开发油田（其储量及产量占全国的 80% 以上）提高采收率的方法主要为化学驱技术，覆盖地质储量达 60×10^8t 以上，可增加可采储量 10×10^8t，为各种提高采收率方法潜力的 76%，是我国三次采油提高采收率研究的主攻方向。但是，就目前的稠油开发而言，化学驱主要是进行室内研究，现场实施很少。

一、化学驱国内外研究情况

国外稠油油藏化学驱的发展基本与常规油藏化学驱的发展同步：1942 年，Subknow 提出了用乳化剂开发重油或沥青的方法；1974 年，Jennings 提出了稠油油藏碱性水驱，实验用稠油黏度为 183mPa·s（25℃时）；1976 年，Okandan 提出了用十二烷基苯磺酸钠、木质素磺酸钠表面活性剂改善稠油水驱效果，实验用稠油黏度达到 660mPa·s（65℃时）；1988 年，鉴于表面活性剂驱水油流度比，Alam 和 Tiab 提出了热碱-聚合物驱，实验用稠油黏度为 200mPa·s（23.8℃）。也有学者认为，当水驱残余油饱和度高时，碱性水驱作为三次采油工艺是有效的，但当残余油饱和度低时，则是无效的。对于水驱残余油饱和度低的情况，从热碱到碱性蒸汽驱都比传统的热水、蒸汽驱有效。20 世纪 80 年代至 20 世纪末，国外化学驱进入发展的低潮期，相关稠油化学驱的研究报道也较少见。2000 年之后，加拿大里贾纳（Regina）大学的 Dong 课题组在 *Journal of Petroleum Science and Engineering*、*Society of Petroleum Engineers*、*Colloids and Surfaces A: Physicochemical and Engineering Aspects* 发表了系列稠油化学驱的论文。

20 世纪 90 年代后，国内也进行了为数不多的化学驱提高稠油采收率的研究。国内对碱、碱 – 表面活性剂稠油吞吐有不少研究和井例。1991 年，黄立信等提出将乳化技术应用到稠油油藏的开采，于 1992 年在大港油田成功进行了国内第一口单井化学吞吐试验，并于 1994 ～ 1995 年在胜利油田纯梁油田金 921926 井进行吞吐试验，取得了增产 1.3t 油的效果。其他实例还有：吴国庆等研制了界面张力为 3.15×10^{-3}mN/m 的吞吐液配方，在华北油田采油四厂京 705 井 3 个月的试验中获得成功，产油量比吞吐前增加了 7.2 ～ 9.8 倍；何志勇等研制了以碱、两性木质素为主要成分的复合表面活性剂，对 1 ～ 50mPa·s 稠油降黏率可达 99% 以上，与洋大站原油界面张力为 1.75×10^{-3} ～ 3.18×10^{-3}mN/m，在大港油田官 109-1 断块对 16 口井进行了现场试验，成功率达 90% 以上。

此外，还有不少针对稠油油藏驱油体系的研究。例如，周雅萍等研制了碱 / 耐盐表面活性剂复合体系，对黏度为 698mPa·s（50℃）的千 22 块普通稠油，室内实验注入 0.5PV[①]，可使水驱采收率提高 17.31%；张润芳等研制了以稠环芳烃磺酸盐为主要成分的 HBS（重烷基苯磺酸盐）驱油体系，室内实验可使古城油田 B125 断块稠油水驱后采收率提高 11.10%~15.48%。

有的稠油驱油体系已进行了现场试验：周伟等研制的重芳烃驱油剂，已于 1998 年 2 月在孤岛油田 281 井区进行了现场试验，到 2001 年 9 月，试验区累计增油 24064t，平均计吨药增油 32.3t，提高采收率 1.95%，平均单井增油 3437t；袁士义等提出了热水添加氮气泡沫技术开发普通稠油，1996 年 9 月在辽河锦 90 断块 19-141 井组（50℃时黏度为 462.7mPa·s）进行了试验，单井组增产原油 21378t，并从 1999 年开始先后有 9 个井组开展了工业性扩大试验，取得了较好的效果。

化学驱在中国陆上油田具有广阔的应用前景，也是大幅度提高采收率的重要手段。2015 年中国化学驱产油量超过 1700×10^4t，其中中国石油化学驱产油量近 1500×10^4t。截至 2015 年底，中国石油天然气集团公司聚合物驱累计动用储量约为 10×10^8t，提高采收率约为 12.5%；复合驱累计动用储量近 1×10^8t，提高采收率 20% 以上。

---

① PV 数为注入液体占总孔隙体积的倍数。

二、复合驱

复合驱是一种非常重要的化学驱强化采油技术。按其不同组成可分为碱／聚合物驱（AP）、碱／表面活性剂驱（AS）、表面活性剂／聚合物驱（SP）及碱／表面活性剂／聚合物三元复合驱（ASP）等。

（一）聚合物驱

聚合物驱是指向用于驱油的水中添加少量的可溶于水的高分子量聚合物以提高水的视黏度，从而降低流度比。由于稠油黏度高，出于对成本和机械方面的注入压力的考虑，对所使用的聚合物浓度有一定的限制。因此，聚合物对黏度在数百厘泊以上的稠油作用不大。

（二）表面活性剂驱

表面活性剂驱是指通过注入合适的表面活性剂驱油（该方法能够降低油水界面张力，且表面活性剂可少量吸附于岩石基质）。其效果是降低界面张力及剩余油饱和度。原地形成乳状液也有助于提高有效流度比。使用表面活性剂驱的主要问题是表面活性剂在岩石基质中的损耗，该现象是由多种机理所造成的。其关键因素是单位采油量（kg/m^3）所消耗的表面活性剂。

（三）碱驱

碱驱是一项非常复杂的工艺，其目的是通过注入碱与原油中的酸性成分发生反应，在原地形成一种表面活性剂。也就是说，比使用原本很复杂的表面活性剂驱还要多一个步骤。此外，可能还会有一部分碱由于与黏土矿物发生反应而被消耗掉。

（四）碱／表面活性剂／聚合物三元复合驱采油机理

碱、表面活性剂、聚合物 3 种物质复合后性能叠加，产生协同效应驱油。

（五）复合驱采油技术进展

碱／表面活性剂／聚合物三元复合驱技术产生于 20 世纪 80 年代初，来源于单一及二元化学驱。三元复合驱以 3 种驱替剂的协同效应为基础，综合发挥了化学剂作用，充分提高了化学剂效率，并大幅度降低了化学剂尤其是表面活性剂的用量。与聚合物驱相比，它在扩大波及体积的基础上，能够进一步提高驱油效率。通过国家重点科技攻关，大庆油田碱／表面活性剂／聚合物三元复合驱技术取得了突破性进展。先后在不同井网、井距、不同性质的油层进行了 5 个先导性矿场试验，试验结果表明：碱／表面活性剂／聚合物三元复合驱可比水驱提高采收率 20%OOIP[①]左右，取得了

---

① OOIP 为原油地质储量。

较好的增油降水效果，目前已进入工业性矿场试验阶段。我国的胜利油田、克拉玛依油田、辽河油田也进行过复合驱室内研究和先导性矿场试验，都取得了较好的效果。从试验的规模、数量及整体研究水平来看，国内的碱／表面活性剂／聚合物三元复合驱技术处于世界领先地位。

（六）国内外复合驱技术研究现状

1. 复合驱用表面活性剂

表面活性剂的性能和价格是影响复合驱技术经济效果的关键，也是限制该技术工业化应用的重要技术瓶颈。因此，驱油用表面活性剂的研制显得尤为重要。

国外早在 20 世纪 50 年代就已开始驱油用表面活性剂的研制工作。根据岩石表面电性、与油藏条件的匹配性、不同种类活性剂自身的特性及环保等方面的要求，一般采用阴离子表面活性剂用于复合驱。目前，国外三次采油用表面活性剂工业产品主要有两大类：一类是以石油磺酸盐为主的表面活性剂，另一类是以烷基苯磺酸盐为主的表面活性剂。美国三次采油用石油磺酸盐产量在 $10 \times 10^4 t/a$ 以上，有代表性的商业产品有 Witco 公司的 TRS 系列、Stepan 公司的 Petrostep 系列及阿莫古公司的 Sulfonate 系列。重烷基苯磺酸盐表面活性剂的研制始于 90 年代初，该产品的原料为十二烷基苯的副产品，来源较广，转化率高，无副产品且产品质量较稳定，所以在世界范围被迅速推广使用。美国各大化学品公司相继研制出各自的产品，如 ORS241（SCI 公司）、B2100（Stepan 公司）。

"八五"以来，国内驱油用表面活性剂的研制取得了较大进展。除以上两种国际上采用的主流表面活性剂外，还开发研制了石油羧酸盐、改性木质素磺酸盐、生物表面活性剂、烷基萘磺酸盐等多种驱油用表面活性剂。这些产品与主表面活性剂复配后，能够形成超低界面张力，从而替代 30% ～ 50% 的主表面活性剂用量，价格便宜的还可用作驱油体系的牺牲剂，以减少表面活性剂的吸附损失。针对芳烃含量较高的克拉玛依原油、大港羊三木原油，新疆石油管理局克拉玛依炼油厂、天津红岩炼油厂成功研制了石油磺酸盐，前者还建成了年产 2000t 的工业化生产装置，其产品已应用于克拉玛依油田复合驱矿场试验，并取得了较好的效果。大庆油田采用中石油抚顺石油化工洗化厂的重烷基苯成功研制了驱油用重烷基苯磺酸盐，实现了工业化生产，并将其应用到杏二中试验区三元复合驱工业性矿场试验，目前已见到较好的增油降水效果，显示出良好的应用前景。在此基础上，大庆油田正在开展原料组分相对单一的烷基苯磺酸盐精细化合成研究，初步的评价结果已显示出良好的界面活性和驱油效果。该种新型的、组分相对单一的烷基苯磺酸盐如果能在工业化生产中成功应用，会在很大程度上解决多组分、宽分布表面活性剂体系所带来的活性剂自身色谱分离问题，进一步提高该类表面活性剂的驱油效能。

2. 超低界面张力机理研究

油水间界面张力是复合体系配方筛选及评价的一项非常重要的参数，它决定着复合驱的驱油效率。在复合驱中，表面活性剂的使用浓度较低，只有千分之几，此时，界面张力的降低机理是基于表面活性剂能够在油水界面吸附而形成表面活性剂的吸附膜，从而使油水界面发生改变，进而降低界面张力。随着研究的深入，对于超低界面张力成因的理论解释由最初的油相 EACN（equivalent alkane carbon number 等效烷烃碳数）值、水相 N_{min}（最适宜碳数）值，以及分子作用机理逐步发展为考察界面区域内不同分子间内聚能大小的 R 值理论，其综合考察了油相性质、水相性质及表面活性剂的亲水、亲油能力。

1）表面活性剂性质对界面张力的影响

表面活性剂的组成和结构是影响体系界面张力最主要的因素。国内外研究结果表明，只有当表面活性剂的平均当量大小及其分布与原油相匹配时，才有可能在较大区域内形成超低界面张力，混合表面活性剂的平均当量与它的 N_{min} 值之间呈线性对应关系。因此，对于复合驱油用表面活性剂来说，不但要求适宜的平均当量而且应尽量具有较宽的当量分布。对于烷基苯磺酸盐类表面活性剂，烷基碳数大小，烷基链支化程度，苯环在烷基链上的位置及苯环上取代基的大小、位置对于体系界面张力都有显著的影响。大庆油田最新研究结果表明，对于组成相对单一的表面活性剂，选择合适的结构，同样具有较好的界面张力性质，同时，该活性剂体系对于不同区块的原油具有较好的适应性。由此可见，活性剂组成结构对于界面张力性质具有决定性影响。

2）油相组成对界面张力的影响

研究表明，除石油酸外，胶质、沥青质也是原油的主要活性物质，有利于超低界面张力的形成。原油族组成降低界面张力能力的次序为：胶质＞沥青质＞芳烃＞饱和烃。目前，该部分研究的工作重点已转向原油中不同活性组分高效分离方法的建立、活性组分化学结构的表征及化学结构-界面活性关系的研究方面。笼统的酸性组分、胶质、沥青质等单一概念已不能和它们具有的界面活性确切地联系起来。

3）注入水质对界面张力的影响

研究表明，注入污水矿化度对于复合体系中碱剂的用量有一定的影响，但不是影响体系界面张力的主要因素；污水中的悬浮颗粒、单纯微生物的存在对体系界面张力没有显著影响；污水中导致体系界面张力变差的有机物主要有高碳脂肪酸、酚类、高碳醇。

3. 室内配方筛选及矿场试验研究

通过多年的室内研究，大庆油田已逐步建立了复合驱体系综合性能评价方法，并已初步形成了较为全面的体系参数评价标准。通过物理模拟及数值模拟，可为复合体系配方筛选、方案编制及指标预测提供系统的评价依据。复合驱由于其复杂的机理，具有对油藏条件的针对性高、风险高、投资大等特点。美国在 West Kiehl 和 Cambridge 油田进行了小型矿场试验，并取得了一定的效果。但是该技术的"高成本、高风险"问题使其无法工业化应用而停止，转向深度调剖和 CO_2 混相驱的研究。美国对于复合驱技术的支持只限于基础理论研究和驱油用表面活性剂及聚合物的开发研制方面。国内复合驱技术，经过"八五""九五"期间的不懈努力，在大量室内研究工作的基础上，在多个油田开展了多项先导性矿场试验，并取得了技术上的成功与突破，目前该技术在大庆油田已进入系统完善配套技术的工业性矿场试验阶段。我国的复合驱技术在室内研究、方案设计、不同类型油田试验技术配套、现场试验数量及效果等方面已走在世界前列。

（1）碱/表面活性剂/聚合物三元复合驱可比水驱提高采收率20%OOIP。大庆油田先导性矿场试验的结果表明，碱/表面活性剂/聚合物三元复合驱可比水驱提高采收率20%OOIP左右，矿场试验的实际效果都好于数值模拟预测结果，即使在特高含水率（含水率100%）的情况下，碱/表面活性剂/聚合物三元复合驱技术仍具有很好的提高采收率的效果。

（2）碱/表面活性剂/聚合物三元复合驱可大幅度降低含水率，在扩大波及体积的基础上提高驱油效率。各矿场试验表明，碱/表面活性剂/聚合物三元复合驱中心井含水率大幅度下降，最低值一般在40%～60%，其中杏二区西部碱/表面活性剂/聚合物三元复合驱矿场试验是残余油条件下水驱，中心井含水率由100%下降到最低时的50.7%，下降了49.3%，充分说明碱/表面活性剂/聚合物三元复合驱是一种驱油效率很高的三次采油方法。同时，采出水中氯离子含量明显升高，注入井吸水剖面、采出井测井剖面、原油物性及族组成分析结果都表明，复合驱扩大了波及体积，提高了驱油效率，采出了水驱无法开发的原油。

（3）碱/表面活性剂/聚合物三元复合驱采油速度高于聚合物驱。虽然碱/表面活性剂/聚合物三元复合驱矿场试验出现了乳化和结垢现象，使试验区产液能力下降幅度较大，但该阶段综合含水率很低，因而采油速度保持了较高水平，平均年采油速度为4.4%～17.3%，高于聚合物驱。

第五节　非凝析气相泡沫调驱技术

据调查，目前扩大蒸汽波及体积最好的方法仍然是注高温泡沫剂，尤其是目前已有耐温超过250℃且价格相对便宜的高温泡沫剂。但是，以往利用蒸汽作为泡沫气相的做法具有很多不足。结合河南油田的油藏特点和热采工艺现状，新疆油田提出了利用非凝析气体作为泡沫气相进行深部调驱的新思路。

一、泡沫调驱的技术机理

（1）泡沫在多孔介质中具有贾敏效应。泡沫液膜使气相的渗透能力急剧降低，从而使注汽压力提高，迫使后续蒸汽转向未驱替带，增加波及体积。

（2）泡沫剂能降低油水界面张力，改善岩石表面的润湿性，可以有效提高驱油效率。

（3）非凝析气体可以增加弹性驱动能量，提高地层压力，提高回采水率，提高蒸汽热效率。

二、泡沫调驱的技术特点和适用性

（1）泡沫调驱是一种可以依据地层含油饱和度的变化而进行选择性封堵的蒸汽转

向技术。

（2）泡沫可随蒸汽动态地流动，具有即时调剖的作用，迫使蒸汽多次转向，实现有效注汽。

（3）该技术既适用于注蒸汽开发的吞吐井和蒸汽驱井组，也适用于注水开发的常采井。

三、室内研究阶段成果

（1）100mL 质量分数为 0.5% 高温泡沫剂的发泡体积可达 415mL，半衰期可达120min，200℃下阻力因子为 9.4。

（2）200℃时，泡沫调驱剂可使单管岩心蒸汽驱油效率提高 9.4%。

（3）当油层含油饱和度大于 20% 时，泡沫流动的阻力因子都小于 4，即没有调剖能力；当含油饱和度小于 20% 时，泡沫流动的阻力因子迅速增大，含油饱和度对泡沫调驱剂是一个敏感因素。实验测试表明，蒸汽的驱油效率可以达到 90% 以上，那么在高渗透带的汽窜通道上，剩余油饱和度在 20% 以下，这样，高温调驱剂在高渗透带的汽窜通道上就可以形成良好的泡沫。

（4）油层渗透率增大，泡沫流动的阻力因子增大，调剖能力增强，渗透率大于 $10\mu m^2$ 后阻力因子随渗透率的增大基本不变，泡沫对高渗透带具有更好的调剖能力。

（5）通过物理模拟实验，当非均质岩心出现汽窜时，通过在蒸汽中添加泡沫调堵剂等，可扩大蒸汽驱的波及体积，总采收率提高了 29.5%。该室内研究成果目前正在现场试验阶段。

四、工艺方法

在注汽站或配汽站内，利用计量泵将储液罐内按一定比例配制好的泡沫调驱剂注入蒸汽干线内，泡沫调驱剂随蒸汽进入注汽井或油井。该工艺的优点是一站配液，多井同时施工，多井受效。

五、注 N_2 与蒸汽提高稠油采收率

国内外采用高温泡沫剂调整吸汽剖面，注入溶剂对特稠油进行溶解降黏，注入天然气、空气、CO_2、烟道气等补充地层能量，改善稠油油藏开发效果。由于一些地区属于普通稠油，天然气、CO_2 和烟道气来源受限，进行了注 N_2 与蒸汽吞吐提高稠油采收率研究，优化了注入工艺和参数，取得了较好的矿场试验效果。

1. 注 N_2 与蒸汽提高稠油采收率机理

（1）隔热作用：采用光隔热管或光油管，在向管内注入蒸汽的同时，向油套管环形空间连续式或段塞式注入 N_2，N_2 的导热系数为 0.00205kJ/（m·h·℃），可起到隔热作用，降低井筒中的热损失。

（2）补充地层能量：N_2 不溶于水，较少溶于油，且具有良好的膨胀性，可节省注汽量，弹性能量大，可局部提高地层压力，有利于保持地层能量。

（3）助排解堵作用：N_2 具有良好的膨胀性，放喷时压力降低，N_2 迅速膨胀，具有气举、助排和解堵作用。

（4）提高波及体积：N_2 渗透性能好且膨胀系数大，注入的蒸汽可进入非凝结性 N_2 通道，扩大蒸汽加热半径，增加蒸汽扫驱范围。

2. 注 N_2 与蒸汽提高稠油采收率效果

N_2 是一种非凝结性气体，其本身的特性受温度和压力的影响很小，不像蒸汽那样遇冷容易凝结成水，也不像 CO_2 那样在一定的压力下易溶于原油。这种惰性气体不受气源限制、无毒无害，又是热的不良导体，能协助蒸汽提高稠油油藏的开发效果，八面河油田重点研究了不同注 N_2 量、不同开发方式等对蒸汽驱油效果的影响。由表 2-4 可以看出，随着注 N_2 量的增加，驱油效率逐渐提高，达到相同含水率时，3 个段塞对应的驱油效率分别为 51.63%、58.33%、67.08%，比单一蒸汽驱油效率分别提高 0.6%、7.3%、16.05%。

表 2-4　八面河油田面 120 区不同注氮气量、不同开发方式对驱油效果的影响

岩心编号	开发方式	注 N_2 量 /PV	长度 /cm	渗透率 /$10^3\mu m^2$	孔隙体积 /mL	原始含油饱和度 /%	驱油效率 /%	残余油饱和度 /%
8-10	蒸汽驱	0	19.7	679.53	58.49	68.60	51.03	33.59
8-12	N_2+ 蒸汽驱	0.05	20.62	630.47	61.09	62.61	51.63	30.29
8-15	N_2+ 蒸汽驱	0.10	20.60	641.0	58.92	68.74	58.33	28.64
6-18	N_2+ 蒸汽驱	0.15	20.15	630.0	54.58	65.96	67.08	21.71

残余油饱和度随 N_2 段塞的增大而下降，特别是当注入量为达到 0.15PV 时，残余油饱和度降到 21.71%，比单一蒸汽驱下降了 11.88%。主要原因是 N_2 虽然在水和油中的溶解度很低，但在地层中能够形成微气泡，一方面增加蒸汽携热能力，减少热损失，辅助蒸汽降低原油黏度，提高驱油效率；另一方面 N_2 进入岩心后，将优先占据多孔介质中的油通道，使原来呈束缚状态的原油成为可动油，从而降低残余油饱和度，这也是 N_2 与蒸汽吞吐驱动增产的重要机理之一。对于多轮次吞吐和非均质性严重的井，可在注入 N_2 的同时添加起泡剂，封堵高渗透带，提高波及体积和驱扫面积。

注 N_2 与蒸汽吞吐充分利用了 N_2 良好的膨胀性和弹性能量大的特征，既能降低原油黏度，又能保持地层压力，提高驱油效率，延长生产时间，改善开发效果，具有推广应用价值。

第六节　稠油微生物采油技术

微生物采油技术已经有 100 多年的历史，早在 20 世纪 20 年代，美国的 Beckman 就指出细菌有利于石油开发。稠油微生物开发技术是微生物采油技术的延伸，也是对稠油开发的一种新的尝试。美国、加拿大等欧美国家早在 20 世纪 60 ～ 70 年代就开始应用这种方法开发稠油，我国在这方面的起步相对较晚，20 世纪末，辽河油田率先开展稠油微生物开发技术的室内研究和现场试验，取得了一定成果。随后在大庆、胜利、

新疆、大港、青海等油田相继开始稠油微生物开发技术的研究和应用。从整体上讲，目前该技术在国内外还处于试验研究阶段，真正实现工业化的项目还不多。近年来，随着稠油微生物开发技术研究的不断深入及其在稠油开发领域良好潜力的展现，该技术在国内许多油田开始受到重视。

一、稠油微生物开发基本方法

目前，稠油微生物开发技术的基本方法主要是将含有氮、磷盐的培养液及具有降黏作用的微生物注入油层，使微生物与油层发生作用，从而提高稠油采收率，即异源微生物采油法。异源微生物开发稠油又分微生物吞吐和微生物驱两种。微生物吞吐开发稠油的方法不动管柱，利用地面设备（水泥车、水罐车）从采油井油套环形空间挤入微生物稀释液，挤注结束后关井一段时间，使微生物作用于井筒及近井地层，然后开井采油。该方法具有施工简单、不伤害储层的特点，是国内外油田采用的主要方法。微生物驱开发稠油是一种微生物调驱技术，是将微生物菌液同注水一起从注水井注入，使微生物作用于油层。微生物驱处理区域较大，且有增注作用，但在国内成功的试验研究较少。利用本源微生物也是一种稠油微生物开发技术，但油藏地质条件的复杂性限制了该方法的广泛应用，不过在国内也有成功应用的实例。长江大学 2001～2004 年在大港孔店油田（稠油胶质和沥青质含量为 27%，59℃时黏度为 73mPa·s）进行了本源微生物开发稠油技术的实验研究和现场应用，投入生产 4 年中产量持续增加。

二、稠油微生物开发主要机理

国内外关于稠油微生物开发的机理研究有很多，总的来说，主要是利用微生物对稠油的降黏作用。微生物降黏机理主要有以下两个方面。

（1）微生物在地下发酵过程中产生多种生物表面活性剂，包括阴离子表面活性剂（如羧酸和某些脂类）及某些中性脂类表面活性剂等。表面活性剂不仅能降低油水界面张力和乳化原油，还能通过改变油层岩石界面的润湿性来改变岩石对原油的相对渗透性，降低稠油黏度。

（2）微生物能降低稠油的平均分子量，即微生物能把稠油中的高分子物质如蜡质、胶质、沥青质分解为低分子量的化合物，降低整个稠油的平均分子量，使稠油黏度下降。另外，微生物在地下发酵过程中还会产生各种气体，如 CH_4、CO_2、N_2 及生物聚合物、有机酸、酮类、醇类等物质，均有利于稠油的降黏开发。

三、稠油微生物开发技术研究

目前，国内外对稠油微生物开发技术的研究主要有以下 3 个方面：①稠油微生物开发的主要机理研究。对稠油微生物开发菌种及其性能的研究，包括菌种生长条件和生长情况、稠油微生物降黏情况（菌种降解稠油重质组分和产生生物表面活性剂等）。②稠油微生物开发的技术可行性研究。利用现场地质条件模拟岩心驱替试验。③稠油微生物开发的效益研究。通过现场试验分析投资回报率，探讨该技术的实用价值。Singer 等从含稠油、沥青的土壤中富集培养分离出产表面活性剂菌，以委内瑞拉

Monagas 稠油（黏度＞25000mPa·s）为碳源进行培养，结果该细菌产生了生物表面活性剂，形成了稳定的乳状液，对稠油的降黏率高达 98%。Potter 等对 Cerro Negro 稠油沥青质进行微生物降解，在 37℃时添加微生物及碳源、氮源好氧培养两个月，稠油沥青质降解率达 40%。武海燕等在 42℃时以克拉玛依九区 98725 井稠油为碳源培养不同细菌，筛选出的高效稠油降解菌使稠油沥青质含量由 35.38% 降至 18.57%、20℃时的黏度由 116997.3mPa·s 降至 51410.3mPa·s。

张廷山等分离、选育出能降解沥青质、耐温高达 80℃、耐矿化度达 3×10^5mg/L 的高效稠油降解菌种（兼性菌）及菌种组合，利用筛选的兼性菌对青海油田咸水泉稠油进行微生物降黏处理 24h，稠油沥青质含量由 24.5% 降至 7.44%，黏度降低率为 30.41%，所筛选的菌种对高温、高盐油藏稠油微生物开发具有较强的实用价值。

易绍金等将从含油污水中筛选的稠油降黏菌，以南阳油田 G237 号井稠油样为碳源，保持 40℃培养 72h，稠油胶质含量由 49.45% 降至 34.46%，稠油黏度降低率达 14.99%，稠油物性得到改善，黏度降低率为 29.58%。所筛选出的稠油降黏菌对高胶质含量稠油的微生物开发具有较高的应用潜力，利用不同的培养基对不同的菌种进行培养，并改变温度等条件对菌种进行驯化、培养，获得了可以产生大量表面活性剂，对稠油具有较强的分散、乳化作用的菌种。该菌株可使油水界面张力由 88.0mN/m 降至 39.0mN/m，稠油表观黏度由 1227mPa·s 降至 514mPa·s。

四、稠油微生物开发技术的应用

基于稠油微生物开发技术的研究，国内外许多油田将该技术应用到矿场试验，取得了一定的成果。20 世纪 90 年代中后期，委内瑞拉国家石油公司（PDVSA）在其经管的马拉开波湖 100 多口井中进行了微生物开发稠油现场试验，成功率高达 75%，单井平均增油 4.2t 以上，其中 LL-1119 井在 7 个月内的平均日产量都保持在 36.82t 的水平，取得了较好的经济效益。

国内稠油油田微生物开发现场应用中取得成功实例较多的有辽河油田和新疆油田，其次是胜利、大庆、大港、青海等油田。

辽河油田锦州采油厂于 1995 年率先开展了该项技术的室内研究，1996 年进入矿场试验阶段，把微生物采油技术扩展到了稠油开发领域。1996～1997 年先后在千 12 块稠油井（地层水矿化度为 2246mg/L 左右，50℃时稠油黏度为 649～1460mPa·s）进行微生物吞吐现场试验 26 井次，有 20 口油井见效，成功率达 76.3%，累计增油 9724t（截至 1998 年 3 月），平均单井增油 486t，平均有效期达 4.2 个月，平均延长生产周期 11d，经济效益可观。

辽河油田曙光采油厂通过综合试验研究，筛选出适宜温度在 60～70℃、对稠油的降黏率达 63%～65% 的高效稠油降黏菌种，以此菌种在杜 80 块、1612 块、杜 66 块 15 口稠油井中进行微生物吞吐现场试验，可对比井 14 口，10 口井有明显增油效果，成功率达 71.4%，累计增油 1107.9t，投入产出比为 1∶2.53。

2002 年新疆油田与西南石油学院合作，筛选出混源采油菌组合，于 2002 年 11 月～2003 年 3 月和 2004 年 4 月～2005 年 5 月先后两次在 21 口稠油井（20℃时稠油平均黏度为 13000mPa·s，最高黏度达 120000mPa·s）中进行微生物单井吞吐试验，结果作业区的稠油黏度大幅度降低，最高降幅达 104728mPa·s，两次试验中分别累计增油 939t 和 1189t，得到了较高的投资回报率。

2001 年，中国石化胜利油田有限公司临盘采油厂先后在 29 口油井（温度为 50℃，稠油黏度为 756.2 ～ 7066mPa·s）中进行了 12 轮次的微生物吞吐试验，累计增油 2557t，投入产出比为 1：3.5，取得了较好的经济效益。

侯维虹等在大庆喇嘛甸油田 5 口稠油井（稠油地面平均黏度为 120.8mPa·s）中开展了微生物吞吐试验，微生物作用后稠油黏度最大降幅为 35.2mPa·s，黏度降低率为 25.4%，投入产出比为 1：1.35。研究发现，微生物不仅能降低稠油黏度，还能改善油水流度比。微生物吞吐开发稠油的处理半径小，有效期短，增油少，因此需要向微生物循环驱油开发稠油方向转变。国内外油田相继开展了稠油微生物开发的矿场试验，不同程度地提高了稠油采收率，取得了较好的经济效益，证明该技术经济可行。

五、稠油微生物开发技术的优势及问题

与传统的稠油开发技术相比，稠油微生物开发技术具有施工简单、成本低廉、效果好，对地层非均质性敏感性小，不损害地层，不污染环境，可在同一油藏或油井反复使用等优点。但从目前来看，仍存在一些问题：从菌种方面来讲，稠油微生物开发对菌种要求高，要筛选出高效、广谱菌种难度大；所筛选的稠油微生物开发菌种长时间使用后会发生变异，采油效果重复性差。从外界条件方面来讲，油田复杂的地质条件如高温、高压、高矿化度等对微生物生长不利，稠油微生物开发菌种的生长和功效受阻，直接影响稠油微生物开发的效果；不同油田或油井对菌种的要求不同，同一菌种在不同油田或油井使用时开发效果不稳定，在菌种使用上易产生盲目性。

稠油微生物开发中菌种是决定开发效果的重要因素，对稠油微生物开发菌种的研究应以筛选培养出对恶劣油藏地质条件适应性强、高效、广谱的稠油降黏菌为重点和方向。

第七节　稠油出砂冷采

一、稠油出砂冷采的含义

稠油出砂冷采技术属于一次采油范畴，它通过诱导油层出砂和形成泡沫油，大幅度地提高油层孔隙度和渗透率，极大地增加稠油流动能力来开发稠油油藏。

该技术对油层厚度、原油黏度及油层压力没有明显限制，只要油层胶结疏松，容易出砂、地层原油中含有一定的溶解气，就可以进行出砂冷采，因此，对不同类型的稠油油藏具有较广泛的适应性，是开发稠油（特别是低品位稠油）的有效方法。

二、出砂冷采机理分析

1）大量出砂形成蚯蚓洞网络

稠油油藏埋藏浅，油层胶结疏松，而原油黏度高，携砂能力强，使砂粒随原油一

道产出。随着大量砂粒的产出，油层中产生蚯蚓洞网络（蚯蚓洞的形成主要靠砂粒间结合力强弱的差异实现；而蚯蚓洞的维持与稳定，则靠砂粒间的结合力强弱、溶解气、岩石骨架膨胀来实现），使油层孔隙度和渗透率大幅度提高，孔隙度可以从 30% 提高到 50% 以上；渗透率可以从 $2\mu m^2$ 左右提高到数十平方微米，极大地提高了稠油的流动能力。

2）稳定泡沫油流动

稠油油藏埋藏浅、地层压力低、地饱压差小，在原油向井筒流动过程中，随着压力的降低，油中溶解的天然气大量脱出，形成泡沫流动且气泡不断发生膨胀，从而为稠油的流动提供了驱动能量使之大量产出。泡沫油的存在使高黏度稠油携砂变得更容易。

3）上覆地层压实驱动

由于油井大量出砂，油层本身的强度降低，在上覆地层负荷的作用下，油层将发生一定强度的压实作用，使孔隙压力升高，驱动能量增加。Lindbergh 油田稠油出砂冷采过程中，观察到位于生产层内的薄煤层发生了一定程度的下沉，说明上覆岩层的挤压作用确实存在。尽管有人对此进行了大量的研究，但是，其机理仍不十分清楚，特别是这种压实作用与冷采产量之间的关系更是难以确定。

4）远距离边、底水作用

边、底水是否对稠油冷采有正面影响，存在不同的看法。有人认为，边、底水的存在可以提供驱动能量，有利于稠油冷采；也有人认为，稠油冷采过程中必然形成蚯蚓洞网络，并延伸到边、底水区域，使生产井中产水不产油。其实这两种观点都不全面，首先，在原油黏度相对较低的情况下，稠油冷采也可能出砂少，蚯蚓洞网络发育很少，主要表现为良好的泡沫油流动；其次，即使油井大量出砂，但是蚯蚓洞网络却逐渐向外延伸，远距离边、底水连通需要较长时间。因此，有理由认为远距离边、底水的存在可以提供充分的驱动能量，只要油井尽量远离边、底水，水层能量以压力传递的方式向蚯蚓洞网络提供动力就可以取得较好的开发效果。

三、稠油出砂冷采技术油藏条件

稠油出砂冷采技术已经在油田开采中得到应用，但目前尚未形成公认的油藏地质筛选标准。稠油油藏能否进行出砂冷采，主要应考虑以下因素。

（1）油层的胶结状况。出砂冷采方法要求油层疏松、胶结程度低，且泥质含量较低（低于 20%）。这样的油藏才有利于大量出砂，从而改善流动环境。

（2）一般来说，油层埋深越浅，胶结程度越低，越有利于出砂；但随之油层压力越低、驱动能量越小。理想的条件是油层埋深小于 1.0km（300 ~ 800m 为最佳），油层压力大于 2.4MPa，此时油层胶结疏松，又具有较高的地层能量。

（3）油层厚度不能太低。一般而言，油层厚度应在 3m 以上，最好大于 5m。若油层太薄，出砂量和油井的产能就会受到限制。但在原油黏度相对较低、物性较好的情况下，适用厚度下限可进一步降低。

（4）适合出砂冷采的稠油油藏要求本身就具备良好的物性条件。一般要求孔隙度大于 30%、渗透率大于 $0.5\mu m^2$、含油饱和度大于 60%，低于该值将不利于出砂。

（5）原油黏度和密度适中。原油黏度越高，其携砂能力越强，所形成的泡沫油的稳定性越好。原油黏度太高时，其流动性较差；原油黏度太低时，携砂能力将受到限制。

从国外矿场的经验来看，适合出砂冷采的稠油油藏脱气原油黏度为 600 ～ 16000mPa·s，以 2000 ～ 5000mPa·s 为佳。国外认为，适合出砂冷采的原油密度为 0.934 ～ 1.007g/cm³。在国内，稠油的组分与国外存在差异，因此密度下限值可进一步降低。

（6）适当的气油比。虽然稠油油藏中的溶解气含量相对较低，但它对稠油出砂冷采有着十分重要的影响。一方面，溶解气有利于形成稳定的泡沫油，提供驱动能量，提高稠油的携砂能力；另一方面，溶解气可大大降低原油黏度，改善其流动特性。例如，含有溶解气含量 $5m^3/t$ 的原油黏度只有脱气原油黏度的一半。一般认为，溶解气含量在 $10m^3/t$ 左右为宜。

适于稠油出砂冷采技术的油藏筛选标准见表 2-5。

表 2-5　适于稠油出砂冷采技术的油藏筛选标准

储层岩性	油藏深度 /m	油藏厚度 /m	油藏压力 /MPa	孔隙度 /%	渗透率 /D	油藏温度下脱气原油黏度 /cP	原油密度 /（g/cm³）	溶解气油比 /（m³/t）	边、底水
胶结疏松的砂岩	≥ 300	≥ 3	≥ 2.5	≥ 25	≥ 0.5	1000 ～ 50000	0.92 ～ 0.98	≥ 5	无或远离

四、影响出砂冷采效果分析

1）出砂的影响

出砂导致原油高产。一般来说，生产初期含砂量高，通常在 20% 以上，致使生产不能正常进行，但在 0.5 ～ 1 年之后，随着原油和砂子的不断产出，含砂量逐渐降低，一般降至 0.5% ～ 3%，原油产量逐渐升高，并保持稳产。实际生产也表明，产油量会随着产砂量的增加而大幅度增加。

2）溶解气的影响

在生产初期由于井底压力高，泡沫油还未形成，随着生产的进行，井底压力降低，形成了泡沫油，由于稠油中胶质、沥青质含量高，包裹气泡的油膜强度大，泡沫油可长时间保持稳定。实际上泡沫油的溶解气驱不同于常规的溶解气驱，出砂冷采就是泡沫油的溶解气驱过程，一般来说，它的采收率可达 8% ～ 15%，而且压降速度越快，泡沫油越稳定，这是出砂冷采需要高速生产的主要原因之一。

3）边、底水，气顶等因素的影响

实际上覆、下伏水层或边水的存在，会为出砂冷采带来一部分内部驱动能量，但油井应选在有大面积连续隔层的地方或远离边水的位置，以防止蚯蚓洞网络形成后水的侵入；而出砂冷采井最好无气顶存在。若油层上部有水层，则射孔应避开上部几米油层以防盖层破坏；若有底水，射孔应避开底部几米油层。

4）螺杆泵的影响

一般来说，出砂冷采的螺杆泵应选排量为 20 ～ 40m³/d 的大泵，但其他地面驱动配套设备也要相应调整，以适应扭矩增加的需要。另外，特别要注意油井不能被抽干。

五、出砂冷采的关键技术和存在的问题

1. 关键技术

国内外经验表明，稠油出砂冷采时，若不能及时将地层砂子输送到地面，可能形成砂桥或砂堵，从而导致出砂冷采不能获得成功。因此，射孔方法和采油工艺技术是稠油出砂冷采取得成功的两个关键因素。恰当地应用采油工艺和射孔完全可以适应并控制油藏，使油藏有利于出砂。

（1）应采用大孔径、深穿透力和高孔密的射孔参数，以激励地层出砂，充分发挥油层的渗流能力，防止形成砂桥。射孔时应把握以下 4 个关键技术参数：①射孔密度一般为 25 ～ 40 孔 /m，孔眼直径为 25mm；②射孔弹采用 32g 或更重的喷射炮弹，穿透深度大于 60cm；③采用负压射孔；④对于紧邻上部水层的油层，应避免射开靠近油层顶部的一段厚度，对于距边水或气顶较近的油井，也要采取相应的避射措施。

（2）必须采用适合高含砂和高黏度的大排量泵进行开发。目前国外几乎都是采用螺杆泵。此外，泵一般下至油层底部（即泵吸入口位于油层底部，泵体位于油层中部），并通过注入原油等方式及时将砂子携带到地面，防止砂堵或者砂埋。

经验表明，射孔方法和采油方式决定了出砂冷采的成败和经济效益。射孔密度越大、孔径越大、泵排量越大，则产油量也越大。

2. 存在的问题

目前，出砂冷采作为一种新技术，还存在许多需要进一步研究的问题。

（1）开发机理的研究尚不成熟。目前在认识上存在很多争议，如大量排砂与蚯蚓洞之间的关系。有人认为，排砂能够导致蚯蚓洞的形成；但也有人认为，大量排砂只会导致地层骨架的坍塌。

（2）关于上覆岩层的压实作用是否对驱油有贡献也存在着分歧：有人认为，上覆岩层的压实作用可以增加流体的弹性能，迫使流体流向井筒；但也有人认为，压实作用降低了地层孔隙度和渗透率，不利于远处原油流向井筒。

（3）完井方式与出砂冷采的关系有待进一步研究和认识。

（4）举升方式需要进一步地优化设计，找出什么情况适用何种类型的泵。螺杆泵并不是唯一的选择，也不一定是最佳选择。

（5）排砂采油与防砂措施相排斥。过量排砂会导致油层坍塌，而防砂又会降低原油产量。为了充分发挥两种工艺的优势，显然，有限排砂是一种选择，但具体如何确定排砂量也有待进一步研究。

（6）出砂冷采属于一次采油，其后续开发方式如何选择也有待于探讨。

综上所述，出砂冷采是一项新的稠油油藏开发技术，其潜力巨大，是一项很值得研究和推广的技术。

3. 出砂冷采技术进展

20 世纪 80 年代中期，随着国际油价的下跌和轻重油差价的扩大，稠油注蒸汽开发等方法面临着经济上的严重挑战。为了降低稠油的采油成本，提高稠油开发的经济效益，80 年代末 90 年代初，加拿大的一些小石油公司率先开展了稠油出砂冷采。其主要做法是不注蒸汽，也不采取防砂措施，射孔后直接应用螺杆泵进行开发，矿场试验取得了令人振奋的效果。出砂冷采这一个概念正是在这种情况下建立起来的。

经过 80 ~ 90 年代的发展，这项技术的开发工艺已相当成熟，目前，该技术已由摸索、试验阶段转入工业化推广应用阶段。该技术在加拿大的应用已经有 20 多年的历史，特别是近几年，该技术获得了长足的发展。而且，薄层稠油出砂冷采、水平井出砂冷采的矿场试验取得了成功，并呈现出良好的发展势头。

稠油出砂冷采技术在加拿大应用得非常广泛而且很成功，如果在适当的油藏中应用出砂冷采技术，则投资低回报快。加拿大的 Luseland 油田是一个浅层海相沉积的胶结疏松的砂岩稠油油藏，油藏深度为 800m，孔隙度为 28% ~ 30%，渗透率为 2 ~ 4D，API 原油重度为 11.5 ~ 13，在该油藏条件下，含气原油黏度为 1400cP，含油饱和度为 72%，油层厚度为 5 ~ 15m，原始油藏压力为 6 ~ 7MPa，油藏温度为 30℃。该油田开发始于 1985 年，30 口直井采用杆式泵进行一次开发，出砂量很少，在 1992 ~ 1993 年尝试水平井开发，但没有成功，并且所有的水平井到 1998 年时都基本废弃，该油田于 1994 开始采用螺杆泵逐渐进行出砂冷采，取得了相当好的开发效果，到 2000 年时原油产量为 1994 年产量的 6 倍。

第八节　提高稠油采收率的其他方法

一、尿素溶液蒸汽开发

提高稠油采收率的主要方法是注蒸汽、周期处理油井的近井地带、层内燃烧和注热水等。这些方法虽然有较好的增油效果，但因为其能量消耗过高，投资过大，所以其实际应用受到限制。因此，人们为了节能降耗，特研制了一种将饱和的尿素溶液注入被蒸汽加热的地层，使尿素溶液在高温下分解成 NH_3 和 CO_2，对地层进行注蒸汽、碱和 CO_2 驱的综合处理方法，该方法已在俄罗斯的部分稠油油藏中进行试验，结果表明该方法是高效的，有广泛的适用性和良好的效果。

俄罗斯的石油科技人员在 20 世纪 80 年代投产的稠油油田中进行了用该方法处理地层的室内实验和矿场试验。其目的是确定用尿素溶液热分解产物，综合处理地层，提高原油采收率的可能性，以及在矿场证实该种地层综合处理的理论研究和室内实验的正确性。根据室内实验结果，得出了以下结论。

（1）尿素溶液通过用蒸汽加热的温度高于 250℃ 的地层时，可分解出 NH_3 和 CO_2。

（2）这些气态产品在原油中的溶解和蒸汽的冷凝，可推动 CO_2 和 $NH_3 \cdot H_2O$ 段塞运移，其结果可比单独注蒸汽提高驱油效率11%。

（3）其驱油效率的提高，取决于饱和尿素溶液段塞的体积，其最佳值为地层孔隙体积的1/10，此时的驱油效率最高。后来，根据室内实验结果，在俄罗斯的奥哈油气开采管理局所经营的奥哈油田，选择了7#层进行了矿场试验。原因是该油层的原吸水能力不超过30～40m³/d，其原油黏度为500～700MPa·s，地层的黏土含量高达22%，因注蒸汽造成的地层黏土膨胀，已制约了该油层的开发。采用的尿素溶液浓度为10%，其用量为处理层孔隙体积的1/10，但这样可能会造成大量的材料消耗。后来，所有试验采用的段塞体积均根据矿场试验结果确定，采用的尿素溶液体积为5～50m³。

2003年7月，对位于该油田11断块7#层的注蒸汽井1508井，进行了注尿素溶液的综合处理矿场试验。试验前该井已注入了39000m³蒸汽，地层已被加热到250℃。尿素溶液的水溶性最高，注入的30t尿素溶液，可在标准状况下，分解出22400m³ NH_3 和11200m³ CO_2。

2003年8月，该断块的11口对应油井中，已有6口井见到明显效果，其总产量已由280t/d上升为680t/d，含水率由80%下降为73%，措施有效期为5个月，累计增产原油2522t。

根据以上矿场试验结果，俄罗斯已在几个稠油油田推广应用这一综合处理工艺。共向37口注蒸汽井中注入了1000t尿素溶液，在两年的试验时间里，共增产原油32397t，平均每井次处理的增油量为875.6t，每井次处理的尿素溶液消耗量为5～50t。

矿场试验结果表明，稠油层注尿素溶液综合增产处理的理论假设和室内实试验结果是正确的，目前，俄罗斯通过试验这种新工艺，已累计增产原油38704t。

二、声波采油技术

声波采油技术是近十几年间在国内外发展较快的一门新的采油技术。它通过声波处理生产油井、注水井及近井地带，使地层中稠油的物性及流态发生变化，改善井底近井地带的流通条件及渗透性，使低产油井提高产能，使注水井提高吸水能力，进而增加稠油产量。本节以提高地层稠油渗透率、清除近井地带污染的声波采油技术为主，就其目前的发展情况、应用效果及作用机理作详细的介绍。

1. 电脉冲仪冲击声波采油技术

该技术设备包括变频、升压、整流装置，储存电能的高压电容器及放电电极3部分。它的原理是将电容器储存的能量瞬间释放，在液体中一次放电产生两次液压冲击波，空穴扩大时产生的第一次液压冲击波起主导作用，空穴迅速闭合时产生的第二次液压冲击波起辅助作用。使油层解堵增产增注的主要作用力是第一次液压冲击波。在周期性冲击波作用下，井壁会产生新的微裂缝，使老的裂缝扩大、延伸，岩石中的毛细管随冲击波发生扩张、收缩振动，增加毛细管中液体的流速，脱去液体中的气体，将污染物、堵塞物从孔隙通道中清除出来，增加稠油流动的通道；同时爆炸时产生的温度场能使稠油黏度降低，增加稠油流动性，提高稠油产量。

2.低频声波采油技术

低频声波采油技术利用的是低频波或次声波，据资料显示，现在低频声波采油技术术所使用的设备有井下低频脉冲波发生器和地面震源两种，产生声波的频率在 50Hz 以下。因为声波波长与堵塞地层孔隙的颗粒尺寸相比要大得多，所以低频声波采油技术不是用于近井地带地层的解堵。由于这种波能在较大半径范围内引起地层振动，扩大、疏通储层连通孔隙，有助于改善稠油内部流体的渗流状况，降低稠油黏度，促使残余油流动，提高稠油采收率。

3.超声波采油技术

超声波采油技术设备由地面的超声波发生器、专用电缆及井下超声波换能器组成。超声波在井筒液体中产生强烈的空化效应，形成局部的瞬时高温高压区，使稠油分子键断裂，降低稠油黏度，从而提高稠油的流动性；超声波的机械效应使井壁产生新的微裂缝，使老的裂缝扩大、延伸，清除近井地带的污染、堵塞物，以提高渗透率。同时还能降低储层毛细管的界面张力，促使毛细管中的残余油向井筒流动，增加油井的产量。

在稠油井中，多采用井下声波发生器结合蒸汽注入，在井筒中产生油水乳化液，改善地层径向渗透率，提高蒸汽注入效果，从而提高稠油井的稠油产量。在注水井中，利用注水压力使井下声波发生器产生声波，作用于地层，可以清除近井地带的污染、堵塞物，改善地层渗透率，增强注水效果。

三、人工地震法采油技术

人工地震法采油技术是受天然地震的启迪，最先由苏联科学院正阿·克雷洛夫院士提出来的。人工地震法采油技术的研究试验已有 20 年的历史，获得了显著的增油效果。我国是从 1990 年开始研究这项技术的。实践证明，人工地震法采油技术已经成为中、高含水期油田开发的重要物理采油方法。

人工地震法采油是在不影响油水井正常生产的前提下，利用地面人工震源所建立起来的波动场，以频率很低的机械波的形式传递到地层，进而对油层产生大面积（多口井）震动以达到多口井增产、增注目的的一种物理采油方法。

1.震动加快了地层中流体的流速

地表强震动产生的纵波通过地下介质传播到储油层的上覆盖层，在油层横向上产生微小附加压力梯度，这种压力梯度会促进油层内的液体流动。另外，超低频简谐振动对油层这种黏、弹介质反复作用造成应变积累。在简谐振动停止后，油层介质的应变积累会松弛而改变为应力，而应力的释放过程会继续使液体流速增加并保持一段时间。所以，震源振动期间及停振后的一段时间内均会促进液体向油井低压区流动。国外资料表明，当油层的振动幅度达到毛细管直径的 1/1000 ～ 1/100 时，液体的流动速度就能增加许多倍。

2. 动能降低稠油黏度，改善流动性能

油层振动会使孔隙中的稠油黏度降低，进而改善稠油的流动性能。稠油黏度降低又使油水黏度比降低，有利于水驱油，能降低产出液的含水率，改善注水开发效果。

（1）油层振动使孔隙里的稠油连续不断地受到拉伸和压缩作用，这种重复作用使稠油结构遭受剪切破坏而降低稠油黏度。同时，地层的拉伸和压缩作用产生高压梯度，使难以流动的稠油开始运动。

（2）油层振动后，流体在渗流时产生与气体脉动有关的效应，即气泡出现定向迁移，稠油也随之做定向迁移。

3. 振动具有改善岩石表面润湿性的作用

稠油热采井经过多轮次的吞吐以后，高温热蒸汽使油井周边的岩石表面形成了一层浸润的水膜，润湿相水会在孔隙中形成液环，而非润湿相油则分散在孔隙中间，堵塞孔隙喉道，阻碍流体流动。振动促进了水膜的分化和剥离。附加压差的存在，促进了油滴的流动，有利于降低采出液的综合含水率，同时也起到了驱油作用。

四、井下催化反应法

Michael Gondouin 研究出了一种井下催化反应器用于重油开发，称为井下催化反应法。这种方法先在地面进行吸热反应，将蒸汽和 CH_4 转化成 H_2 和 CO，然后将冷却的气体输进井内催化反应器，气体反应产生蒸汽和 CH_4，反应产生的热传递到油层，反应后的气体随采出油循环到地面蒸汽转换装置中。

有文献报道该方法可在 400～500℃ 条件下将重油与蒸汽和添加剂硫酸镍、硫酸铁混合处理稠油。又有人指出可以考虑对石油中的沥青质进行降解。有关沥青质化学降解在油藏开发中的应用未见报道，有必要探讨其在井下催化的途径。利用一定的化学试剂作催化剂，针对油藏中以沥青质为主的重质组分进行一定程度的、选择性的化学降解，预期不仅可以改善油藏的物理化学性质和提高油藏采收率，而且可以给其他后期过程带来好处。

在实际条件下，要选择合适的化学降解试剂，从理论上讲是不难办到的，关键是要考虑这种化学试剂在油藏条件下的实用性和经济上的可行性。考虑到这一方法潜在的应用价值，开展探索性的研究工作将是必要的。

五、电加热杆开发稠油技术

有些油田的原油物性表现为高黏、高凝固点、高含蜡，且稠油油藏埋藏浅，成岩作用差，油层胶结疏松，油井投产后易出砂。开发这些油藏采用化学、注蒸汽等工艺存在成本高、现场实施难度大的问题。

为了经济高效地开发这些油藏，针对稠油流动性差、对温度敏感性高的特点，以所辖油区地层的地质状况及原油物性为基础，胜利油田纯梁采油厂（简称纯梁采油厂）自

1993 年引进了电加热杆开发稠油技术，经过近 10 年的完善提高，优化了机械采油工艺，应用机械采油配套技术对稠油油藏进行了有效开发，并配合其他工艺能较好地适应纯梁油区的稠油油藏的开发。

1. 电加热杆开发稠油技术特点及结构原理

利用电加热杆产生的热能，将油管内的原油进行全程加热，以降低原油黏度，提高原油的流动性，达到增产、增效的目的。

1）电加热杆的结构

电加热杆的结构由变径接头、空心杆、整体电缆、电热光杆、电缆三通、防喷盒、电加热控制柜、变压器等部件组成。

2）电加热杆开发稠油技术的工作原理

电缆进入空心杆内，利用电缆末端的铜棒与空心杆底部的变径接头接触构成回路。交流电以连续送电的方式将电能送到电加热杆的终端，依靠集肤效应原理，将空心杆杆体加热，通过热传导，提高井筒内原油的温度，降低黏度，增加原油的流动性，防止结蜡，可有效地解决高凝、高黏、高含蜡原油在井筒举升过程中的矛盾。

3）电加热杆开发稠油技术的特点

（1）地面设施简单，使用方便，易于管理。

（2）井筒加热均匀，加热段长，加热温度可调控。

（3）开关油井操作简便，不受环境温度和长时间关井的影响。

（4）能够提高油井生产时率和综合时率。

（5）可大大减少停电、结蜡等原因造成的非正常检泵。

（6）有利于延长检泵周期。

（7）杆柱结构比较简单。

（8）起下作业方便。

（9）具有良好的重复作业性和工作可靠性。

（10）可减少抽油机负荷，改善抽油机工作状况。

2. 电加热杆开发稠油技术的应用情况

1995～2005 年，纯梁采油厂针对纯梁油区稠油、高凝油、高含蜡油藏的开发特点应用了电加热杆开发稠油技术，并配套抽稠泵、螺杆泵、过桥泵等特种泵，提高了稠油油田的开发效果。截至 2005 年 10 月。在稠油结蜡区块上应用电加热杆开发稠油技术 62 井次，累计增油 66766.5t。

六、水平压裂辅助蒸汽驱技术

稠油热采的一般规律是先吞吐后汽驱，然而对于浅薄层稠油油藏，采用常规蒸汽驱的风险性很大。经过实践证明，在常规蒸汽驱技术的基础上发展起来的水平压裂辅助蒸汽驱技术是提高这类油藏采收率的有效方法之一。

1. 水平压裂辅助蒸汽驱技术机理

水平压裂辅助蒸汽驱的技术实质就是充分利用蒸汽超覆这一自然规律，在油层下部压出一条水平裂缝，开辟一条具有高导流能力的热通道；沿热通道向前推进的蒸汽，在重力差异作用下，逐步向上超覆，与其上部的原油发生强烈的热传质作用；加热后可流动的原油在重力作用下向下流动到下部热通道之后，蒸汽推着凝结的热水和可流动的油沿热通道流波采油井，随着时间的推移可流动带越来越宽。

该水平裂缝可控制蒸汽超覆速度，有效提高纵向波及系数，进而达到提高采收率的目的。

2. 水平压裂辅助蒸汽驱现场过程简介

生产井的处理过程：对于新钻的生产井，下完套管固结水泥后，先不射孔，而是在油层的某个部位采用高速携砂液在套管上切槽；与此同时，将水泥环切穿，然后利用水力压裂使油层形成水平裂缝，使裂缝延伸 30～50m。紧接着用高于油层破裂压力的压力注入大量蒸汽，因为此时还没有射孔，所以注入的大部分蒸汽沿裂缝向前推进；注汽结束后，在该井的生产层段射孔，然后开井生产。此时的产量是吞吐的效果。与此同时，像生产井一样，在注入井的对应位置用高速携砂液在套管上切槽，也将水泥环切穿，接着下注汽管柱，利用水力压裂使油层形成一条水平裂缝，使裂缝延伸 50～70m，这样注入井形成的水平裂缝与生产井的加热区域相互连通。接着用高于破裂压力的压力高速注汽，使裂缝保持开启状态，直到生产井受到注入井的注汽效果为止，这样大部分蒸汽和凝结水沿裂缝推进，从而使裂缝附近的油，特别是其上部的油在热传导和蒸汽超覆的双重作用下被迅速加热，黏度显著降低，形成一个连通的可流动带，并随着时间的推移，可流动带越来越宽。高速注汽完毕后，射开整个生产层段，以最佳注汽速率注汽，此时注汽压力小于破裂压力，裂缝闭合，流动通道不再是裂缝而是加热带。当注汽达到经济极限时，可以转变为注入热水来利用地层余热，以提高油汽比和最终采收率。

总之，水平压裂辅助蒸汽驱技术变不利因素为有利因素，打破了蒸汽驱不能超过破裂压力注汽的传统观念，使浅薄层超稠油可以实现高速注汽，提高热利用率。

七、THAI 稠油开发技术

THAI（toe to head air injection，从水平井端部到根部注空气技术）稠油开发技术是指在油层的下部有一口水平井，在水平井的指端上部有注入井，将空气注入油层燃烧进行水平井开发的技术。其开发示意图如图 2-3 所示。

该技术克服了常规火烧油层中，注采井距离远、流体流动阻力大的缺点，使空气易注入，加热的流体易采出。这是因为 THAI 稠油开发技术只是在燃烧前缘的前面形成了窄的可动油带。可动油带位于水平生产井的上方，因而，THAI 稠油开发技术是一种重力辅助层内燃烧法，它主要受水平生产井射孔段确立的压力梯度的影响。此外，生产井中还装有移动式内套筒来控制燃烧，相对于燃烧前缘，可连续调整内套筒以维

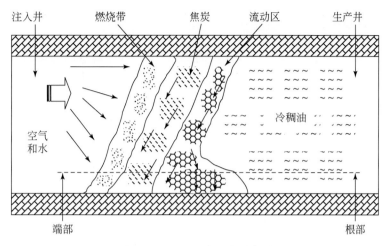

注入井　燃烧带　焦炭　流动区　生产井

空气和水

冷稠油

端部　根部

图 2-3　THAI 稠油开发示意图

持生产井射孔段长度不变。这一方法同样适用于轻质油藏。

该技术的优点如下：①采收率高，室内实验证明可达 60% ~ 80%；②操作过程简单，无污染；③可就地燃烧产生轻质原油；④易启动，产量高；⑤投入开发井数少；⑥与 SAGD 技术相比，生产成本低。

八、国内开发稠油发展方向

1. 油藏监测

在蒸汽驱过程中，为了更好地利用热能，即最有效地使用蒸汽，油藏监测十分关键，要充分地利用油藏监测数据进行有效分析，准确掌握油藏中的热量分布随时间的变化。油藏监测涵盖的资料包括：①压力和温度测试数据；②日产量；③注汽量及蒸汽干度测试数据；④关井时间和情况；⑤所用的添加剂的类型和情况。这些数据必须定期准确地收集，以便及时地评价油田的生产动态，从而确定最适合的各种生产方法和增产措施，使油田能经济有效地开发。

另外这项工作在先导试验中也尤为重要，先导试验的目的就是要通过试验结果来确定一些操作参数的组合或所选的油藏参数是否有效，决定该方法是否可以在油田大规模推广应用。尤其对于蒸汽驱先导试验，应该在井间打一些布置合理的观察井，作为观察井，井眼的尺寸不需要太大，要定期进行压力与温度测试，准确收集这些数据，同时也要监测井底蒸汽干度和蒸汽前缘的运移情况，对比国外最大且最成功的两个蒸汽驱项目——美国的 Kern River 油田及印度尼西亚的 Duri 油田，我国辽河油田的观察井数量远远少于它们。

因此，在我国稠油油田的开发中应加强油藏监测，可以利用一些停产井改建为观察井，需要对注入井、生产井及观察井定期进行温度、压力的监测。由于注蒸汽项目中温度变化很快，一般 3 个月进行一次温度监测，另外必要时要考虑是否可以进行四维地震监测，完善监测系统。尤其是在蒸汽驱和 SAGD 技术的先导试验项目中除了监测好压力和温度数据，还要分别注意监测蒸汽前缘的走向和蒸汽腔沿水平井段的发育状况及蒸汽腔在油层中发育的均匀程度，翔实的监测数据是生产过程中必不可少的。只有在系统监测的基础上进行跟踪研究，发现问题，而且最关键的是快速作出反应，及时调整注采参数，不要错过适当的时机，因为有些时候可以减少注入量而节省相当的成本，并获得好的开发效果，才能确保在先导试验阶段得到有价值的资料，为进一步扩大试验或生产规模提供可靠的依据。

2. 精细油藏描述

我国辽河油田稠油油藏的特点之一是非均质性现象严重，而且经过多年的开采，油层的各项特征也发生了变化，这就要求在开发方案的制订或调整过程中做好精细油藏描述，以充分表述储层在纵向和横向上的变化情况。油藏描述是整合多学科研究于一体的一项综合技术，它把构造地质学、沉积学、层序地层学、测井、地震、岩石物性分析等研究综合在一起，最终建立定量的三维油藏地质模型。目前我国这一研究领域在相应的研究手段上有所欠缺，如建模软件、三维可视化工具的开发与应用都尚未成熟完善，在研究项目中缺乏多学科的集成，而国际上所有大的石油公司在进行油田开发的技术支持项目上，都采用了一支集合多学科人才的项目小组，包括地质、地震、测井、油藏等，在研究过程中各个学科相互渗透、补充，有机地结合在一起，这样整个项目的研究才是综合全面的。因此，在今后的项目研究工作中应考虑多学科综合研究。

3. 剩余油分布研究

针对那些蒸汽吞吐或气驱开发多年的老油田也要做好油藏监测工作，因为这时不仅需要了解蒸汽的波及状况，重要的是还要弄清油藏中剩余油的分布情况，这样才能有的放矢，研究经济有效的剩余油挖潜技术，从而进一步提高采收率。剩余油分布研究的手段就是油藏监测工作和精细油藏描述工作。油藏监测技术除常规的油藏动态监测分析方法外，还有核磁共振测井和四维地震，其中利用四维地震技术进行剩余油分布研究可以消除许多不确定因素。

4. 热能管理

热能管理在稠油热采中是非常重要的一项工作，它的意义在于以最有效的方式利用热能。实际上热能管理包含了油藏监测、油藏模拟、注采参数优化等工作，而油藏监测是最基础的一项工作，它为热能管理提供了关键的数据。通过油藏监测可以了解目的层中的热能分布情况，判断热量分布是否有效，以及蒸汽在油层内的波及情况。

在油藏方面的热能管理具体包括以下内容。

（1）通过光纤监测系统或热电偶监测井下温度。

（2）在观测井进行温度测井，观察油藏温度随深度的变化情况，通过碳氧比（原子个数比）测定确定原油饱和度，另外，还要在观测井获得压力测量结果，以及蒸汽前缘的运移情况。

（3）应用这些测井结果建立温度、原油饱和度和蒸汽分布的三维模型，将该模型与从电阻率测井得来的岩性模型整合在一起，建立三维可视化模型。

（4）通过三维可视化模型可以确定建立蒸汽分布，优化注采参数，调整蒸汽注入量，或优化现有的射孔方式，因为射孔的尺寸、密度和相位都对注汽有影响。

（5）利用四维地震技术进行油藏检测，确定蒸汽波及和未波及的区域，这些数据有利于确定注汽井位、注汽量、注汽时机等参数。

此外，在地面工艺技术上也需要做热能管理方面的工作，如有效地回收利用热能，可以通过热交换器回收热能，再利用这些废热预热锅炉供水，还要做好水罐、注汽管线的保温绝热措施，不要造成不必要的热损失。

5.水平井技术的发展

利用水平井技术开发稠油是稠油开采技术发展的一种趋势，一方面，在当今的稠油开采技术发展方向中，越来越注重将重力泄油的机理充分应用于各种稠油开发方式中。另一方面，在水平井应用上有以下几点好处：①水平井段可接触到更大面积的油层；②对于水平井注蒸汽开发，水平井段可以控制蒸汽运移的走向，避免蒸汽超覆；③应用水平井开发薄油层的优势也是显而易见的。

目前，在世界范围内已经商业化应用或正在试验的水平井开发技术包括水平井冷采、水平井水驱、多分支井冷采、SAGD、VAPEX、水平井蒸汽吞吐、THAI 等，其中SAGD、VAPEX、THAI 都利用了重力泄油机理。

水平井技术的发展归功于水平井钻井、完井、修井技术的不断发展，人工举升技术的发展（螺杆泵、电潜泵、齿轮泵、水力泵），以及油藏监测和精细油藏描述水平的不断提高（四维地震技术、三维可视化模型）。而所有这些有利于水平井技术发展的技术要素在我国的发展都不完善，因此水平井技术在我国稠油开发中的应用程度非常有限。

因此，要发展水平井技术，提高相应的配套技术水平是必要的前提，包括水平井的钻井、完井技术，人工举升技术，油藏监测技术，精细油藏描述技术等。另外，我国多数稠油油田的开发都已经进行了许多年，现有井网已相当完善，因此在今后关于接替技术的研究方向上可考虑开发一些水平井与现有直井组合的开发方式。

6.化学驱油技术基础研究

化学驱油技术基础研究包括多元复合驱油界面化学及驱油机理深化研究、化学驱油剂合成的分子结构设计及工艺控制原理研究。化学驱油剂进一步深入开展表面活性剂结构与性能的关系研究，从本质上揭示表面活性剂结构与形成超低界面张力的关系，并据此进行分子设计以获得界面活性更为高效、对原油的适应性更为宽泛的活性剂，同时，准确地阐述表面活性剂结构与性能的关系也可避免研究工作的盲目性，从而为化学驱的工业化应用提供物质基础和技术保证。

7. 微生物驱油技术原理研究

自"七五"期间微生物技术被列为国家科技攻关项目以来，我国主要开展了以下工作：微生物地下发酵提高采收率研究、生物表面活性剂研究、生物聚合物提高采收率研究、注水油层微生物活动规律及其控制研究。未来发展将主要进行微生物驱油技术科学原理研究，如菌种在孔隙介质中的传输机理研究，生物在油层内繁殖、运移和滞留的规律及数学描述，深入了解微生物驱中各种生物物理化学作用及渗流规律等。

复合蒸汽吞吐技术 第三章

为保证新疆浅层稠油稳产，亟须解决两个方面的问题：一是如何改善吞吐中后期的开发效果，提高吞吐中后期的采收率问题；二是薄层低品质稠油资源如何有效动用的问题。为此，新疆油田先后开展了一系列的攻关试验，逐步形成了以多介质辅助蒸汽吞吐技术、薄层水平井蒸汽吞吐技术及组合式蒸汽吞吐技术为核心的复合蒸汽吞吐技术。使 2 亿 t 薄层低品位稠油储量得以规模效益开发，薄油层动用程度由 20% 提高到 67%，累计增产原油 3606 万 t，开发效益显著。本章详细阐述了多介质辅助蒸汽吞吐技术、薄层水平井蒸汽吞吐技术及组合式蒸汽吞吐技术。

第一节　多介质辅助蒸汽吞吐技术

一、多介质筛选评价方法

油田常用的多介质包括泡沫剂、降黏剂及 N_2、CO_2 等气体。其性能测试对于多介质复合蒸汽吞吐中所有介质的筛选尤为重要。

泡沫剂从静态和动态指标进行筛选和评价，静态指标包括泡沫剂起泡能力、稳定性、配伍性及耐高温性 4 个指标的测定；动态指标包括阻力因子、阻力因子与气液比的关系、阻力因子与泡沫剂浓度的关系、阻力因子与岩心渗透率的关系、阻力因子与含油饱和度的关系。注蒸汽泡沫剂动态评价实验用一维岩心驱替装置，通过测定泡沫在岩心中产生的阻力因子，来评价注蒸汽泡沫在提高石油采收率过程中的调剖能力。

降黏剂主要从降黏率和产出液现场处理两方面来评价，降黏率要从常温、高温等多个温度点进行测试对比。

气体的选择只要从 PVT（压力、体积、温度）特性及与泡沫剂作用起泡的阻力因子考虑，PVT 包括对原油溶解度、原油体积系数、原油黏度变化等方面进行评价和筛选，也要考虑一维管实验中的注入压力。在注入介质筛选的基础之上，还要进行多介质复合吞吐提高波及效率评价，主要通过二维模型和双管模型来评价微观驱油效率，渗流特征，宏观驱油效率，平、剖面的波及效率。

二、多介质筛选

（一）泡沫剂筛选

多介质辅助蒸汽吞吐中泡沫剂的筛选是重要的一环，选择的泡沫剂具备的首要特点是必须耐高温，其次是产生的泡沫必须有足够的阻力因子和稳定性，为此，选择了6种高温泡沫剂进行性能评价。

1. 发泡性和泡沫稳定性评价

泡沫剂的发泡性是指泡沫产生的难易程度和产生泡沫量的大小；泡沫稳定性是指泡沫存在的"寿命"长短。泡沫稳定性通常用产生的泡沫的半衰期来衡量，即泡沫衰减一半所需的时间。对6种泡沫剂的泡沫体积倍数（指泡沫体积与产生泡沫液体的体积的比值）及泡沫半衰期进行了测定，结果见表3-1。

表3-1　泡沫剂的性能测试结果

泡沫剂	泡沫体积倍数	半衰期 /min
ZYGS-3	5.2	81
EOR-CL	9.4	177
JCHL-1	5.2	109
JCHL-2	7.9	192
GDH-A	9.8	230
GMH-1	5.1	180

注：评价条件为蒸馏水、常温常压、浓度0.5%（质量分数）。

根据泡沫的发泡能力和泡沫的半衰期结果，初步看出EOR-CL、JCHL-2、GDH-A和GMH-1 4个泡沫剂具有较好的发泡能力及泡沫稳定性。

2. 泡沫剂与地层水的配伍性评价

泡沫剂与地层水的配伍性是重要的评价指标之一。泡沫剂为阴离子磺酸盐表面活性剂，地层水中含有的 Na^+、K^+、Ca^{2+}、Mg^{2+} 等离子会对泡沫剂的发泡性和泡沫稳定性产生一定的影响，为此在室内进行了泡沫剂与地层水的配伍性评价实验。根据新疆稠油油藏地层水性质，实验选用了低矿化度、高钙镁含量的矿化水进行泡沫剂评价实验。利用矿化度为4885mg/L、钙镁含量为650mg/L的人造矿化水配置泡沫液，基础配方：0.5% 起泡剂 +0.05% ～ 0.15% 稳泡剂 + 水。

由表3-2可以看出：①地层水对6个泡沫剂的泡沫体积倍数都存在不利影响，尤其是ZYGS-3和JCHL-1泡沫剂，泡沫体积倍数小于5倍；而对泡沫的半衰期的影响比较复杂，ZYGS-3、JCHL-1、GDH-A 3个泡沫剂的半衰期变长，稳定性更好，原因是地层水中一价阳离子的存在使临界胶束浓度降低，有利于更多的活性分子吸附到表面，降低界面张力，从而有利于泡沫剂形成稳定的泡沫；而其他3个泡沫剂的半衰期变短，稳定性变差，究其原因是地层水中一价阳离子的存在削弱了气液界面的双电层，降低了液膜间的排斥力，造成泡沫的不稳定。②根据这6种泡沫剂的泡沫体积倍数及泡沫的半衰期来看，EOR-CL、JCHL-2、GDH-A 和 GMH-1 都是比较理想的。

表 3-2　泡沫剂与地层水的配伍性实验结果

泡沫剂	蒸馏水		地层水	
	泡沫体积倍数	半衰期 /min	泡沫体积倍数	半衰期 /min
ZYGS-3	5.2	81	4.6	97
EOR-CL	9.4	177	7.0	164
JCHL-1	5.2	109	4.8	221
JCHL-2	7.9	192	6.5	147
GDH-A	9.8	230	9.4	235
GMH-1	5.1	180	5.0	178

注：评价条件为 80℃、1atm（1atm=1.01325×10^5Pa）、浓度为 0.5%（质量分数）。

3. 热稳定性评价

泡沫剂主要用于高温环境，尤其是蒸汽窜流通道处的温度已接近注入蒸汽的温度，这就要求所选用的泡沫剂具有良好的耐高温性能。

根据泡沫剂的发泡能力、泡沫稳定性及与地层水的配伍性初步筛选出发泡量较大、半衰期较长且与地层水具有良好配伍性的起泡剂 4 种，将这 4 种泡沫剂分别装入高温高压反应釜中，分别在 80℃和 250℃条件下加热老化 72h 后取出进行分析（表 3-3）。经过加热老化实验结果发现：在 80℃条件下老化 72h 后，这 4 种泡沫剂的发泡能力及半衰期都稍好于常温下的泡沫剂的发泡能力及半衰期。

表 3-3　泡沫剂热稳定性评价结果

泡沫剂	温度 /℃	发泡体积 /mL	半衰期 /min
EOR-CL	80	7.0	164
	250	4.0	155
JCHL-2	80	6.5	147
	250	3.8	130
GDH-A	80	9.4	235
	250	8.5	230
GMH-1	80	5.0	178
	250	4.2	125

注：泡沫剂用地层水配制，浓度为 0.5%（质量分数），加热老化 72h。

4. 阻力因子评价

阻力因子定义为工作压差和基础压差之比，用于评价起泡剂产生的泡沫在岩心中的实际封堵能力。选用的泡沫剂要求在高温下产生的泡沫流动阻力大，能有效地封堵蒸汽窜流层。本书认为，注蒸汽过程中，当阻力因子达到 4 时，起泡剂可在油层中起到一定的调剖作用。从图 3-1 可以看出，4 种泡沫剂形成的阻力因子均大于 4，都具有使注入蒸汽发生转向的能力，但 GDH-A、GMH-1 的阻力因子明显高于 EOR-CL、JCHL-2。

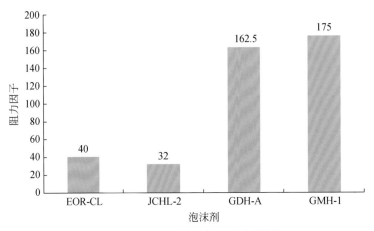

图 3-1　不同泡沫剂阻力因子测试结果

5. 调剖能力评价

从高渗透层和低渗透层产液剖面及泡沫形成的压力变化曲线（图 3-2）看出：注入 GDH-A、GMH-1 均能够有效改善低渗透层的吸汽能力。

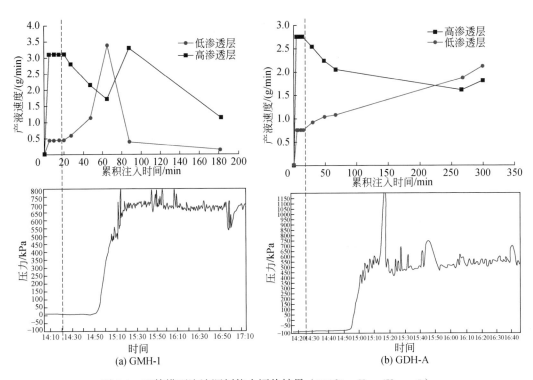

图 3-2　双管模型泡沫调剖能力评价结果（200℃，$K_{高渗}/K_{低渗}=5$）

从 6 种泡沫剂的发泡性、泡沫稳定性、与地层水的配伍性、热稳定性等性能指标对比来看，综合评价优选出 GMH-1 和 GDH-A 两种泡沫剂。

（二）气体筛选

气体的选择需从以下 3 个方面进行考虑：一是和泡沫剂形成稳定泡沫，降低蒸汽在高渗透层的窜流，起到蒸汽转向、扩大蒸汽波及体积的作用；二是可溶解于原油中，使原油体积发生膨胀，降低原油黏度，使其在地层中流动性变好，可降低残余油饱和度及蒸汽分压，提高注入热量的潜热利用率；三是增加地层弹性能量，提高初期产量。

从图 3-3 可以看出：泡沫剂在岩心中产生的阻力因子和所选择的气体类型有一定的关系，在相同条件下，N_2 产生的阻力因子最高，CO_2 产生的阻力因子最低，烟道气〔（10% ～ 15% CO_2）+（85% ～ 90%）N_2〕和尿素（33% CO_2+67% NH_3）产生的阻力因子居中。

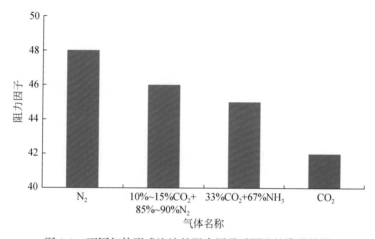

图 3-3　不同气体形成泡沫的阻力因子对原油的降黏效果

不同气体在原油中的溶解能力存在差异，其对原油的降黏效果也不尽相同。从表 3-4、表 3-5 可以看出：N_2 降黏效果较差，CO_2 降黏效果较明显；尿素溶液分解生成 CO_2 和 NH_3，除 CO_2 可降低原油黏度外，NH_3 溶于水后和原油中的酸反应生成表面活性剂，可大幅度降低岩石表面张力，降黏率最高可达 68.0%。

表 3-4　N_2 及 CO_2 降黏效果（100℃）

N_2				CO_2			
2.0MPa		4.0MPa		2.0MPa		4.0MPa	
脱气油黏度 /（mPa·s）	降黏率 /%	脱气油黏度 /（mPa·s）	降黏率 /%	脱气油黏度 /（mPa·s）	降黏率 /%	脱气油黏度 /（mPa·s）	降黏率 /%
80.1	8.5	73.9	15.5	73	16.6	64.4	26.4
188.4	8.0	174.6	14.4	175.2	14.5	154.6	24.5
304.5	8.6	282.9	15.1	277.6	16.7	244.2	26.7

表 3-5　尿素溶液降黏效果

尿素溶液与原油体积比	50℃时原油黏度 /（mPa·s）		降黏率 %
	反应前	反应后	
1：9	12400	5788	53.3
2：8	12400	3967	68.0
3：7	12400	4785	61.4

三、多介质驱油体系

根据对高温泡沫剂、驱油剂、气体等性能的系统评价，结合物理模拟实验及多介质驱油机理研究，针对不同油藏类型及开发阶段的特点，研发了 3 种驱油体系（表 3-6）。

表 3-6　多介质辅助蒸汽吞吐驱油系列

多介质驱油系列	适用范围	功能
MHFD- I	普通稠油、特稠油油藏	补充地层能量 + 提高蒸汽热效率 + 提高驱油效率
MHFD- II	普通稠油、特稠油油藏	补充地层能量 + 调整吸汽剖面、控制汽窜 + 提高蒸汽热效率
MHFD- III	特稠油、超稠油油藏	补充地层能量 + 提高蒸汽热效率 + 有效降低原油黏度

（1）MHFD- I：气体 + 蒸汽，主要用于普通稠油、特稠油油藏蒸汽吞吐开发后地层亏空严重的情况，可快速补充地层能量，提高蒸汽热效率及驱油效率。

（2）MHFD- II：气体 + 泡沫剂 + 蒸汽，主要用于普通稠油、特稠油油藏吞吐开发汽窜严重的情况，可补充地层能量，调整吸汽剖面、控制汽窜，提高蒸汽热效率。

（3）MHFD- III：气体 + 降黏剂 + 蒸汽，主要用于黏度较大的特稠油、超稠油油藏，可补充地层能量，提高蒸汽热效率，有效降低原油黏度。

四、多介质辅助蒸汽吞吐应用情况

目前新疆油田浅层稠油油藏采用多介质辅助蒸汽吞吐开发已达到 1000 井次 /a，年产原油 60t，提高吞吐采收率 1.0% ～ 4.5%（图 3-4）。

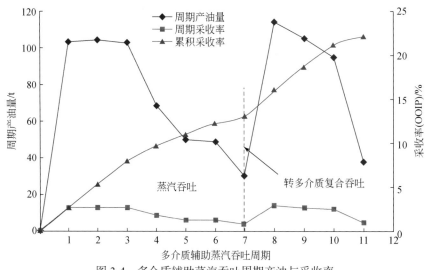

图 3-4　多介质辅助蒸汽吞吐周期产油与采收率

（一）MHFD-Ⅰ系列应用情况

从 MHFD-Ⅰ系列（CO_2+ 蒸汽）在车 510 井区沙湾组超稠油油藏的应用情况来看，注多介质措施井（简称措施井）具有日产油量高、含水率低的生产特征，日产油量平均为 8.1t，较未注多介质措施井（简称未措施井）高 3.2t；综合含水率平均为 38%，较未措施井低 18%（图 3-5）。

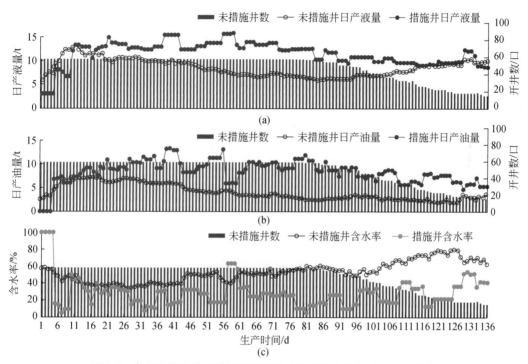

图 3-5　车 510 井区多介质辅助蒸汽吞吐生产对比曲线（MHFD-Ⅰ）

根据地层条件下 CO_2 比容变化机理，在地层压力为 2.5 ~ 4.0MPa 时，1t 液态 CO_2 可以占据 12 ~ 23m^3 的体积。因此平均注 CO_2 量 25t 的单井，至少可以占据 300m^3 的空间，可节约相应蒸汽量，达到降本增效的目的（表 3-7）。

表 3-7　CHD50229 井生产数据表

井号	实施日期	轮次	CO_2注入量/t	射厚/m	标准注汽量/t	实际注汽量/t	节约汽量/t	周期生产天数/d	周期产油量/t	日产油水平/t	阶段油汽比
CHD50229	2015-11-14	2	25	6.5	650	383	267	141	776	5.5	2.00
		1		6.5		754		103	435	4.2	0.58

（二）MHFD-Ⅱ系列应用情况

2011 年 10 月中国石油新疆油田分公司重油开发公司在检 230 井区实施了 N_2 泡沫辅助蒸汽吞吐。实施后，增油效果明显，从典型井 951228 井和 951225 井的生产情况来看，周期产油量及生产天数较上周期明显增加（表 3-8）。

表 3-8　检 230 井区典型井氮气泡沫辅助蒸汽吞吐生产情况

井号	措施吞吐周期 / 个	产油量 /t			生产天数 /d		
		上周期	本周期（措施）	增油量	上周期	本周期（措施）	延长天数 /d
951225	12	337	680	343	360.9	883.7	522.8
951228	6	97	140	43	356	410.8	54.8

MHFD-Ⅱ系列可以有效地改善剖面动用情况，从车 510 井区 CH50170 井吸汽测试剖面来看：CO_2 泡沫辅助蒸汽吞吐前 334.5 ～ 336.0m 井段是主要吸汽层段，吸汽百分比占 52.1%，吸汽强度为 23.1t/（d•m），332.5 ～ 333.5m 井段不吸汽；实施 CO_2 泡沫辅助蒸汽吞吐后 334.5 ～ 336.0m 井段吸汽百分比降低了 12.5%，332.5 ～ 333.5m 井段吸汽百分比增加了 5%，说明实施 CO_2 泡沫辅助蒸汽吞吐有效地改善了剖面动用情况，对蒸汽吞吐后期抑制汽窜具有明显作用（图 3-6）。

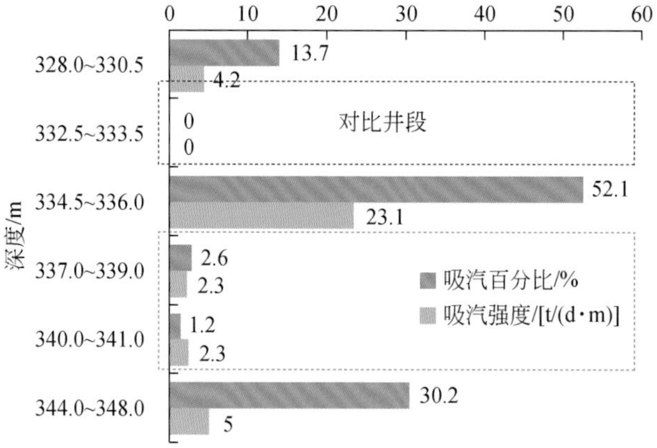

(a) CO_2 泡沫辅助蒸汽吞吐前吸汽百分比/吸汽强度

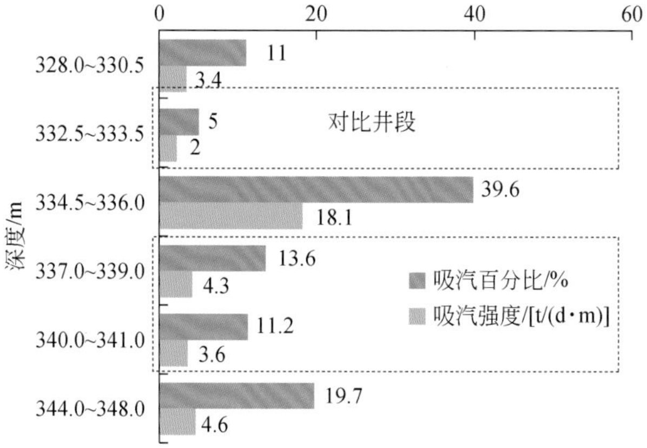

(b) CO_2 泡沫辅助蒸汽吞吐后吸汽百分比/吸汽强度

图 3-6　CH50170 井 CO_2 泡沫辅助蒸汽吞吐前后吸汽剖面对比

（三）MHFD-Ⅲ系列应用情况

MHFD-Ⅲ系列主要应用于黏度较大的特稠油、超稠油油藏，采用注入气体＋降黏剂＋蒸汽方式，可有效降低原油黏度，改善吞吐开发效果。从车510井区实施效果来看，单井周期可多产原油239.2t（图3-7）。

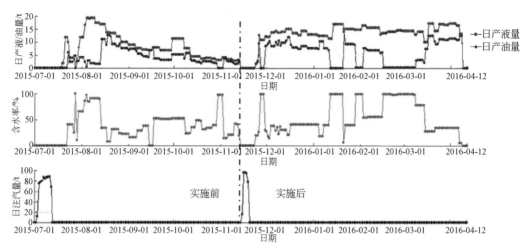

图 3-7　CHD50229 井综合生产曲线

第二节　薄层水平井蒸汽吞吐技术

一、薄层储层识别与预测

从1999年起，新疆油田先后实施了百重7井区三维地震、红山嘴北－红山嘴精细三维地震，风501井西三维地震、风501井三维地震、车35井区三维地震、二次开发三维地震及车503井西三维地震，目前浅层稠油油藏三维地震全覆盖，三维地震面积为1684.42km²，面元主要分为12.5m×12.5m及12.5m×25m两种。三维地震覆盖面积广、面元精度高为开展储层地震预测提供了保障。

储层地震预测主要通过分析地震波的速度、振幅、相位、频率、波形等参数的变化来预测储层的分布范围、储层特征等。岩性、储层物性和充填在其中的流体性质的空间变化，造成了地震反射波速度、振幅、相位、频率、波形等参数的相应变化，这些变化是储层地震预测的主要依据。在特定的地震地质条件下，只有这些储层特征参数变化达到一定程度时，才能在地震剖面上反映出来。

新疆浅层稠油油藏多属于辫状河流相和洪积相沉积，平面上和纵向上存在严重的非均质性现象，岩性横向变化大，地震同向轴连续性差、地震波组的动力学特征极其不自然。另外，由于油藏埋深浅，岩石胶结疏松，地震资料中面波干扰严重。上述原因导致新疆浅层地震资料品质低，用常规方法无法开展储层预测。通过多年技术攻关，形成了基于井震结合采用岩性模拟算法的叠前、叠后联合反演技术，实现了低品质地震资料下的陆相薄层砂砾岩储层空间展布的定量表征，3m以上厚度储层的预测精度达到90%以上。

（一）技术流程

利用岩石物理分析技术，建立地层的单井岩石物理模型，对纵、横波声波曲线和密度曲线进行重构，改善井震关系。分析各测井参数对储层反映的敏感性，应用叠前、叠后联合反演技术开展储层预测，井震结合对反演结果进行调整和优化，实现对薄层砂砾岩储层空间分布的精细预测，具体流程如图 3-8 所示。

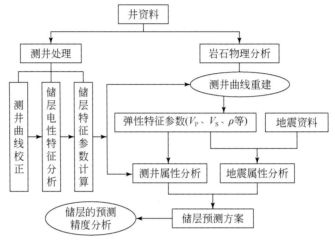

图 3-8　岩石物理分析流程图

（二）测井曲线重建

在黏土含量、孔隙度、含水饱和度等储层参数准确计算的基础上，重建纵波时差、横波时差和体积密度测井曲线，能改善测井属性之间的统计关系，提高测井属性对有效储层的分辨能力，为储层反演和研究工作提供精确可靠的基础数据。

1. 纵、横波速度的重建

利用 Xu-White 模型进行测井曲线重建的思路（图 3-9）如下所述。

（1）在利用流体参数、黏土参数、有效孔隙度、总孔隙度、含水饱和度等储层特征参数的基础上，确定储层的体积密度。

（2）利用储层的体积密度、横波速度，确定储层的剪切模量，刻度固体各分量的

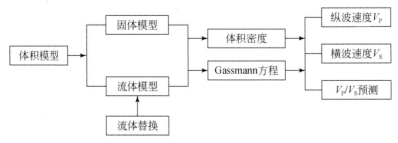

图 3-9　利用 Xu-White 模型进行测井曲线重建的示意图

剪切模量。

（3）利用储层的体积密度、剪切模量、流体体积模量、纵波速度，确定储层的体积模量，从而刻度固体各分量的体积模量。

2. 密度曲线的重建

密度曲线的重建方法如下所述。

流体部分所占的密度为

$$\rho_f = \sum_{i=1}^{n} f_i \rho_{fi}$$

固体部分所占的密度为

$$\rho_s = \sum_{i=1}^{n} V_i \rho_{si}$$

地层的体积密度 ρ 为

$$\rho = \rho_f + \rho_s$$

式中，f_i 为流体各分量的体积因子；V_i 为固体各分量的体积因子；ρ_{fi} 为流体各分量的体积密度；ρ_{si} 为固体各分量的体积密度。

3. 横波的预测

采用 Han 模式计算的横波（TSR）与实测横波曲线（DTS）对比，推广到其他井作为横波计算的依据。

对 Han 模式系数做调整，具体公式如下：

$$V_S = 0.79V_P - 0.95$$

式中，V_S 为横波波速；V_P 为纵波波速。

（三）弹性参数对储层的敏感性分析

1. 纵波时差与岩性、物性之间的关系

泥岩的纵波速度主要分布在 2200～3500m/s，砾岩的纵波速度主要分布在 2500～4800m/s，含砾粗砂岩的纵波速度主要分布在 2000～2800m/s；砾岩、含砾粗砂岩和泥岩大部分重合，纵波速度不能有效地区分，纵波速度与孔隙度的交会图如图 3-10 所示。

2. 体积密度与岩性、物性之间的关系

泥岩的体积密度主要分布在 2.25～2.55g/cm³，砾岩的体积密度主要分布在 2.30～2.63g/cm³，含砾粗砂岩的体积密度主要分布在 2.15～2.36g/cm³。如果把门槛值定为 2.30g/cm³，那么体积密度能够区分孔隙度大于16%的含砾粗砂岩和中细砂岩（图 3-11）。

3. 纵波阻抗与岩性、之间的关系

泥岩的纵波阻抗主要分布在 5100～8300g/cm³·m/s，砾岩的纵波阻抗主要分布在

5700 ～ 9800g/cm³·m/s，砂岩的纵波阻抗主要分布在 5200 ～ 6600g/cm³·m/s；各种岩性的阻抗值重合严重，难以有效地区分，纵波阻抗和孔隙度的交会图如图 3-12 所示。

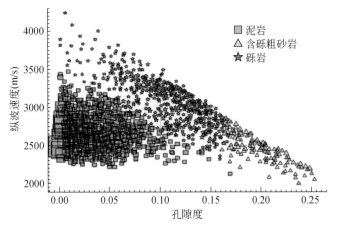

图 3-10　纵波速度和孔隙度交会图

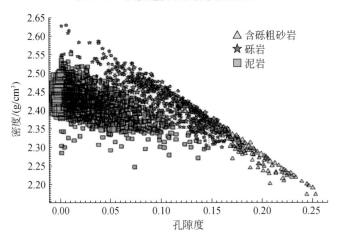

图 3-11　纵横体积密度和孔隙度交会图

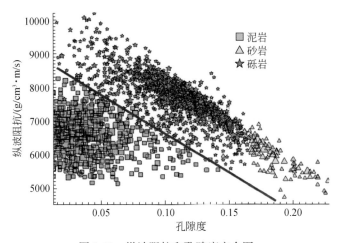

图 3-12　纵波阻抗和孔隙度交会图

4. 纵横波速度比与岩性、物性之间的关系

砂岩纵横波速度比主要分布在 2.0 ～ 2.6，砾岩的纵横波速度比主要分布在 1.8 ～ 2.4，泥岩的纵横波速度比主要分布在 1.9 ～ 2.7，纵横波速度比与孔隙度交会图如图 3-13 所示。

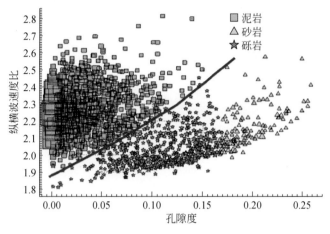

图 3-13　纵横波速度比和孔隙度交会图

5. 纵横波速度比乘密度与岩性、物性之间的关系

密度能够区分高孔隙度储层（孔隙度大于 20%），不能区分低孔隙度储层；纵横波速度比能够区分中低孔隙度储层，而不能区分高孔隙度储层；纵横波速度比乘密度能够兼顾高、中、低孔隙度储层。

砂岩纵横波速度比乘密度主要分布在 4.6 ～ 5.7，砾岩的纵横波速度比乘密度主要分布在 4.6 ～ 5.4，泥岩的纵横波速度比乘密度主要分布在 4.95 ～ 6.4（图 3-14）。

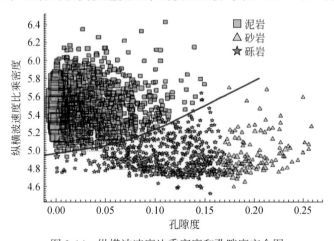

图 3-14　纵横波速度比乘密度和孔隙度交会图

6. 拉梅系数乘密度与岩性、物性之间的关系

砂岩的拉梅系数乘密度主要分布在 12 ～ 25，砾岩的拉梅系数乘密度主要分布在

20～48，泥岩的拉梅系数乘密度主要分布在18～37；拉梅系数乘密度能够区分高孔隙度储层（图3-15）。

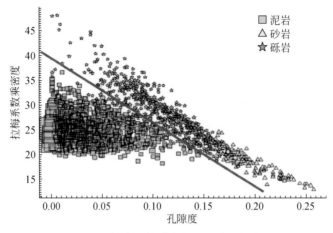

图 3-15　拉梅系数乘密度和孔隙度交会图

（四）储层预测

1. 反演方法

反演方法采用的是叠前弹性反演和叠后地震资料反演相结合的方法。其中，叠后波阻抗剖面是岩石型剖面，反映地层的概念，比较容易与钻井、测井资料结合，把波阻抗或速度与地层的岩性、孔隙度甚至含油气性质联系起来，并从井出发扩展出去，进行储层横向预测；叠前弹性反演主要利用纵、横波资料进行约束，反演出目的层的弹性参数，用来预测储层岩性、物性及含油气性。

2. 储层预测模拟方法选择

采用随机模拟方法，在井约束下开展地震叠前、叠后反演，在岩性预测时采用了岩性模拟和砂质含量模拟两种方法。从图3-16可以发现：岩性模拟结果对薄层的分辨能力更强，可以有效地识别2～3m的薄互层且砂体横向变化过渡更加自然合理，而对于厚层，两种方法基本一致，这主要是由于岩性模拟为离散模型，受地球物理分辨率的限制低于连续模型，对薄互层更有效。

3. 储层预测精度分析

图3-17为过井反演 V_{sand} 剖面，剖面中3种不同颜色分别代表砂岩、砾岩、泥岩3种岩性，井曲线为孔隙度，井柱子为砂岩、砾岩、泥岩岩性柱子；井旁带深度刻度的井剖面中。根据岩心描述及测井解释结果可知，除底部砾岩外，储层厚度主要分布在0.3～3m。从图3-17中可见：1m左右砂岩只能实现局部预测，符合率低；2m左右砂岩基本都有一定的预测效果；2.5m以上砂岩基本能较好地预测。

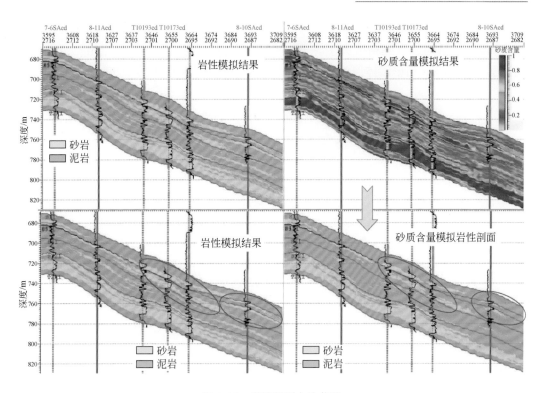

图 3-16　岩性预测方法优选

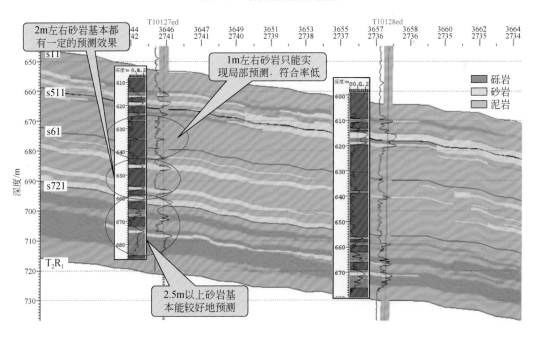

图 3-17　过井反演 V_{sand} 剖面

从测井解释的单砂体厚度与预测精度交会图来看：砂体预测精度与单砂体厚度呈正相关，单砂体厚度较小，预测误差较大（图 3-18）。单砂体厚度低于 1.5m 时，预测精度低于 50%；当单砂体厚度大于等于 1.5m 时，预测精度大于等于 50%；当单砂体厚度大于等于 2m 时，预测精度大于等于 75%；当单砂体厚度大于等于 2.5m 时，预测精度大于等于 80%；当单砂体厚度大于等于 3m 时，预测精度大于等于 90%。

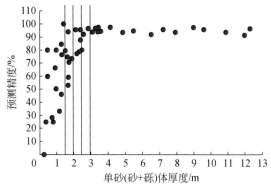

图 3-18 单砂体厚度与预测精度交会图

二、水平井优化设计技术

（一）水平井油藏适应性

影响稠油油藏水平井热采的因素有很多，如油藏参数中的油层厚度、原油黏度、油层水平 / 垂直渗透率比值、油藏深度等。

1. 原油黏度与油层厚度

在同一原油黏度下，随着油层厚度的增加，水平井开采效果越来越好；在同一油层厚度下，水平井蒸汽吞吐的开发效果随着原油黏度的增加而逐渐降低（图 3-19）。

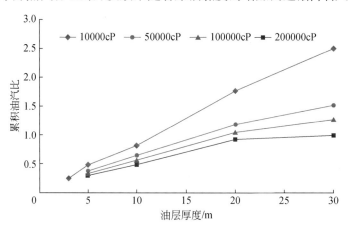

图 3-19 不同原油黏度下蒸汽吞吐累积油汽比与油层厚度关系曲线

2. 水平 / 垂直渗透率比值

水平 / 垂直渗透率比值（K_H/K_V）主要影响蒸汽带的扩展及原油的渗流速度。对于蒸汽吞吐开采，蒸汽与原油的渗流以水平横向运动为主，在水平渗透率一定的情况下，垂直渗透率的影响主要表现为蒸汽垂向波及范围缩小（图3-20）。因此，在这种开发方式下，K_H/K_V要小于1000。

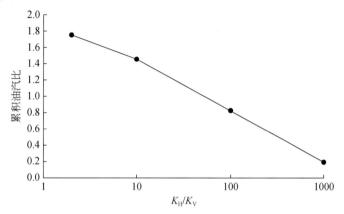

图3-20　水平/垂直渗透率比值K_H/K_V对水平井蒸汽吞吐效果的影响

3.油藏深度

油藏深度的影响主要有二方面：一是蒸汽最高注入压力，另一个是井筒热损失率。对于水平井蒸汽开采，注入压力不能超过油层破裂压力。如果油藏太浅，注汽压力会受到限制，这样蒸汽的温度不能提高。参照常规垂直井注蒸汽开发的深度界限，最小油层深度为150m。

（二）水平井优化设计流程

浅层稠油油藏水平井优化设计的主要流程如下所述（图3-21）。

（1）构造、储层、油藏性质和储量等地质参数的可行性论证。

（2）开展精细地质研究，建立目标区精细三维地质模型。

（3）应用油藏工程综合分析和精细数值模拟技术，定性、定量研究水平井井区目的层剩余油分布规律，分析油藏开发现状下的剩余油分布控制因素和剩余油潜力。

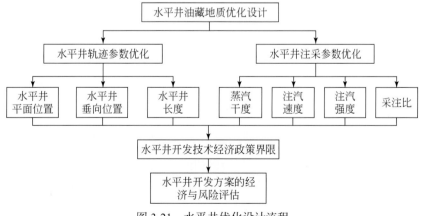

图3-21　水平井优化设计流程

（4）结合钻井技术的要求，优化确定水平井轨迹参数，主要包括水平井平面位置、水平井垂向位置、水平井长度等。

（5）开展水平井注采参数优化，主要包括水平井注汽干度、注汽强度等。

（6）根据水平井参数优化结果，确定水平井开发技术经济政策界限，开展水平井开发方案的经济与风险评估。

（三）水平井轨迹参数优化设计

1. 油层厚度下限

油层厚度下限与油价和原油操作成本有着密切的关系，考虑到油价的波动性，按原油操作成本平均 800 元 /t，水平井钻井成本 6000 元 /m，计算了不同水平段长度、不同埋深、不同油价水平井的经济极限产量（图 3-22）。

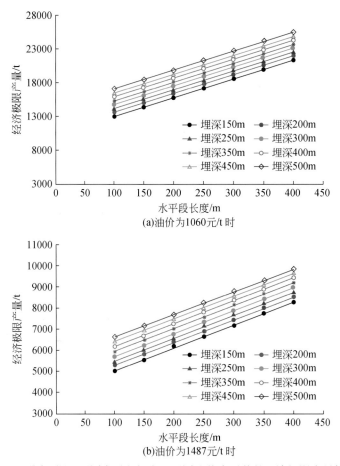

图 3-22　不同埋深、不同水平段长度、不同油价水平井的经济极限产量构成图

若井距为 70m，孔隙度为 28%，含油饱和度为 70%，原油密度为 0.94g/cm³，普通稠油水平井采出程度按 35%、特稠油按 25%、超稠油按 20% 计算，油价为 40 美元 /bbl，稠油无法实现经济开采；油价为 50 美元 /bbl，水平段长度为 200m 时，普通稠油有效

厚度为 6m、特稠油有效厚度为 9m、超稠油有效厚度为 12m 以上可以达到经济极限产量（图 3-23）。

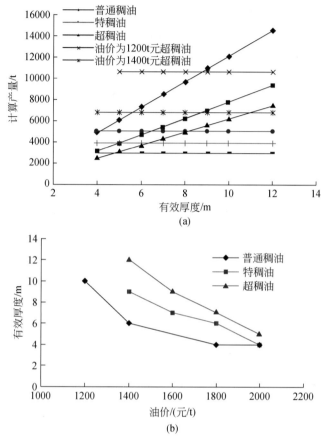

图 3-23　不同油价水平井有效厚度下限（水平段长度为 200m）

2. 水平段在油层中的位置

稠油在注蒸汽开发中容易产生蒸汽超覆，且上下隔层损失的热量较大，水平段在油层中的位置对注蒸汽开发的影响较大。为确定水平段在油层中的最佳位置，本书模拟研究了水平段在油层中的位置对开发效果的影响。从累积产油量、油汽比、体积波及系数和油层热效率 4 个方面来看，无底水油藏水平段位于距油层顶部 2/3 处效果最好，有底水油藏水平段位于距油层顶部 1/3 ～ 1/2 处为好（图 3-24）。

3. 水平段倾向

本书利用数值模拟技术分别计算了水平井水平段不同倾斜方向的蒸汽吞吐效果（表 3-9）。结果表明，在注汽量和注汽时间基本相同的条件下，水平段上倾时的效果好于水平段下倾时的效果，这主要是水平段末端（B 点）比起点（A 点）高时，可以发挥重力泄油作用，同时增加了抽油泵的沉没度，有利于提高抽油泵的效果和生产效果。

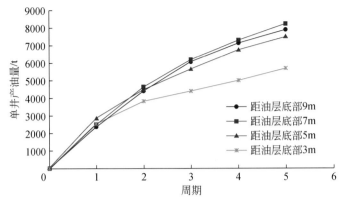

图 3-24　水平段在油层中的位置对开发效果的影响

表 3-9　水平井水平段不同倾斜方向开发指标

水平段倾向	时间 /d	注汽量 /t	产油量 /t	产液量 /t	日产油 /t	日产液 /t	累积油汽比	含水率 /%	采出程度 /%
上倾	1300	33275	9015	41835	6.9	32.2	0.27	78.5	36.55
下倾	1300	33107	8229	39314	6.3	30.2	0.25	79.1	33.36

4. 水平段长度

水平井开发的优势主要在于水平段与油层的接触面积大，可以提高蒸汽波及范围和泄油面积。若水平段太短，则不能发挥水平井的优势，效益较差；若水平段太长，则水平段内蒸汽压力、温度、干度分布不均匀，吸汽、采液分布不均匀，不能起到通过增加水平井水平段长度来提高开采效果的目的。因此，应根据地质条件、开采方式和开采工艺技术，选择合理的水平段长度。

1）长度上限

从稠油水平井水平段内不同位置的蒸汽注入压力、温度和干度的变化规律看（图 3-25），在其他条件相同的情况下，在注汽速度为 250t/d、水平段入口蒸汽干度为 50% 的情况下，水平段长度达 300m 时，水平段末端的压力降低 20% 左右，温度降低 40% 左右，蒸汽干度降低约 60%。

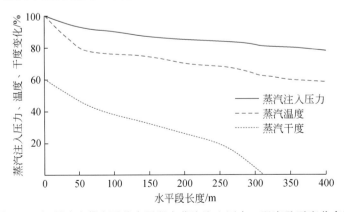

图 3-25　超稠油油藏水平井水平段内蒸汽注入压力、温度及干度分布图

从原油物性和流动性分析，为使特稠－超稠油获得较高的流动性，需要较高的蒸汽温度和蒸汽干度，若水平段过长，难以保证全井段的蒸汽干度和蒸汽温度。因此，在目前尚未完全解决水平段均匀吸汽的情况下，特稠－超稠油过多追求长水平段未必能获得预期效果，并有可能降低资源和投资的有效利用率。因此认为，特稠－超稠油水平井水平段长度以小于300m为好。

2）长度下限

数值模拟研究结果表明，埋深为250m、温度为20℃时原油黏度大于50000mPa·s的特稠－超稠油油藏，在井底蒸汽干度为50%、有效厚度小于4m时，无论采用多长的水平段都不能取得效果。当连续油层有效厚度达到4m、水平段长度大于250m时，有效厚度达5m或连续油层有效厚度达到6m、水平段长度达到150m时，或有效厚度达到7m、水平段长度达到100m时，水平井可以达到极限产油量（表3-10）。

表3-10 不同油层厚度、不同水平段长度水平井产量预测结果表

连续油层有效厚度 /m	水平段长度 100m		水平段长度 150m		水平段长度 200m		水平段长度 250m		水平段长度 300m		水平段长度 400m	
	单井产油量 /t	采出程度 /%	单井产油量 /t	采出程度 /%	单井产油量 /t	采出程度 /%	单井产油量 /t	采出程度 /%	单井产油量 /t	采出程度 /%	单井产油量 /t	采出程度 /%
3	1297	21.08	1620	20.34	1938	19.83	2244	19.37	2562	19.13	3144	18.48
4	1984	24.18	2564	24.15	3132	24.03	3675	23.80	4225	23.66	5184	22.85
5	2629	25.63	3477	26.20	4288	26.33	5351	26.16	5801	25.99	7293	25.72
6	3183	25.86	4306	27.04	5369	27.47	6431	27.76	7468	27.88	9306	27.35
7	3826	26.65	5180	27.87	6470	28.37	7750	28.67	9045	28.94	11272	28.40
极限产量 /t	3790		4160		4536		4909		5280		6027	

从九$_8$区齐古组（J_3q_2）水平井数值模拟研究看，在20℃时原油黏度为400000mPa·s的条件下，连续油层有效厚度小于4m时，水平井开发无效。当h达到5m、水平段长度达220m，有效厚度达6m或油层厚度达7m、水平段长度达到130m左右时可以取得效果（图3-26），因此水平段合理长度为150～250m。

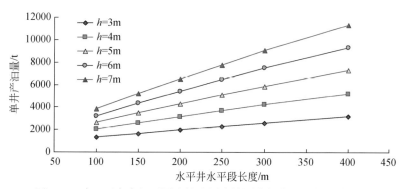

图3-26 九$_8$区齐古组不同连续油层有效厚度与水平段长度关系图

（四）水平井注采参数优化设计

以九₈区八道湾组油藏为例，开展水平井注采参数优化设计研究。

1. 注汽速度

在注汽压力低于破裂压力（9.0MPa）条件下，模拟计算表明八道湾组油层水平井的注汽速度可以达到300t/d，接近400t/d。模拟研究了注汽速度分别为200t/d、300t/d、400t/d 时的第一周期水平井开发指标，见表3-11。

表 3-11　八道湾组水平井不同注汽速度时的开发指标对比

注汽速度 / (t/d)	时间 /d	周期注汽量 /t	周期产油量 /t	周期产液量 /t	日产油量 /t	日产液量 /t	周期油汽比	采出程度 /%
200	180	3766	2570	5750	14.3	31.9	0.68	10.42
300	175	3618	2646	5666	15.1	32.4	0.73	10.73
400	175	3150	2588	5667	14.8	32.4	0.82	10.49

可以看出，当注汽速度由200t/d上升到300t/d时，周期产油量增加，周期油汽比增加，采出程度也相应增加。当注汽速度由300t/d上升到400t/d时，注汽压力超过破裂压力（9.0MPa），周期产油量出现下降，这主要是周期注汽量下降造成的，可见注汽速度为400t/d对于八道湾油层来说相对较大。因此，建议水平井的注汽速度控制在300t/d左右。

2. 注汽强度

注汽强度反映了吞吐周期的周期注汽量。周期注汽量对吞吐开采效果影响较大，决定着油层加热半径的大小。周期注汽量过小，油层加热半径较小，会影响吞吐开发的采出程度；周期注汽量过大，会影响吞吐的油汽比，从而影响蒸汽吞吐的经济性。

本书对比模拟了注汽强度分别为 10t/m、15t/m、20t/m 和 25t/m，对应的周期注汽量分别为 2100t、3150t、4200t 和 5300t 时的吞吐开发效果。表3-12 给出了不同周期注汽强度对吞吐开发效果的影响。可以看出，随着周期注汽量的增加，产油量呈现递增趋势，而累积油汽比呈现下降趋势，蒸汽吞吐的增油量整体也呈现上升趋势。当周期注汽强度增加到20t/m时，再增加注汽量，增油量增加幅度减小。因此，建议周期注汽强度为 15 ~ 20t/m。

表 3-12　八道湾组水平井不同周期注汽强度开发指标对比

周期注汽强度 / (t/m)	时间 /d	周期注汽量 /t	周期产油量 /t	周期产液量 /t	日产油量 /t	日产液量 /t	累积油汽比	含水率 /%	采出程度 /%	增油量 /t
10	1750	22946	7248	29546	4.1	16.9	0.32	75.5	29.39	
15	1450	27922	7819	34404	5.4	23.7	0.28	77.3	31.70	571
20	1300	32898	9130	41762	7.0	32.1	0.28	78.1	37.02	1310
25	1300	40585	10053	49977	7.7	38.4	0.25	79.9	40.76	922

3. 周期注汽强度的增量

本书对比了周期注汽强度分别增加0%、10%、20%和30%的情况，结果见表3-13，可以看出，随着周期注汽强度的增加，周期产油量增加、累积油汽比下降。当周期注汽强度的增量为20%时，吞吐增油量减少，因此周期注汽强度的增量应控制在10%～20%。

表3-13　八道湾组水平井不同注汽强度增量开发指标对比

周期注汽强度的增量/%	统计周期	周期注汽量/t	周期产油量/t	周期产液量/t	日产油量/t	日产液量/t	累积油汽比	含水率/%	采出程度/%	增油量/t
0	4	16280	6210	21603	4.8	16.6	0.38	71.3	25.18	
10	4	17320	6311	22723	4.9	17.5	0.36	72.2	25.58	970
20	4	18416	6397	23621	4.9	18.2	0.35	72.9	25.93	787
30	4	19852	6494	25078	5.0	19.3	0.33	74.1	26.33	677

4. 蒸汽干度

本书利用数值模拟计算了井底蒸汽干度分别为20%、30%、50%、70%时蒸汽吞吐的开发指标，见表3-14。可以看出，随蒸汽干度的增加，周期产油量、周期油汽比增加。当井底蒸汽干度大于50%后，周期产油量、周期油汽比增幅减缓。因此，井底蒸汽干度应大于50%。在工艺技术允许的条件下，应尽量提高锅炉蒸汽干度和井底蒸汽干度，以保证吞吐开发效果。

表3-14　八道湾组水平井不同蒸汽干度开发指标对比

蒸汽干度/%	时间/d	周期注汽量/t	周期产油量/t	周期产液量/t	日产油量/t	日产液量/t	周期油汽比	含水率/%	采出程度/%	增油量/t
20	1300	32951	7369	39413	5.7	30.3	0.22	81.3	29.88	
30	1300	32675	8079	39973	6.2	30.7	0.25	79.8	32.75	710
50	1300	32898	9130	41762	7.0	32.1	0.28	78.1	37.02	1051
70	1300	32666	9750	41834	7.5	32.2	0.30	76.7	39.53	620

5. 焖井时间优选

在优选了注汽强度、注汽强度和蒸汽干度的基础上，分别对焖井时间为3d、5d、7d的吞吐效果进行了预测，见表3-15。结果表明，随着焖井时间的增加，周期产油量略有增加，周期油汽比无变化。因此，建议焖井时间为3～7d。

表3-15　八道湾组不同水平井焖井时间的开发指标对比

焖井时间/d	时间/d	周期注汽量/t	周期产油量/t	周期产液量/t	日产油量/t	日产液量/t	周期油汽比	采出程度/%
3	178	3766	2550	5734	14.3	32.2	0.68	55.5
5	180	3766	2570	5750	14.3	31.9	0.68	55.3
7	182	3766	2577	5740	14.2	31.5	0.68	55.1

（五）水平井开发效果分析

1. 实施情况

目前，油层经济开采厚度下限由垂直井的10m以下拓展到水平井的3m以下（图3-27）。从2004年起，新疆浅层稠油已实施应用水平井1097口，建成产能120万t，薄差油层动用程度由实施前的20%提高到了67%，新增动用储量5630万t，年产油量达到120万t，累计产油量达768万t。

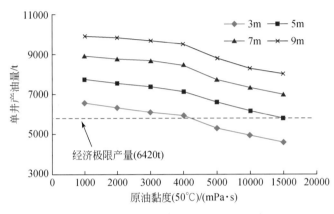

图3-27　水平井经济开发油层下限图版

2. 生产效果对比

水平井开发技术增大了浅层稠油油藏的泄油面积，极大地解放了储层产能，提高了单井产量，如克浅109、百重7普通稠油水平井日产油量为14.4～18.8t，含水率为21.6%～40.4%，日产油量是同期垂直井的2.1～5.2倍，含水率较垂直井低；超稠油油藏水平井热采初期产油量略低，如九$_8$区日产油量为8.3～12.3t，含水率为65%，日产油量是同期垂直井的2.1～3.2倍，含水率与垂直井相近；薄层稠油日产油量为31～9.7t，含水率为66.9%～69.8%，日产油量是同期垂直井的2.2～2.9倍，含水率较垂直井低。鱼骨水平井日产油量为24t，是普通水平井的2倍左右。

三、同心管射流负压冲砂工艺

针对吞吐水平井易出砂造成减产及停产的关键性问题，新疆油田发明了同心管射流负压冲砂装置与工艺。2009～2016年底，该工艺在新疆油田浅层稠油水平井、SAGD水平井、火驱水平井和哈萨克斯坦KMK油田稠油水平井现场成功应用，将砂全部冲至井底，彻底解决了稠油水平井井筒积砂带来的减产问题，保障了稠油水平井高效规模开发。

项目研究过程中，研制了射流清砂器、同心双油管、同心管转向器等专用装置及配套冲砂液，设计了在线监测工艺，开发了冲砂参数计算与优化软件，形成了现场施工工艺，冲砂成功率达100%，保障了稠油水平井规模开发。

（一）工艺结构及原理

新疆油田稠油资源丰富，从 2006 年开始大规模应用水平井开发浅层稠油。由于稠油油藏胶结疏松，吞吐过程易出砂，水平段极易沉砂，前期几十口井出现了砂埋井筒、油管堵塞及断脱、卡泵停产等问题，极大地影响了水平井的规模化应用进程。另外，地层压力低、渗透性好、油砂胶结强，常规的水力冲砂不能破碎沉砂床，冲砂液大量漏失，携砂液不能返出，对油层造成二次污染，不能满足稠油水平井冲砂需求。

经调研，国内没有成熟、有效、经济的浅层稠油水平井冲砂技术。国外对大井筒或漏失严重的特殊井（如浅层稠油水平井）采用同心连续油管冲砂。而国外对该技术进行垄断、技术封锁，国内没有应用。及时、彻底地清除水平井段的积砂已成为制约水平井正常生产的瓶颈，亟待攻关解决。因此，新疆油田攻关研发了同心管射流负压冲砂技术。

同心管射流负压冲砂技术工艺原理为：冲砂液经泵车泵入，经立管、高压软管、同心管转向器进入同心管环空后，到达井底同心双油管末端的射流负压冲砂器。其前端喷嘴产生的射流冲击、粉碎砂堵，同时其后端喷嘴与喉管等造成低压区，将混砂液吸入、喷入同心管的内管并举升至地面。携砂液在循环罐沉降过滤后循环使用。每冲完一根同心管，不用拆卸同心管转向器和进、出液高压软管，提出单根同心管后将其加深即可，如此反复，直至冲到井底（图 3-28）。

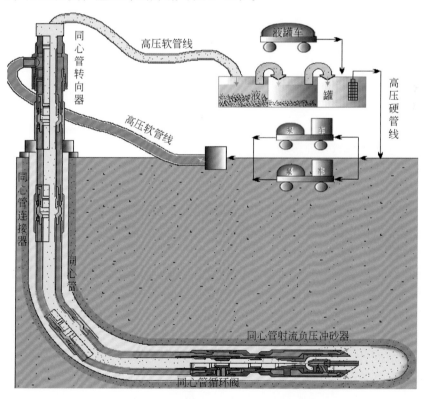

图 3-28　同心管射流负压冲砂工艺示意图

同心管射流负压冲砂技术特点如下:①解决了地层低压、高渗而不能建立循环和砂床不易破碎的问题;②冲砂液在同心管内反复循环,提高了携液速度,不易造成砂堵;③优化设计搅砂喷嘴和举升喷嘴,冲砂及携砂效率高,漏失少;④搅砂喷嘴前的迷宫节流结构,使喷嘴直径较大,减小了射流对筛管和管外砂桥的冲击;⑤每冲完一根同心管,不用拆卸同心管转向器和进、出液高压软管,提出单根同心管后将其加深即可继续冲砂;⑥注采用复合同心管,易于下入浅层水平段;⑦同心管用普通油管制成,上、卸螺纹操作与普通油管相同,可恢复为普通油管使用;⑧脱油热污水作冲砂液,无污染、易回收、成本低。

（二）工具及装置研制

1. 射流负压冲砂器

射流负压冲砂器由一个特制的射流泵和搅砂喷嘴组成,如图 3-29 所示。

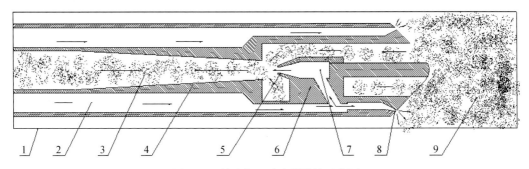

图 3-29　射流负压冲砂器结构示意图

1- 油层套管；2- 动力液管；3- 冲砂管；4- 扩压器喉管；5- 举升喷嘴；6- 桥式筒；7- 高压舱；8- 搅砂喷嘴；9- 井底沉砂

射流负压冲砂器工作原理:来自地面动力泵的高压冲砂液由动力液管下行,越过桥式筒,进入高压舱后分为两路,30% 的高压冲砂液由搅砂喷嘴喷出,冲击井底,搅动沉砂后上返到桥式筒的入口;70% 的高压冲砂液由举升喷嘴高速喷出,液流速度高,使液柱周围压力降低形成负压区。在井底压力与负压区之间的压差作用下,将搅砂喷嘴搅起的沉砂与工作过的废动力液一起吸入扩压器喉管,在高速射流的携带下进入扩压器,速度降低,压力升高到喷射泵应有的排出压力,混合后的携砂液沿冲砂管返回地面,随着射流负压冲砂器的逐渐下放,完成整个油井的冲砂工作。

射流负压冲砂器的结构设计是依据射流泵原理,靠动力液与地层流体之间的动量转换实现负压抽汲。为正确设计和使用射流泵,必须掌握射流泵的工作特性（压力、流量与泵的几何尺寸之间的关系）,它反映了射流泵内的能量转换过程及主要工作构件（喷嘴、喉管）对射流泵性能的影响。根据能量守恒原理,建立能量平衡方程式;根据质量守恒原理,可导出通过两种喷嘴的动力液流量表达式。根据以上计算。实现搅砂喷嘴和举升喷嘴的优化设计,冲砂及携砂效率高,外溢和漏失少;同时搅砂喷嘴前的迷宫节流结构增大了喷嘴直径,可有效防止砂堵。

最终研究形成的可换向及不可换向射流负压冲砂器包括 $\Phi70mm$、$\Phi100mm$、

$\varPhi$108mm、$\varPhi$120mm、$\varPhi$130mm 5 种规格的冲砂器，如图 3-30 所示。

图 3-30　射流负压冲砂器实物照片

（1）可换向射流负压冲砂器：可换向射流负压冲砂器的导向头与砂床接触或离开时产生换向动力，可反复实现射流冲洗堵塞→关闭冲洗堵塞通道→开启射流举升通道→抽吸并射流举升堵塞物混合液→关闭射流举升通道→开启冲洗堵塞通道→射流冲洗堵塞。这种冲洗、举升交替进行的工作方式，不会造成冲洗液分流，降低了对冲洗液排量和压力的要求，有利于控制和优化冲洗液排量和压力，可提高冲洗堵塞的速度和举升效率。

（2）不可换向射流负压冲砂器：其射流举升和换砂喷嘴可以冲击、粉碎砂堵，但没有换向功能。可根据需要更换不同规格的举升和换砂喷嘴、喉管、扩散管。

2. 同心双油管

同心双油管可根据需要选择标准的普通油管分别作为内、外管。外管上端油管螺纹连接特殊接箍，特殊接箍内接密封筒，内管上端与密封筒连接，下端接插管。该油管拆开后可作普通油管使用。研制了 4in[①]×2.375in、3.5in×1.9in、2.875in×1.9in、2.375in×4in 4 种规格的同心管，以适应不同井筒尺寸要求，如图 3-31 所示。

图 3-31　同心双油管实物照片

3. 同心管转向器

同心管转向器用来实现同心管在井口与地面进、出液高压软管之间的连接；上下相对转动使同心管按常规上卸螺纹，其上接头、转向筒组成的旁通与进、出液高压软管管线用由壬接头连接，拆卸方便。同心管转向器实物照片如图 3-32 所示。

———————
① 1in=2.54cm。

图 3-32　同心管转向器实物照片

4. 双立管

双立管是钻机、修井作业机的配套装置，用于循环洗井等作业，如同心双管冲砂作业。左右立管用卡子固定在修井机井架两侧，高度为井架高度的一半左右。立井架前，双立管上端先连接高压软管，放倒井架后，再拆卸高压软管（可不拆卸），高压软管另一端接同心管接头。在修井作业机操作台一侧的立管下端接压力较低的出液管，并在立管下端连接处接保护筒，避免连接处脱落或液体刺漏而伤害操作手。另一根立管下端接压力较高的进液管，每根立管与高压软管的由壬连接处两端连接钢丝保险绳。这样在大钩提或下油管（或钻杆）时，高压软管一直在井口以上位置上下移动，不会落地，不用人工拉送高压软管，减小了劳动强度和作业风险。

（三）水平井负压冲砂参数计算与优化软件开发

水平井负压冲砂参数计算及优化软件可直接输入油管尺寸、射流泵、冲砂液、迷宫结构、同心管接箍、沉砂参数、油层压力等参数，多层迭代求解，分析射流负压冲砂器的举升、搅砂工况，计算其工作特性曲线、气蚀特性等冲砂过程的沿程阻力、局部阻力等，研究砂粒沉降状态及影响，完成水平井负压冲砂过程的参数计算和优化。现场应用表明，该软件计算符合率达 90%。

该软件输出结果包括：井口压力、动力液压力、扩散管压力、摩擦阻力、射流泵压降、搅砂喷嘴压降、压力比、流量比、泵效、气蚀临界流量比、气蚀判别、注入速度、回流速度、吸入液流速、搅砂流体流量速度、漏失百分比、回流线速度、沉降末速度、砂粒到地面的时间、搅砂流体线速度、冲击筛管的线速度、沉砂临界起动速度等。

（四）应用情况

通过现场试验可知，现场冲砂成功率达 100%，其中最长冲砂段为 452.9m，平均为 305.1m；最多冲出砂量为 8.5m³，平均为 4.27m³；最大井深为 1028m，平均为 633.6m。水平井同心管射流负压冲砂现场作业冲出的砂样与砂量照片如图 3-33 所示。

(a)　　　　　　　　　　　　　(b)

(c)　　　　　　　　　　　　　(d)

图 3-33　水平井同心管射流负压冲砂现场作业冲出的砂样与砂量照片

　　2012 年，风城油田 3 口火驱水平生产井不能按设计下入三管管柱结构，先后采取脱油热污水正反循环洗井、连续油管热洗、泡沫冲砂、捆绑式下入、循环预热井筒降黏等多种措施，耗时 18 个月，但管柱仍不能下至设计位置。2014 年 3 月 20 日，FHHW004 井采用同心管射流负压冲砂技术冲出泥砂约 4m³，冲砂后一次性成功下入三管管柱。接着 FHHW003 井、FHHW005 井冲砂后也顺利下入三管管柱完井，保证了火驱先导试验的顺利实施。

　　该工艺达到的技术指标如下：①冲砂至人工井底或设计井深；②适用套管（筛管）：4.5 ～ 9.625in；③配套工具耐压差：35MPa；④适用井斜：0° ～ 90°；⑤适用井深：≤ 1500m；⑥平均冲砂速度：8.4kg/min。

　　现场应用证明该工艺彻底解决了稠油水平井井筒积砂而造成的减产和停产问题，为浅层稠油水平井的规模应用和稠油高效开发提供了有力的技术支撑，创造了显著的经济效益。

第三节　组合式蒸汽吞吐技术

一、组合式蒸汽吞吐增油机理

大量的单井蒸汽吞吐实践表明，由于没有将周围井作为一个有机整体去考虑，蒸汽吞吐中后期往往产生汽窜、井间干扰，存在注入蒸汽的压能和热能利用率低等问题，不利于减缓油层压力，单井产量下降，不利于延长蒸汽吞吐生产的寿命。

井间干扰按其形成的原因主要分为两种类型：一种是油层非均质性造成的，准噶尔盆地西北缘稠油油藏均为陆相沉积，储层非均质性强，纵向上渗透率差异大，在蒸汽吞吐注汽时，蒸汽沿高渗透带向邻近的低压区生产井指进窜流，最终蒸汽及热水突进到邻近生产井。另一种是在蒸汽吞吐开采过程中，初期注入压力过高，在破裂压力或破裂压力以上强行注入（特别是特超稠油油藏），注入速度过大，造成油层压裂，注入蒸汽通过高压诱导的地层裂缝或高渗透带突破到邻井。

为解决蒸汽吞吐开采过程中汽窜、井间干扰、吞吐效果差的问题，提高蒸汽吞吐开采的效果，延长蒸汽吞吐开采寿命，提高蒸汽吞吐开采经济效益，新疆油田创新发展了组合式蒸汽吞吐技术，其增油机理主要有以下几点。

（1）防止井间汽窜，减少汽窜造成的热损失和压能损失，同时避免周边生产井因汽窜造成关井，从而有效缓解了井间矛盾，补充油层的压能，并扩大蒸汽波及范围，增大驱动能量，部分解决了吞吐中后期井间干扰严重、产量递减快、油汽比低的问题。

（2）注汽、开井生产有序进行，下一个轮次吞吐顺序可以和前一个轮次的顺序不同，降压方向和渗流方向可以前后改变，从而提高蒸汽的波及系数，促进剩余油的驱扫。

（3）组合式蒸汽吞吐既提高了吞吐效果，又为适合汽驱的井组创造了转驱条件，是井组汽驱的良好过渡。

二、油藏适应性评价

（一）流体性质适应性

原油黏度越高，流动能力越差，在天然能量驱动下，开采效果越差。因蒸汽吞吐开采热量波及范围有限，所以原油黏度越高，泄油半径越小。当地下原油难以流动时，冷油很难进入泄油区，因而采出油量有限。蒸汽吞吐开采随着压力、温度的下降，原油黏度升高，吞吐周期变短，周期采油量减少。

结合国内对稠油的分类标准界限，运用数值模拟方法，研究对比了原油黏度分别为 100mPa·s、1000mPa·s、2500mPa·s、5000mPa·s、7000mPa·s 时无序蒸汽吞吐转为组合式蒸汽吞吐的开发效果。从表 3-16 可以看到，当原油黏度较低时，由于原油自身流动性好，天然流动能力强，采用无序蒸汽吞吐时采收率较高。随着原油黏度的增加，采用无序蒸汽吞吐时汽窜的影响加大，无序蒸汽吞吐采收率大幅度下降，当地层原油黏度为 7000mPa·s 时，采用无序蒸汽吞吐采出程度仅为 6.60%，在这种情况下转为组合式蒸汽吞吐开采，可有效抑制汽窜损失，注入的蒸汽没有被邻井采出损失掉，而是有效加热了原油，使原油流动性增大，吞吐产量明显提高，原油黏度越高，增产效果越明显。因此，原油黏度大于 100mPa·s 的油藏均适宜采用组合式蒸汽吞吐技术。

表 3-16　不同原油黏度下无序与组合式蒸汽吞吐采出程度对比 （单位：%）

汽窜比例	注汽方式	采出程度				
		100mPa·s	1000mPa·s	2500mPa·s	5000mPa·s	7000mPa·s
0	无序/组合式	27.82	23.07	19.30	18.59	16.55
20	无序	25.17	22.14	17.19	15.61	10.24
	组合式	25.17	23.00	18.84	18.52	15.30
	采出程度增值	0.00	0.86	1.65	2.91	5.06
50	无序	22.17	20.53	15.96	14.49	9.58
	组合式	22.80	22.12	18.00	17.67	15.03
	采出程度增值	0.63	1.59	2.03	3.18	5.45
100	无序	20.12	18.10	12.28	11.16	6.60
	组合式	21.71	20.11	17.14	16.84	14.27
	采出程度增值	1.59	2.01	4.86	5.68	7.67

（二）采出程度适应性

运用数值模拟方法，在基础模型上研究对比了采出程度分别为 0%、5%、10%、15%、20%、23% 时无序蒸汽吞吐的开采效果，计算结果见表 3-17。可以看到，采出程度越高，转组合式蒸汽吞吐开采增产效果越差。当采出程度为 23% 时，继续采用组合式蒸汽吞吐，周期油汽比低于经济极限周期油汽比，组合式蒸汽吞吐无效益。

表 3-17　不同采出程度下无序蒸汽吞吐与组合式蒸汽吞吐开采效果对比 （单位：%）

汽窜比例	注汽方式	采出程度					
100	无序	0	5	10	15	20	23
	组合式	25.17	24.50	23.84	22.52	21.80	
	采出程度增值	25.17	19.50	13.84	7.52	1.80	0

（三）汽窜状况适应性

汽窜状况适应性研究包括两个方面：汽窜发生的时间和汽窜比例的大小。针对不同条件下蒸汽吞吐开采中存在的可能情况，本书对比计算了吞吐第 1 轮、第 3 轮、第 5 轮发生井间汽窜时无序蒸汽吞吐和组合式蒸汽吞吐的开采效果，计算结果见表 3-18。可以看到，汽窜发生越早，无序蒸汽吞吐采出程度越低，转为组合式蒸汽吞吐后采出程度增加幅度越大。因此对于非均性强、易于产生井间干扰的油藏，越早应用组合式蒸汽吞吐，就可以越早地避免无序蒸汽吞吐造成的井间干扰损失注入热量，从而达到较好的开发效果。

表 3-18　不同汽窜时无序蒸汽吞吐与组合式蒸汽吞吐采出程度对比 （单位：%）

汽窜比例	注汽方式	采出程度		
		第 1 轮	第 3 轮	第 5 轮
100	无序	12.28	14.14	16.19
	组合式	17.14	18.25	19.84
	采出程度增值	4.86	4.11	3.65

（四）油藏压力适应性

本书对比计算了吞吐后油层压力分别为 2.00MPa、2.50MPa、3.00MPa、3.50MPa 时无序蒸汽吞吐与组合式蒸汽吞吐的开采效果，计算结果见表 3-19。可以看到，高轮次蒸汽吞吐油层压力越低，采用无序蒸汽吞吐最终采出程度越低，转为组合式蒸汽吞吐后采出程度增加幅度越小，当油层压力低于 2.50MPa 时，继续吞吐无论采用无序蒸汽吞吐还是组合式蒸汽吞吐，油藏最终采收率均不再增加。而当无序蒸汽吞吐结束后油层压力高于 2.50MPa 时，转组合式蒸汽吞吐后增油量增加，油藏最终采收率提高。因此对于非均质性强、易于产生井间干扰的油藏，越早应用组合式蒸汽吞吐，油层压力水平越高，就可以越早地避免无序蒸汽吞吐造成的井间干扰损失采油量，从而达到较好的开发效果。

表 3-19　不同压力下无序吞吐与组合式吞吐开采效果对比 （单位：%）

汽窜比例	注汽方式	采出程度			
		2.00MPa	2.50MPa	3.00MPa	3.50MPa
100	无序	12.28	12.28	12.28	12.28
	组合式	—	14.14	17.14	17.64
	采出程度增值	0	1.86	4.86	5.36

注："—"表示无采出。

三、组合方式

组合式蒸汽吞吐可有序地进行注汽、焖井及开井生产，不同蒸汽吞吐周期可变换多井整体注汽、焖井和开井生产的顺序。在油藏开发初期，为了解决各井注汽压力差异大、吸汽不均和偏流问题，可以把物性相近的生产井进行组合；在开发中后期可以将汽窜井、高含水率井、高地层存水率井组合，同时注汽和生产。具体的组合形式由油田地质特征和生产动态情况结合油藏工程及数值模拟研究结果优选确定。

根据平面上的组合关系，可以将组合方式分为面积组合和排式组合。

（一）面积组合

将开发单元内若干口井组成一个单元同注同采，而这若干口井不属于某一排或某一列，而是由若干排或若干列相邻井共同组成（图 3-34）。同面积内生产井可根据射孔厚度、轮次构成、采出程度、地下亏空等设计单井注汽量，集中多台锅炉同时注汽，

<table>
<tr><td>①</td><td>①</td><td>③</td><td>③</td><td>③</td></tr>
<tr><td>①</td><td>①</td><td>③</td><td>③</td><td>③</td></tr>
<tr><td>②</td><td>②</td><td>④</td><td>④</td><td>⑤</td></tr>
<tr><td>②</td><td>②</td><td>④</td><td>④</td><td>⑤</td></tr>
<tr><td>②</td><td>②</td><td>④</td><td>④</td><td>⑤</td></tr>
</table>

图 3-34　面积组合示意图

注汽量大的先注，使其焖井时间相对长一些；注汽量小的后注，使焖井时间相对短一些，而后同时开井生产。

面积组合的优点如下：①单井注汽量可以相对加大，增加对油层的热量补给；②遏制了井间汽窜，减少了汽窜造成的热损失；同时，避免了周边生产井因汽窜造成关井，提高了吞吐井的生产时率；③注入的热量相对集中，热损失少，油层升温幅度大，加热半径相对加大；④由于加热半径相对加大，吞吐井泄油体积增加，周期采油量提高。

（二）排式组合

把开发单元内的吞吐井划分为若干排，按照一定的顺序，一排一排地注汽，第一排注完第二排注，当第三排注汽时，第二排焖井，第一排开井生产，以此类推（图 3-35）。

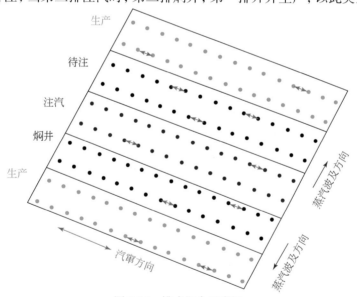

图 3-35　排式组合示意图

排式组合的优点如下：①分排同注、隔排采油增加了开井时率，不用等所有井都注完汽以后再同时生产；②分排同注、隔排采油在井排之间造成了生产层内的生产压力差，先开的井生产压力相对较低，后开的井生产压力相对较高，造成开发单元内高温流体从高压区向低压区的整体运移，从而提高了蒸汽的波及系数及油层采收率。

四、组合式蒸汽吞吐应用效果评价

组合式蒸汽吞吐应用效果评价以百重 7 井区组合式吞吐试验区为例。

1. 组合式蒸汽吞吐改善了油田开发效果

百重 7 井区单井在储层物性、工艺流程上进行分类组合，优化注汽，系统考虑影响注汽非均质性的因素，减少井间的偏流、限流，充分利用热效率，提高油藏开发效果（表 3-20）；对低渗油藏，吞吐中实施低轮次控制注汽压力、注汽强度、注汽量，逐轮扩大吞吐半径，尽量遏制汽窜干扰及出砂等现象。在新井投产及老井转轮工作中逐步进行"物性组合"注汽方式，取得了很好的效果，吨油耗汽量大幅度下降，2001～2003 年，阶段油汽比由 0.220 上升到了 0.250，累积油汽比由 0.201 上升到了 0.233（表 3-21）。

表 3-20　百重 7 井区优化注汽效果对比表

井类	井数/口	射孔厚度/m	每米注汽量/t	周期指标						
				产油量/t	产水量/t	生产天数/d	含水率/%	日产油量/t	采水率/%	油汽比
组合井	52.00	10.80	149.00	484.00	280.00	136.90	36.70	3.60	17.40	0.30
非组合井	112.00	11.00	159.00	438.00	351.00	152.70	44.50	2.90	20.10	0.25

表 3-21　百重 7 井区同期吨油耗汽和油汽比对比表

项目	2000 年	2001 年	2002 年	2003 年
产量/t	33702.000	240460.000	377818.000	457281.000
吨油成本/元	1095.580	501.050	498.670	472.000
吨油耗汽量/t	11.020	6.390	5.460	4.970
阶段油汽比	0.110	0.220	0.240	0.250
累积油汽比	0.106	0.201	0.227	0.233
备注	不组合	部分组合	组合	组合

2. 组合式蒸汽吞吐抑制了汽窜，延长了周期生产时间，增加了周期产油量

汽窜井组合效果较为显著的是从 2002 年 8 月起在百重 7 井区八道湾组汽窜特别严重的 8 口井中进行的组合式蒸汽吞吐试验，其做法是在物性组合的基础上进行面积轮注，4 口相邻井同时注汽，第一批井注完焖井后注第二批井，第二批井注完后第一批井同时开井生产，第二批井焖井 3～4d 后再同时开井生产。试验区注汽期间，若外围井出现汽窜则立即控关。截至 2004 年 4 月，百重 7 井区八道湾组组合式蒸汽吞吐试验区有 4 口井完成了 3 轮、4 口井完成了 2 轮组合式蒸汽吞吐试验。随着组合轮次的增加，产油量、油汽比和工作天数增加，含水率变化不大，而周围射孔厚度、每米射厚注汽量相当的未组合井及全区未组合井含水率逐轮上升（表 3-22）。

表 3-22　百重 7 井区八道湾组组合式吞吐试验区生产效果统计表

周期	井数/口	周期注汽量/t	周期产油量/t	周期产液量/t	周期天数/d	油汽比	日产油量/t	含水率/%	采注比	备注
1	8	9260	2307	8846	1050	0.25	2.2	74	0.97	不组合
2	8	10962	3611	8985	977	0.33	3.7	60	0.84	
3	8	13560	2517	9063	1200	0.19	2.1	72	0.68	汽窜组合
4	8	16899	3766	14407	1652	0.22	2.3	74	0.87	
5	4	9619	2864	9444	883	0.30	3.2	70	1.00	

3. 与未进行组合式蒸汽吞吐的井对比，组合式蒸汽吞吐技术的优势较显著

百重 7 井区八道湾组组合式蒸汽吞吐试验区从第 3 轮开始组合注汽，与周围和全区射孔厚度、每米射孔厚度注汽量相当的未组合井进行比较，随吞吐轮次的增加，组合井周期产油量、生产时间、油汽比稳步提高，日产油量逐渐增加（图 3-36）。

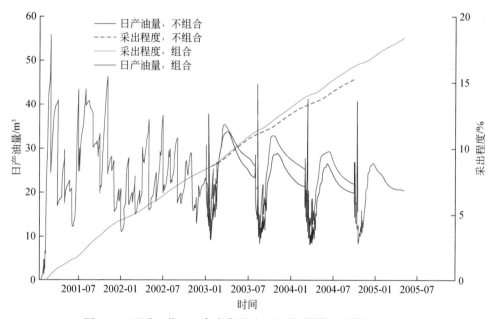

图 3-36　百重 7 井区组合式蒸汽吞吐试验区周期生产情况对比图

从初步试验效果来看，通过面积组合注汽方式，该井区年油汽比提高了 0.01 ~ 0.02；汽窜井进行组合式蒸汽吞吐生产 3 年采出程度增量为 2.88%、油汽比增量为 0.061（表 3-23）。

表 3-23　百重 7 井区组合式注汽效果统计表

年份	组合注汽/井次	有效/井次	有效率/%	核实增产油量/t	平均单井增油量/t	平均单井注汽量/t	平均单井储量/t	采出程度增量/%	油汽比增量
2001	79	43	54.4	6739	85	1398	8990	0.95	0.061
2002	103	72	69.9	10350	100	1342	8397	1.20	0.075
2003	148	101	68.2	9779	66	1258	9018	0.73	0.053

蒸汽驱大幅度提高采收率技术 第四章

在蒸汽吞吐理论的指导和技术支持下，新疆浅层普通稠油实现了工业化开发。但随着蒸汽吞吐进入后期，油藏开发逼近效益极限，采出程度仅为25%左右，剩余75%的原油滞留地下，必须创新发展蒸汽驱技术，实现油藏高效深度开发。本章详细阐述了在蒸汽吞吐后剩余油定量表征技术的基础上，所开发的蒸汽驱油藏工程优化设计技术和蒸汽驱开发综合调控技术。

国外成功应用蒸汽驱技术开发的油藏的原油黏度小于10000mPa·s（油藏条件下），而新疆浅层稠油主力区块的原油黏度是国外的数倍，对能否实现蒸汽驱效益开发无任何借鉴。为突破蒸汽驱开发界限，自1989年开始，新疆油田针对其油藏类型多、地质条件复杂的情况，开展了稠油蒸汽驱攻关实践，采取先开辟试验区、后扩大规模的方法，为大面积转蒸汽驱提高最终采收率作技术准备。先后在九$_1^1$区、九$_1^2$区、九$_3$区、九$_6$区开辟了4个不同井距、不同井网类型的蒸汽驱先导试验区，取得了稠油注蒸汽开采采收率达31%～52%、油汽比达0.18～0.45、采油速度达3.8%～8.5%的较好的开发效果。探索形成了密闭取心、开发地震、数值模拟等蒸汽吞吐后剩余油准确识别与精细定量表征方法，指导蒸汽吞吐转蒸汽驱井网部署、层系优化与重组。从1991年8月开始，九区主力区块吞吐后共290个井组近千口采油井采用l00m×l40m反九点井网分期分批转蒸汽驱生产。1997年，对已开发的大井网蒸汽驱进行整体加密调整，采油速度由加密前的1.2%提高到了加密后的1.9%，油汽比由0.12提高到了0.20；年产油量综合递减由加密前的5.5%降低到了加密后的-2.06%。至2004年底，新疆油田浅层稠油油藏蒸汽驱开发规模已达到572个井组2072口采油井，蒸汽驱年产量达95.1万t。1997～2004年蒸汽驱开发的油藏以普通稠油、特稠油砂岩油藏为主。

新疆油田在不断地实践攻关中，建立了吞吐有效加热半径理论，进一步突破了蒸汽吞吐转蒸汽驱的原油黏度、渗透率下限，建立了浅层稠油蒸汽驱筛选新标准，形成了有效驱替井网设计、转驱时机优化、注采关键参数优化方法，拓展了原有的蒸汽驱开发原油黏度、渗透率下限，实现了普通稠油普通－特稠油砂砾岩、特稠－超稠油三类砂岩油藏的转驱；形成了以风城油田重32井区和克拉玛依油田九$_8$区为代表的超稠油小井距蒸汽驱开发，以及以红003井区、百重7井区为代表的砂砾岩油藏的蒸汽驱开发。油藏分类分治、分层注汽、低成本高温封堵、集成创新热效率管理配套技术等技术的突破和发展，实现了蒸汽驱的持续稳产，形成了蒸汽驱开发规模，实现了浅层稠油油藏蒸汽吞吐后采收率再提高30%以上，建成了我国首个大规模稠油蒸汽驱工业化基地,支撑了新疆浅层稠油持续上产和稳产。

第一节　蒸汽吞吐后剩余油定量表征技术

本书通过密闭取心、开发地震、数值模拟等手段,动静结合,明确了剩余油的主控因素,首次揭示了蒸汽超覆、沉积韵律对剩余油分布的影响机制,建立了井间剩余油"孤岛状"分布模型。集成创新了砂砾岩油藏蒸汽吞吐后期高度分散剩余油的平面、纵向多维定量表征技术,实现了"由平面到空间、由定性到定量"的跨越。集成密闭取心、开发地震、精细建模、数值模拟等技术,形成蒸汽吞吐后剩余油准确识别与精细定量表征方法,首次建立了沉积韵律控制下的蒸汽吞吐后剩余油分布模式,指导了蒸汽吞吐转蒸汽驱井网部署、层系优化与重组。

一、陆相冲积扇、辫状河流相沉积模式建立

(一)沉积模式建立

风城油砂山露头剖面的辫状河道顶平底凸,且河道中一般不发育夹层。心滩坝底平顶凸,其内发育板状交错层理。心滩坝与辫状河道侧向拼接,两者的界面通常不太明显,有时有夹层出现,总体上心滩坝的规模较辫状河道大。

通过野外露头观察,根据夹层的发育位置及发育形态,将辫状河夹层分为4种类型:坝内夹层、坝间夹层、道坝转换夹层和串沟。辫状河夹层发育模式如图4-1所示。

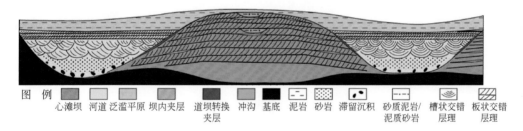

| 图例 | 心滩坝 | 河道 | 泛滥平原 | 坝内夹层 | 道坝转换夹层 | 冲沟 | 基底 | 泥岩 | 砂岩 | 滞留沉积 | 砂质泥岩/泥质砂岩 | 槽状交错层理 | 板状交错层理 |

图4-1　辫状河夹层发育模式图(垂直物源方向)

河道沉积层理类型主要包括块状层理、槽状交错层理和板状交错层理,河道底部通常发育滞留沉积。河道容易发生迁移,因此多形成不对称河道,少数情况下形成对称河道。不对称河道主要发育异心槽的槽状交错层理。在不对称河道的缓坡,若低水位期形成的夹层未被后期高水位期的水流完全冲刷掉,则容易形成道坝转换夹层。对称河道主要发育同心槽的槽状交错层理,若低水位期的落淤沉积未被后期水流完全冲刷掉,则会在河道两侧均形成道坝转换夹层。

心滩坝层理类型为板状交错层理,坝中心层理主要呈水平状。心滩坝底部通常不发育滞留沉积,坝侧由于有侧向加积作用,层理主要呈倾斜状。夹层发育具有明显的期次性。低水位期,坝顶发育冲沟,冲沟底部及坝侧通常会发育细粒落淤物质。板状交错层理下切或下截的部位,下一期水流对落淤物质的侵蚀不彻底,导致一些落淤的

细粒物质保留下来形成夹层。

（二）沉积韵律控制下的蒸汽吞吐后剩余油分布模式

渗透率韵律性反映了渗透率大小在纵向上的变化状况。辫状河流相沉积中目的层段主要分为正韵律、反韵律和复合韵律3种类型。在不同沉积韵律约束和注入蒸汽超覆共同作用下，形成了不同的剩余油分布模式。

1. 正韵律

正韵律表现为高孔、高渗段分布于砂体底部，向上渗透率逐渐变小。可细分为单一正韵律型及叠加正韵律型两种。单一正韵律型由一个正韵律组成，下部岩性较粗，上部岩性变细，依据其特征又可分为完全正韵律及不完全正韵律，完整正韵律表现为粒度的渐变，是主要的正韵律类型；不完全正韵律粒度往往出现突变现象。九$_8$区齐古组为辫状河沉积，河道、心滩微相占主导位置，河道砂体主要由砂砾岩、含砾砂岩、粗砂岩、中细砂岩构成向上变细的正韵律。剖面岩性、物性具有明显的正韵律组合关系（图4-2）。

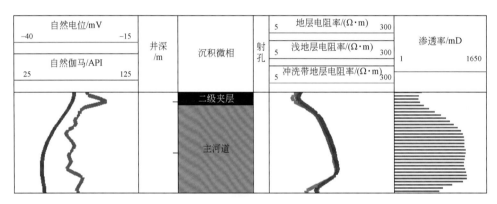

图4-2　正韵律剖面模式图

正韵律储层由于上部岩石对蒸汽超覆的抑制，蒸汽超覆的作用不是很明显。因此，河道砂体的整体动用程度较高，上部小层吸汽量占总吸汽量的70%，油层动用厚度比较大，剩余油分布较为均衡，有利于注蒸汽开发。

2. 反韵律

反韵律表现为渗透率向上逐渐增大，高孔、高渗段分布于砂体顶部，一般多为河口砂坝及溢岸等沉积成因。反韵律多与正韵律组合成复合韵律，单一反韵律较少见。九$_8$区齐古组存在个别反韵律剖面，岩性底部粒度细，向上变粗，孔渗向上变大，反映出反韵律组合关系（图4-3）。

反韵律储层由于上部岩石的孔渗高于下部岩石的孔渗，加剧了蒸汽超覆，纵向动用不均衡加剧，注蒸汽驱替厚度变小，整体动用程度偏低，上部小层吸汽量占总吸汽量的51%，剩余油主要集中在油层中下部。

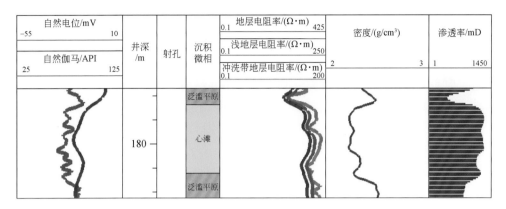

图 4-3　反韵律剖面模式图

3. 复合韵律

复合韵律主要是由纵向上若干个砂层相互叠置而成,砂体厚度大,韵律性复杂多变,表现为由不同次级韵律或单砂体在垂向上高、低渗透率或正、反韵律层交替分布。垂向上岩性、物性有明显的正韵律和均值韵律等不同的组合关系,反映多期河道垂向叠加、冲刷等组合叠置关系(图 4-4)。

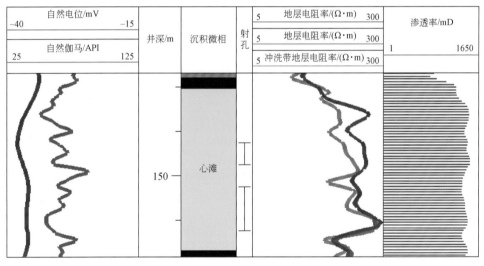

图 4-4　复合韵律剖面模式图

复合韵律储层纵向砂体变化大,中细砂岩、粗砂岩、砂砾岩交替分布,物性变化较大,部分储层物性极差、吸汽能力差,注蒸汽动用程度较低,动用层吸汽量占总吸汽量的32%,剩余油主要集中在吸汽能力差的小层中。

二、密闭取心技术

密闭取心技术是进行剩余油研究的主要手段之一,通过岩心样品分析,可以较准确地求取不同动用程度油层的剩余油、水饱和度数据;较准确地认识不同油层蒸汽的热采波及范围（水洗或降压）；研究油层动用程度与其物性、岩性、沉积微相、周围井生产状况的关系及不同层位岩性相带的水洗特征，确定剩余油的宏观分布规律和微观赋存状态。

通过取心井油、水饱和度研究，基本确定单井纵向上的剩余油分布，再以取心井为核心，通过取心井单井相分析结合所在的井组沉积相、井组连通关系等基本地质研究，以及井组内油井生产动态分析、动态油井测井、测试监测等，综合确定井组内的剩余油分布，为区块整体剩余油研究奠定基础。

为了研究九区齐古组油藏在注蒸汽开采过程中的油层动用状况，先后在该区钻密闭取心井4口，它们分别代表不同生产时间、不同部位的油层剩余油分布状况。可以看出，在平面上，剩余油饱和度与距注汽井的距离有关，距注汽井距离越远，剩余油饱和度越高，而在距注汽井35m范围之内，含油饱和度已平均下降了35%，剩余油饱和度一般小于50%，油层动用程度较高；在距注汽井35～70m时，油层动用程度较低，剩余油饱和度多为50%～60%（表4-1、图4-5）。

表4-1 九区典型密闭取心井资料概况

区块	取心井号	层位	取心时区块生产时间		距注汽井距离/m	电阻率/（Ω·m）		含油饱和度/%	
			吞吐	蒸汽驱		邻井	取心井	邻井	取心井
九$_6$	检279	J$_3$q	2.2年	2年	25	100	25	72.6	45.5
九$_1^1$	检290	J$_3$q	2.5年	4年	50	100	25	75.1	56.7
九$_1^2$	检275	J$_3$q	6.0年	2年	70	90	55	65.7	50.7
九$_3$	检280	J$_3$q	3.2年	1月	70	80	60	64.1	60

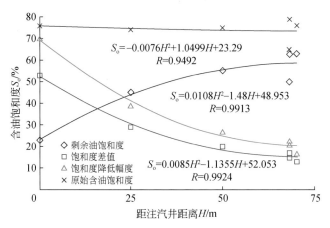

图4-5 密闭取心分析饱和度距注汽井距离关系图

从不同井的含油饱和度纵向变化情况来看，各井差异较大。检279井距注汽井25m，含油饱和度全井段大幅度下降，其余4口井距注汽井距离大于等于50m，则主要表现为油层上部的含油饱和度下降幅度较大，而中下部含油饱和度下降幅度很小或基本没有变化。

由此表明，在100m×140m反九点井网条件下，注蒸汽开采3～8年后，蒸汽波及范围十分有限，充分动用的仅是井筒附近（约35m之内）的油层，而在距注汽井35～70m距离，油层动用程度较低。

三、四维地震技术

克拉玛依油田九区齐古组浅层油藏是新疆最早投入注蒸汽开发的稠油油田，由于油层非均质性强、物性变化复杂，难以认识油藏注汽后的温度场、压力场、剩余油饱和度场。为此，在对九₅区95159井区蒸汽热采前缘及剩余油分布进行研究时，采用四维地震技术，并根据生产动态和其他资料进行综合监测。

四维地震确定剩余油分布的原理及过程：在注蒸汽驱油过程中，由于热力作用，储层内流体性质（温度、压力、含气饱和度）发生变化，对应的地震反射波组特征和含稠油储层的地震参数也随之变化。

（1）含油储层的纵波速度对温度的变化最敏感，当未固结砂岩含油饱和度为100%时，纵波速度随着温度的升高而急剧下降。当温度由25℃增加到150℃时，纵波速度降低22%～40%。

（2）储层下方反射频谱发生变化，注汽影响范围内高频衰减显著，而储层以上的高频成分无变化。

（3）受蒸汽热场影响，储层出现新的地震反射特征，或反射振幅发生变化（变强或者变弱），在受蒸汽热场影响的范围内，储层的反射变强，且地震反射波组出现下拉现象。

（4）注蒸汽前后地震波反射时间发生变化，在受蒸汽热场影响区，储层下方的反射时间延迟。

在具体比较不同时期地震信息的过程中，可将监测区白垩系底界的强反射层作为不发生任何变化的标准参照系。相邻两次测量的地震数据体中白垩系反射层各种地震参数的差别，可作为两个数据体的系统误差，用来校正受蒸汽热场影响油层中各砂层的反射振幅、瞬时频率等参数。

地震监测的重点是综合分析蒸汽驱前后不同时期含稠油砂层的振幅、层速度、延迟时间等有敏感响应的参数的变化趋势，归纳出统一的变化区域，用以判断热蒸汽在平面上的推进方向和影响范围，分析控制蒸汽平面推进的因素。根据振幅、层速度及延迟时间对蒸汽热场的响应，综合3种地震属性的变化规律，可以综合判断不同时期蒸汽热驱所到达的范围、各个时期注汽井的热驱效果、蒸汽前缘的推进方向及蒸汽驱波及的面积等，从而综合判断油区的剩余油分布范围。

四、数值模拟技术

在国外，对热力采油方法的数值模拟的早期研究主要集中在热流和热损失的模拟方面。1965年，Gottfiied提出了一些求解流体质量和能量平衡的模型；1967年，Davidsont提出了单井吞吐动态分析方法；1968年，SPillette和Nielsen提出了二维热水驱模型，最先将热的问题引入数值模拟中来；1969年，Shutler提出了线性三相蒸汽驱数学模型。线性三相蒸汽驱数学模型叙述了满足达西定律的油、气、水三相的一维流动，它包括三相相对渗透率、毛管压力及温度和压力对流体性质的影响等因素。该模型假定油是不挥发的，而且烃的气体不会溶解在液相中。模型允许水和水蒸气的相间质量交换，允许一维热对流及在穿过油砂与相邻岩层之间的横截面上的二维热传导。该模型用3个步骤对数值法求解，用牛顿迭代法同时求解油、气、水三相的质量守恒式，用不迭代的交替隐式方法独立求解能量守恒式，用有限差分方程的直接解法独立求解组分平衡式。这种处理方法对于方程组非强耦合时（如热水驱的情况）可得到稳定的、精确的结果，而对于方程组强耦合时（如蒸汽驱的情况）计算结果不太理想，需要对冷凝项进行部分处理。1971年，Abdalla 和 Coats 提出了一种利用隐式压力和显式饱和度（IMPES）方法处理二维三相汽驱模型。该模型描述了满足达西渗流定律的油、气、水三相的二维流动，模型假定油的相对渗透率是水和油饱和度的函数，允许一维热对流和二维热传导，在求解方程组上使用隐式压力显式饱和度的方法。

数值模拟技术在20世纪80年代就开始应用在克拉玛依油田九区稠油开发过程中，主要通过数值模拟模型的建立和历史拟合，以及在此基础上分析加热半径、剩余油饱和度分布等，从而分析剩余油在平面和纵向上的分布规律（图4-6）。

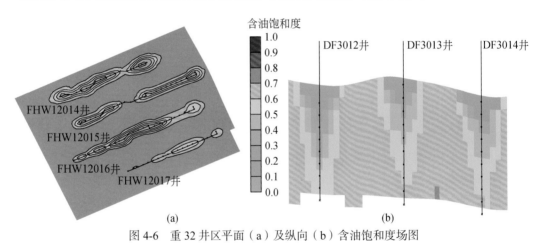

图4-6　重32井区平面（a）及纵向（b）含油饱和度场图

通过以上分析手段，明确了剩余油平面上的主控因素。

1）平面剩余油分布规律及影响因素

平面剩余油分布主要受油层平面非均质控制，也就是受沉积微相、非均质、汽窜通道、原油黏度、井网等条件的影响。

2）纵向剩余油分布规律及影响因素

垂向非均质性主要有层内和层间两种。层内剩余油的分布受层内非均质性的控制，也就是和渗透率、韵律、层内夹层等因素密切相关。层间渗透率级差和层间隔层导致层间非均质性明显，其对层间剩余油的存在有重要影响。

（1）正韵律油层。受蒸汽超覆的影响，近井筒处水淹较均匀，而远井筒处以下部水淹为主，上部水淹差，注蒸汽波及效果差。剩余油主要分布在油层顶部及非强洗段内。

（2）反韵律油层。注蒸汽后，近井筒处上部水淹严重，而远井筒处下部蒸汽吞吐效果差，水淹不严重。

（3）复合韵律油层。注蒸汽后，水淹规律兼有正、反韵律油层水淹的特点。岩性越均匀，水淹波及范围越大。

不同沉积微相对蒸汽波及范围的影响不同，沿着主河道方向蒸汽（热水）推进速度快，在生产中表现为河道主流线方向上油井汽窜干扰严重；河道砂体内部的相对高渗段多处于中上部，是蒸汽突进的主要层段，主力储层仅中上部得到有效动用。

第二节　蒸汽驱油藏工程优化设计技术

一、吞吐有效加热半径

在九区砂岩普通稠油油藏开发中，吞吐加热半径采用判断经验公式和数值模拟计算两种方法所得结果基本一致，在30m左右，且吞吐加热半径与原油黏度关系不大。但在超稠油油藏、砂砾岩油藏开发中逐步暴露出原有的经验和理论出现偏差，为了更好地论证油藏开发方式、井网井距的适应性，建立合理的筛选标准，提出了吞吐有效加热半径的概念。

1. 吞吐有效加热半径的定义

在超稠油开发中逐步认识到，地层原油只有加热到黏度小于1000mPa·s时才能有效流动，不同性质的原油对应的流动温度不同（图4-7）。经验公式计算吞吐10轮的吞吐有效加热半径为32.4m（图4-8），数值模拟计算吞吐10轮后，若按比油层原始温度提高20℃计算，吞吐有效加热半径为33m，与经验公式计算一致。若按大于65℃计算，则吞吐有效加热半径只有25m左右（图4-9），因此，在超稠油吞吐有效加热半径研究中，经验公式不再适用，应主要参考数值模拟计算的流动温度对应的加热半径——吞吐有效加热半径。

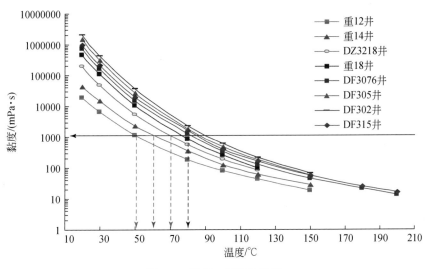

图 4-7　黏度－温度关系图

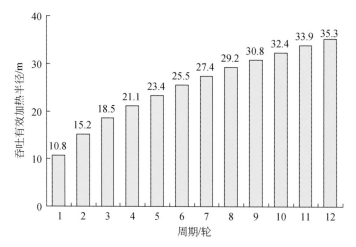

图 4-8　九$_{7+8}$区超稠油加热半径经验公式结果

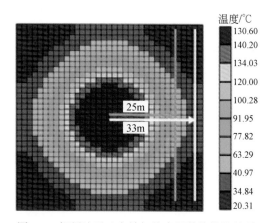

图 4-9　超稠油吞吐有效加热半径数值模拟结果

2. 吞吐有效加热半径的影响因素

原油黏度、油层渗透率和井底蒸汽干度都对吞吐有效加热半径有影响。

随着原油黏度的增加，流动温度增加（50℃时原油黏度为 500mPa·s、流动温度为 40℃，50℃时原油黏度为 10000mPa·s、流动温度 80℃），吞吐有效加热半径减小；随着储层物性变好（渗透率增加），吞吐有效加热半径增大（图 4-10）。在一定的储层物性和原油黏度下，油藏的吞吐有效加热半径是一定的，普通砂岩油藏的吞吐有效加热半径大于 30m，超稠油油藏或物性差的砂砾岩油藏的吞吐有效加热半径在 25m 左右（图 4-11）；原油黏度对吞吐有效加热半径的影响大于渗透率的影响。

随着井底干度的增加，吞吐有效加热半径增大。吞吐有效加热半径达到 30m 时，普通稠油井底干度只需大于 30%，特稠油则要大于 50%，超稠油必须大于 70%（图 4-12），若采用特殊工艺提高井底蒸汽干度，特稠油、超稠油的吞吐有效加热半径也可以达到 30m 以上。

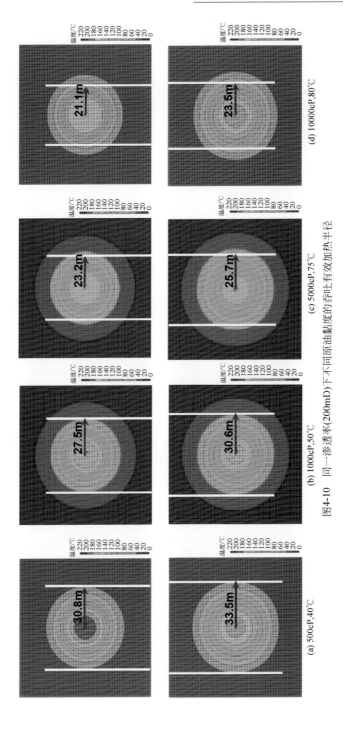

(a) 500cP,40℃

(b) 1000cP,50℃

(c) 5000cP,75℃

(d) 10000cP,80℃

图4-10 同一渗透率(200mD)下不同原油黏度的吞吐有效加热半径

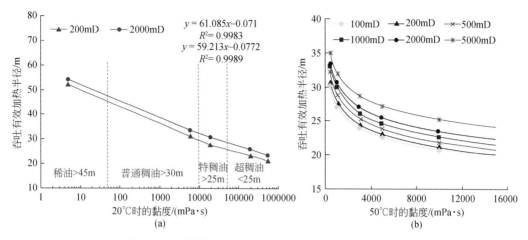

图 4-11　不同渗透率、原油黏度下的吞吐有效加热半径

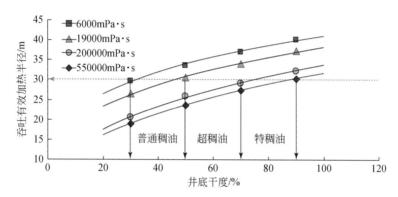

图 4-12　井底干度与吞吐有效加热半径关系图

二、合理井网井距

稠油油藏蒸汽吞吐开发对油藏进行预热,可降低油层压力,使注采井间构造热连通,因此采用合理的井网井距,可确保转蒸汽驱开发,进一步提高蒸汽波及系数,提高原油采收率。

(一)井网形式研究

蒸汽驱要充分发挥蒸汽的热量及驱替两种作用,才能取得较好的效果,因此,蒸汽驱开发的井网形式一般采用反五点、反七点和反九点等面积井网。优化井网形式的研究一般从以下几个方面考虑。

(1)从模拟结果(表4-2)来看,对于均质油藏,反五点井网的采收率最高,反九点井网的采收率最低;但对非均质的实际油藏而言,不同的地质及工艺条件,模拟结果不尽相同。九$_6$区模拟结果表明,反五点井网远比其他两种井网的采收率高,而九$_2$区的模拟结果则正好相反,反九点井网的采收率要略高于反五点井网,分析两种结果产生差异的主要原因是九$_2$区是按照抽油机及泵的性能确定采油井的最大排液量,采用反五点井网时，注采井数比为 1 ∶ 1，注采量不平衡，不能充分利用注入蒸汽能量，而反九点井网的注采井数比为 1 ∶ 3，注采量基本平衡，因此开采效果好。在九$_6$区模拟时，考虑不同井网形式采用不同的抽油机及泵，各种井网形式下的注采量基本平衡。

表 4-2　不同井网形式下模拟结果对比表

井网形式	采收率 /%		
	克恩河	九$_6$区	九$_2$区
反五点	67.9	53.6	40.2
反七点	65.2	35.9	
反九点	51.3	26.8	44.5
备注	均质油藏；井网控制面积相同	非均质油藏；单井控制面积相同	非均质油藏；单井控制面积相同

因此，在利用数值模拟选择某开发区块的井网时，要针对油藏特点和采油工艺条件，进行数值模拟研究，以便更加客观、准确地选择最佳井网形式。

（2）累积采注比是指累积采液量与累积注汽量之比。根据以往的研究结果，为了充分利用注入蒸汽的热能及驱替作用，地层压力不应大幅度增大，考虑注入蒸汽加热产生的体积热膨胀的因素，累积采注比应当在 1.2 以上。在选择应采用的井网形式时，应根据确定的最佳注汽速度来确定采油井的采液量大小和每口井所能达到的最大产液量，提出应采用的井网形式。

在编制克拉玛依油田转蒸汽驱方案时，考虑该区采油井普通采用Ⅲ型抽油机和 Φ44mm 抽油泵，其最大排液量为 25 ～ 30m^3/d，而根据油藏情况优选出的注汽速度为 50t/d，注采严重不平衡，累积采注比仅为 0.5 ～ 0.6，难以发挥蒸汽驱的优势，开发效果差。因此，方案提出将反五点井网调整为反九点井网，由于注采井数比由 1 ∶ 1 变为 1 ∶ 3，井组采液量达 75 ～ 90t/d，井组累积采注比达到 1.1 ～ 1.3，模拟的蒸汽驱效果变好。

（3）蒸汽驱易发生汽窜，并且驱动的"指进"现象更加突出，造成采油井受效不均匀，因此，蒸汽驱过程中要经常对注汽量、注采井别，甚至井网形式进行调整，力求使驱替前沿均匀推进，提高波及系数。因此，要求蒸汽驱所采用的井网要具有较强的可调整性。

（二）合理井距研究

1. 砂岩油藏蒸汽驱合理井距

数值模拟研究表明，砂岩普通稠油油藏 100m 井距驱油效率低，70m 井距较为合理，50m 井距加热面积与 70m 相当，但温度高，易发生汽窜（图 4-13）；砂岩特稠油油藏 100m 井距驱油效率很低，70m 和 50m 都能形成热连通，50m 虽局部发生汽窜，但整体温度高，有利于提高驱油效率（图 4-14）。

九区不同井距生产效果表明，砂岩普通稠油油藏反九点 50m 井距蒸汽驱可取得一定效果，但反九点 70m 井距蒸汽驱产油量、油汽比高，且油汽比较为稳定，效果更好（图 4-15）；砂岩特稠油油藏反九点 70m 井距蒸汽驱可取得一定效果，但反九点

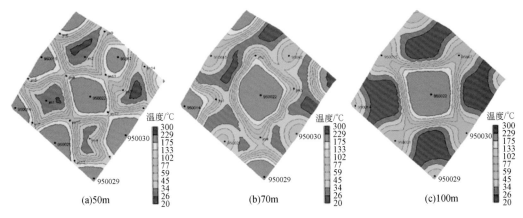

图 4-13 砂岩普通稠油油藏不同井距汽驱末温度分布图

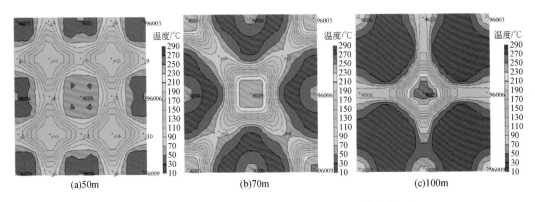

图 4-14 砂岩特稠油油藏不同井距蒸汽驱末温度分布图

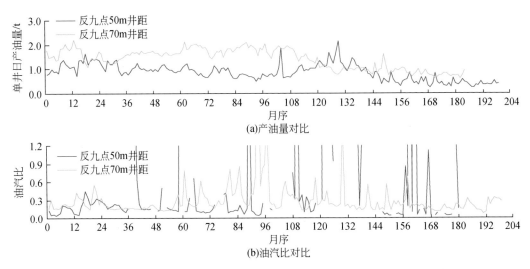

图 4-15 砂岩普通稠油油藏反九点 50m 井距蒸汽驱试验区与反九点 70m 井距
蒸汽驱生产区采油曲线对比图

50m 井距蒸汽驱见效快，产油量、油汽比高，效果更好（图 4-16）。

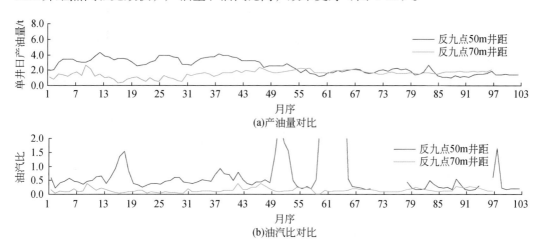

图 4-16　砂岩特稠油油藏反九点 50m 井距蒸汽驱试验区与反九点 70m 蒸汽
驱井距生产区采油曲线对比图

2. 砂砾岩油藏汽驱合理井距

新疆浅层稠油油藏中最典型的砂砾岩油藏是百重 7 井区和六东区克拉玛依组油藏。在百重 7 井区不同原油黏度区域，先后开辟了 4 个 80m×113m 井距、反九点井网的蒸汽驱试验区，4 个试验区蒸汽驱产油量和油汽比均很低，试验效果差（表 4-3）。目前均已停止试验。

表 4-3　百重 7 井区砂砾岩特稠油蒸汽驱试验区生产效果表

区域	开始年月	井组数 /口	采油井数 /口	时间 /d	累积注汽量 /10⁴t	累积产油量 /10⁴t	油汽比
Ⅰ（T₂k₂）	2003 年 9 月	9	39	540	13.06	0.86	0.066
Ⅱ（T₂k₂+T₃b）	2006 年 3 月	6	32	138	5.99	0.31	0.052
Ⅲ（T₂k₂）	2007 年 5 月	7	31	591	22.30	0.62	0.028
Ⅳ（T₂k₂+T₃b）	2007 年 7 月	7	28	519	31.82	0.94	0.030
平均				447	73.17	2.73	0.037

六东区克拉玛依组下段 2001 年开辟了 1 个 100m×140m 井距、反九点井网的蒸汽驱试验区，平均单井日产油量 1.04t，采油速度 1.1%，含水率大于 0.9，油汽比低于 0.1，效果差（图 4-17），目前已停止试验。

综上所述，砂砾岩油藏大井距（80m×113m 或 100m×140m）普通稠油、特稠油蒸汽驱试验均没有成功，主要表现为见效时间长，见效井少，产量低，含水率高，蒸汽驱采出程度低，开发效果差（表 4-4）。与六—九区砂岩油藏加密后蒸汽驱效果对比认为，砂砾岩油藏现井距（80m×113m、100m×140m）明显偏大。

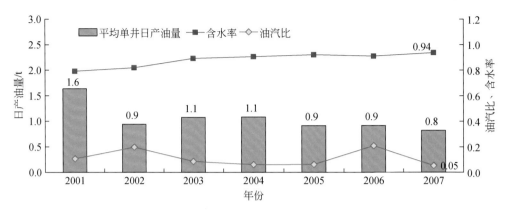

图 4-17　六东区砂砾岩普通稠油油藏汽驱效果

表 4-4　砂砾岩典型区块汽驱效果表

区块	层位	井距 /m	油层厚度 /m	黏度（20℃）/（mPa·s）	渗透率 /10⁻³μm²	吞吐采出程度 /%	蒸汽驱采出程度 /%	油汽比	采注比
红一 3 区	J₁b	100×140	11.4	4962	784	26.8	7.2	0.14	1.12
六东区	T₂k₁	100×140	13.1	4894	670	25.2	7.3	0.09	0.84
百重 7 井区	T₂k₂	80×113	10.8	21000	869	18.3	1.6	0.06	0.77

从百重 7 井区八道湾组油藏蒸汽驱可行性研究中发现，该油藏在现有井距（56m×80m）条件下，见效时间较长，吞吐 5 轮后转蒸汽驱，完全见效时间在 500d 左右，在 300d 取得较好效果的合理井距为 55 ～ 70m（图 4-18、图 4-19）。

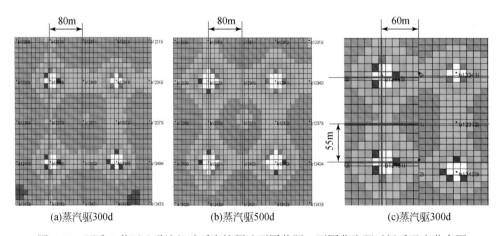

(a)蒸汽驱300d　　　　　　(b)蒸汽驱500d　　　　　　(c)蒸汽驱300d

图 4-18　百重 7 井区八道湾组砂砾岩特稠油不同井距、不同蒸汽驱时间后温度分布图

综合分析认为，合理井距和注汽参数是砂砾岩油藏蒸汽驱取得效果的关键因素，砂砾岩油藏蒸汽驱取得成功的合理井距为 50 ～ 70m。

理论研究与生产实际都表明，蒸汽驱合理井距与吞吐有效加热半径是完全相匹配的，有效的蒸汽驱必须建立在吞吐基本形成有效热连通的基础上。对于适合蒸汽驱的油藏，确定合理井距时，应最先考虑蒸汽驱的井距。

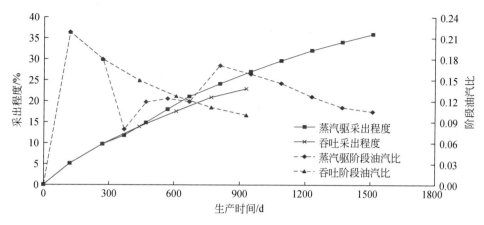

图 4-19 百重 7 井区八道湾组 56m×80m 井距吞吐和蒸汽驱生产效果对比图

三、蒸汽吞吐转蒸汽驱的最佳时机

1. 起始含油饱和度

为充分发挥蒸汽驱具有较高驱油效率的优势，蒸汽吞吐周期不宜过多，否则会造成由于地下含水饱和度的增大而降低油相渗透率，从而影响注蒸汽开采的总体效果。数值模拟结果表明，孔隙度为 30% 的稠油油藏，为获得大于 0.15 油汽比的效果，可动油饱和度应大于 27%。根据克拉玛依油田六、九区齐古组油藏岩样分析，原油黏度为 5000mPa·s，在 200℃ 蒸汽驱条件下，室内实验残余油饱和度大约为 22%，推算蒸汽驱起始含油饱和度最低界限为 48%～50%。

在九$_1^1$三井组先导试验区，蒸汽吞吐开采近 3 年。按蒸汽驱面积计算，在吞吐采收率为 27%，剩余油饱和度由原始含油饱和度 69.3% 降至 50.5% 时转入蒸汽驱，历时 3.83 年，累积注入 0.62 倍孔隙体积，蒸汽驱阶段采出程度已达 20.3%，累积油汽比为 0.202，综合含水率为 80% 左右（按中心井计算采出程度 13.2%，油汽比 0.216），可见由于该试验区转蒸汽驱适时，蒸汽驱效果较好。相反，九$_1^2$加密井试验区、九$_3$试验区及九$_6$试验区转入蒸汽驱时剩余油饱和度已分别降至 44% 和 45%，含油饱和度已比较低，造成蒸汽驱一开始，油井含水率普遍高达 90% 以上。九$_1^2$加密井试验区蒸汽驱历时 4.5 年，采出程度 11.3%，累积油汽比 0.15；九$_6$试验区蒸汽驱历时 4 年，采出程度为 13.6%，油汽比为 0.13；九$_3$试验区蒸汽驱历时 5 年，采出程度为 8%，累积油汽比仅为 0.09，显然蒸汽驱效果较差。

2. 吞吐井间热连通

在蒸汽驱阶段，由于注入速度受注入压力的限制，热损失比吞吐阶段要大，为能起到驱替作用，以达到提高采收率的目的，一般需要通过蒸汽吞吐预热油层，以建立井间热连通，尤其是对原油黏度较高的稠油油藏，否则蒸汽驱将不会取得好的效果。如九$_1^1$区三井组先导试验区，由于转蒸汽驱前 9108 中心井与 9104 井、9107 井两口注汽井间均未形成热连通（9108 井与 9104 井、9107 井两口井间和观 8 井、观 9 井井底温度仍处于油藏原始温度），9104 井、9107 井两口注汽井注汽两年仅单方向受益，蒸汽驱效果不理想。因此吞吐井间是否已形成热连通或接近热连通，应作为转蒸汽驱时机的一个条件进行考虑。

3. 蒸汽吞吐周期的合理界限

蒸汽吞吐阶段主要是依靠弹性能量采油，因此，当压力降低到一定程度时，由于油水流动阻力不断增大，产液量将逐渐递减，地下存水量相应增大，亏空体积相应减小，此时若不及时转蒸汽驱生产，势必造成以下情形：其一，注入蒸汽热损失增大，降低了蒸汽驱的热效应；其二，采油井井底附近存有大量注入蒸汽的冷凝水，使采油井难以受效，采油井含水率高；其三，含水饱和度增加，导致油相渗透率急剧降低，从而使蒸汽驱效果变差。

从克拉玛依油田九$_1^1$区齐古组蒸汽吞吐 7 个周期的开发特征曲线（图 4-20）可以明显看出，当生产 1300d 左右时（蒸汽吞吐 4 周期），油层注采比达到峰值，以后迅速下降，存水量急剧上升，产液量、瞬时油汽比明显降低，蒸汽吞吐效果也明显变差，可见，转蒸汽驱的最佳时机应选择在 1300d 左右，即 4～5 个蒸汽吞吐周期。

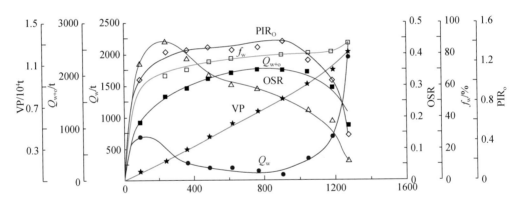

图 4-20 克拉玛依油田九$_1^1$区齐古组蒸汽吞吐开发特征曲线

PIR_o- 注采比；f_w- 含水率；Q_{w+o}- 产液量；Q_w- 存水量；OSR- 油汽比；VP- 注入蒸汽的量

九$_1^2$区 100m×140m 反九点井网不同蒸汽吞吐周期转蒸汽驱数值模拟对比结果，蒸汽吞吐 4 个周期（即 1250d）后转蒸汽驱比蒸汽吞吐生产 7 个周期（即 1920d）后转蒸汽驱最终采收率要提高 5%～8% 左右，油汽比高 0.05 左右（瞬时油汽比以 0.15 为下限）。同样也说明，类似九区地质条件和原油黏度的稠油油藏蒸汽吞吐 1300d（4 周期）后应及时转入汽驱生产。

值得注意的是：可能是油层压力和岩石颗粒表面张力、润湿性、胶结类型和成分及孔隙度、渗透率等储层物性相近的原因，九区各小区蒸汽吞吐阶段存水量与注入蒸汽孔隙体积倍数间的关系具有相同的变化趋势，并且当注汽量达到孔隙体积的 0.1～0.12 倍时，存水量均由下降转变为急剧上升，因此可用此界限作为蒸汽吞吐转蒸汽驱的界限。

为取得较好的蒸汽驱开发效果，应根据蒸汽吞吐动态反映，结合跟踪数值模拟结果，当蒸汽吞吐产液量、油层亏空体积开始降低，瞬时地下存水量增大时，应不失时机地转入蒸汽驱生产。一般来讲，普通稠油最佳转蒸汽驱时机为 3～5 个周期，特稠油为 5～7 个周期，超稠为 8～9 个周期。

4. 地层压力界限

克拉玛依油田稠油油藏埋藏较浅，原始地层压力低，加之经 3～4 个周期的蒸汽吞吐，其地层压力降至更低，因此选择 1.5MPa、1.0MPa、0.5MPa 3 种情况进行转蒸汽驱的比较。模拟结果显示，对九区齐古组稠油油藏，在选择 0.5～1.5MPa 地层压力进行蒸汽驱时，对最终采收率影响不大，三者十分接近。因此浅层稠油油藏转蒸汽驱的地层压力界限可不作为主要因素考虑。

四、注采参数优选

1. 注汽速度

稠油油藏蒸汽驱开采依靠的能量主要是热能，尤其是湿饱和蒸汽中的汽化潜热能。注入油藏的蒸汽携带的热能将原油黏度大幅度降低；蒸汽中大量、连续补充的汽化潜热能使形成的蒸汽带不断扩展、驱替原油至生产井采出。如果油藏中蒸汽带汽化潜热能的补充量不足以抵消蒸汽带的热损失量（加热油藏孔隙介质中原油与岩石基质所消耗的热量及损失于顶、底岩层与非含油夹层的热量），则蒸汽带体积缩小或蒸汽带前缘停止推进，蒸汽带前缘的凝结热水向前扩展。同样温度下，热水的驱油效率比蒸汽的驱油效率差得很多，达不到蒸汽驱的效果。因此，蒸汽驱过程中，必须保持一定的注汽速度。

根据蒸汽驱实践经验及数值模拟分析，研究了注汽速度对蒸汽驱开发效果的影响，图 4-21 为不同注汽速度条件下油藏采收率变化曲线。由图 4-21 可见，随着注汽速度的增加，蒸汽驱采收率增加，注汽速度（纯油层）小于 1.6m³/（d·hm²·m）时，采收率对注汽速度非常敏感，大于该值后采收率提高幅度变缓。

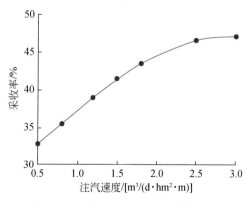

图 4-21　不同注汽速度－采收率变化

2. 井底蒸汽干度

根据蒸汽驱实践经验及数值模拟分析，研究了井底蒸汽干度对蒸汽驱开发效果的影响。图4-22为不同井底蒸汽干度条件下油藏采收率变化曲线，可见井底蒸汽干度越高，蒸汽驱采收率越高。当井底蒸汽干度低于40%时，采收率对蒸汽干度很敏感，随蒸汽干度的增加快速上升，这是由热水驱向蒸汽驱的转化过程。当蒸汽干度超过40%之后，蒸汽驱开发效果对蒸汽干度不太敏感。因此，蒸汽驱过程中应保持井底的蒸汽干度在40%以上。对于具体的稠油油藏，需要通过物理模拟和数值模拟研究确定最优的井底蒸汽干度。

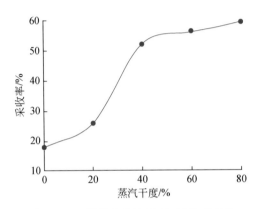

图4-22 不同井底蒸汽干度–采收率变化

超稠油油藏研究结果表明：随着蒸汽干度的增加，蒸汽驱效果变好。图4-23、图4-24分别为九$_8$、九$_7$扩边区（50℃时原油黏度分别为10000mPa·s、5000mPa·s）齐古组50m井距蒸汽驱注汽井井底干度分别为30%、40%、50%、60%时的生产情况。

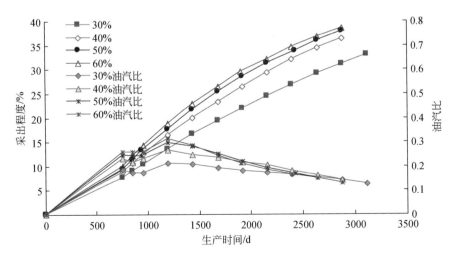

图4-23 九$_8$扩边区齐古组50m井距不同蒸汽干度蒸汽驱开发效果对比图

九$_8$扩边区齐古组蒸汽干度从30%增加到40%，采出程度增加3.47%；蒸汽干度从40%增加到50%，采出程度增加1.40%；蒸汽干度从50%增加到60%，采出程度仅

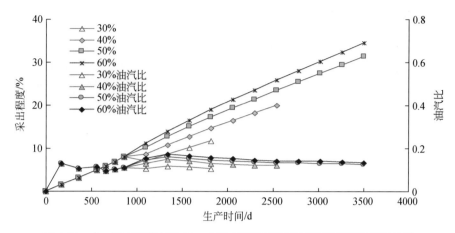

图 4-24 九7扩边区齐古组 50m 井距不同蒸汽干度蒸汽驱开发效果对比图

增加 0.69%；蒸汽干度大于 50% 时，采出程度增幅变缓。九7扩边区蒸汽干度从 40% 增加到 50%，采出程度增加 5% 左右；蒸汽干度从 50% 增加到 60%，采出程度增加 3.14%。随干度增加，油汽比显著改善。

从蒸汽驱温度分布图来看，九8扩边区齐古组蒸汽干度为 60% 时蒸汽超覆作用强（图 4-25），汽窜概率大，因此油汽比没有稳定段，呈直线下降趋势；九7扩边区齐古组相对黏度较高，对蒸汽的扩展阻挡作用强，蒸汽在注汽井附近缓慢扩展，蒸汽干度越大，加热面积越大（图 4-26），因此油汽比下降较平缓。综合来看，50℃时黏度低于 5000mPa·s 的蒸汽驱蒸汽干度为 50% 左右较好，50℃时黏度大于 5000mPa·s 的蒸汽驱蒸汽干度应大于 50%。

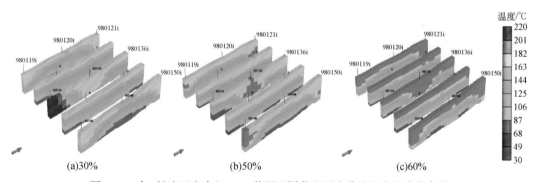

图 4-25 九8扩边区齐古组 50m 井距不同蒸汽干度蒸汽驱末温度分布图

3. 注汽强度及采注比匹配关系

注汽强度是影响蒸汽驱的重要因素。注汽速度过低，热损失加大；注汽速度过高，则出现蒸汽严重"指进"现象，生产效果变差。理论研究和开发试验表明，九区稠油油藏注汽强度宜为 3.0t/（d·m）左右（图 4-27），但对不同蒸汽驱阶段，根据油藏亏空、地层压力、温度及储存热量情况，注汽强度要有一定的变化。九6区蒸汽驱初期注汽强度过高，达 5.9t/（d·m），造成油井汽窜，通过控关注汽井和调整注汽速度后，提高

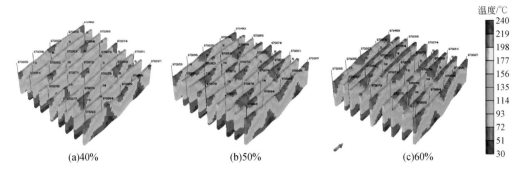

图4-26　九₇扩边区齐古组50m井距不同蒸汽干度蒸汽驱末温度分布图

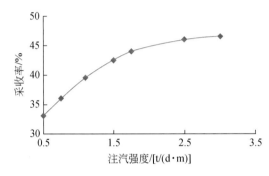

图4-27　注汽强度对油藏蒸汽驱采收率的影响

了产油量和技术经济指标。

　　根据蒸汽驱开采过程中要在油藏中形成蒸汽带这一基本要求，蒸汽驱前的蒸汽吞吐阶段要充分降低地层压力，蒸汽驱过程中仍要以较大的采注比（此时的采注比是蒸汽驱稳定阶段的瞬时采注比，而不是累积采注比）形成注采井间的压力梯度，以保持蒸汽带前缘向生产井不断扩展。数值模拟研究表明，蒸汽驱稳定阶段，当采注比小于1.0时，蒸汽带逐渐缩小，甚至消失。当采注比为1.0时，蒸汽带形成后基本上呈停滞状态；只有当采注比大于1.0，达到1.2时，蒸汽带才会不断扩展。因此，对于1个井组或1个开发单元，蒸汽驱阶段生产井的瞬时采出液量必须大于注汽井的瞬时注汽量。

　　图4-28是采注比对油藏蒸汽驱采收率的影响曲线，可以看出，当采注比小于1.0时，蒸汽驱采收率很低而且对采注比不甚敏感。实际上，在这种条件下，注入油藏的流体体积大于采出的流体体积，油藏压力不断上升，注入的蒸汽被压缩凝析成热水，此时油藏中的驱替过程主要为热水驱。当采注比为1.0～1.2时，蒸汽驱采收率对采注比非常敏感，几乎为突变过程，这实际上是从热水驱向蒸汽驱的过渡阶段。当采注比超过1.2之后，蒸汽驱采收率很高且对采注比不敏感，这时从油藏中采出的流体体积逐渐由与注入流体体积平衡变为大于注入流体体积，在这种条件下，油藏压力是个缓慢下降的过程，因而能真正实现蒸汽驱。

　　蒸汽驱不同阶段对采注比要求不同。在转蒸汽驱初期，由于多年的蒸汽吞吐，油藏亏空较大，油藏压力较低，生产压差较小，虽然注汽井和生产井附近经过吞吐预热，

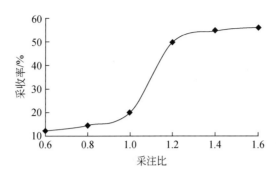

图 4-28　采注比对油藏蒸汽驱采收率的影响

油藏温度较高，但远离井点处的油藏温度较低。此时，井间冷油带向生产井推进，油井采液指数小，产液量和产油量处于低峰值。

注汽井转入连续注汽后，注汽能力往往高于生产井的产液能力，此时，注汽量大于采出量，油藏压力回升，驱替压力梯度逐渐增大。随着蒸汽驱的进行，生产压差逐渐增大，产液量逐渐提高，当蒸汽腔前缘推进至生产井附近时，生产井井点附近的油藏温度明显上升，油井采液指数大幅度提高，采油量和采液量大幅度上升，油井明显见到蒸汽驱的效果。此时，采液量必须大于注汽量，采注比必须达到或大于临界采注比 1.2。此后，油藏压力开始逐渐下降，蒸汽带得到有效扩展，从而获得较好的开发效果和经济效益。

蒸汽驱过程中，如不能保证采出量大于注汽量，油藏压力会继续升高，蒸汽带的体积不能有效扩大，蒸汽带前缘停滞不前，生产井见不到大幅度增油效果，将失去产油高峰期。待蒸汽突破后，为了抑制汽窜，采注比可能会低于临界采注比 1.2。

综上所述，制定了不同油藏不同技术开发的现场注汽操作参数规范（表 4-5）。

表 4-5　新疆油田不同类型浅层稠油注汽参数设计规范

油藏类型	50℃时原油黏度/（mPa·s）	吞吐首轮注汽强度/（t/m）	吞吐注汽速度/（t/d）	井底蒸汽干度/%	吞吐焖井时间/d	吞吐前3轮采注比	蒸汽驱注汽强度/［t/（d·m）］	蒸汽驱采注比
砂岩普通稠油	< 700	100 ~ 120	130 ~ 150	> 50	2 ~ 3	1 ~ 1.2	3.5 ~ 4.3	1.0 ~ 1.2
砂砾岩普通稠油		100 ~ 130	100 ~ 120	> 50	2 ~ 3	1 ~ 1.2	3.2 ~ 3.9	1.0 ~ 1.2
砂岩特稠油	700 ~ 2000	120 ~ 140	130 ~ 150	> 60	3	1 ~ 1.2	3.9 ~ 4.9	1.0 ~ 1.2
砂砾岩特稠油		110 ~ 140	100 ~ 120	> 60	3	> 1.0	不适于蒸汽驱	
砂岩超稠油	2000 ~ 50000	110 ~ 140	110 ~ 140	> 800	3	> 0.9	3.9 ~ 4.9	1.0 ~ 1.2
	> 50000	暂不确定						
砂砾岩超稠油	2000 ~ 50000	110 ~ 140	100 ~ 120	> 70	3	> 0.7	不适于蒸汽驱	
	> 50000	暂不确定					不适于蒸汽驱	

注：注汽量从第 2 ～ 6 轮在前一轮的基础上按照 10% 递增，后期保持不变。

五、蒸汽驱筛选标准确定

蒸汽吞吐加热带有限,采收率受到了限制,尤其对驱油能量低的稠油油藏更是如此,因此对采用注蒸汽开发的稠油油藏,为大幅度提高油藏采收率,蒸汽吞吐后应积极开展蒸汽驱驱油研究。

但蒸汽驱采油机理不同于蒸汽吞吐和注水开发,油藏地质条件如油层厚度、纯厚与总厚之比、原油黏度、原始原油饱和度、孔隙度、渗透率等参数对开发效果有决定性影响,因此对这些参数都有比较严格的选择,对油藏工程也相应有更多、更高的要求。

为此,新疆油田积极开展蒸汽驱油藏工程研究,形成了拟稳态有效加热半径理论,突破了蒸汽吞吐转蒸汽驱的原油黏度、渗透率下限,建立了浅层稠油蒸汽驱筛选新标准(表4-6)。

表4-6 浅层稠油蒸汽驱新旧标准对比

油藏分类		地层温度下脱气原油黏度/(mPa·s)	含油饱和度/%	渗透率/μm²	井网	井距/m	开发方式
原筛选标准	普通、特稠油	< 20000	> 45	> 0.5	反九点	100	吞吐+蒸汽驱
新筛选标准	普通稠油	< 20000	> 40	> 0.3	反九点	100	吞吐+蒸汽驱
	特稠油	20000~50000	> 45	> 0.3	反九点	70	吞吐+蒸汽驱
	超稠油	> 50000	> 45	> 0.3	反九点	50	吞吐+蒸汽驱

1. 原油黏度

黏度曲线上拐点温度与原油黏度存在着明显的关系,原油黏度越高,拐点温度就越高。

这说明在同样的温度下,黏度越高,原油在地下的流动性越差。根据数值模拟结果,蒸汽驱油汽比与原油黏度、油层厚度间有着密切的关系,蒸汽驱油汽比随黏度增加、厚度减小而降低(图4-29)。

在蒸汽驱开发实践初期,对于油层厚度为10m的油藏,油汽比大于0.15,原油黏度极限值是10000mPa·s。随着油层厚度的增加,虽然原油黏度可增大到50000mPa·s,但采收率只有20%左右,经济上风险性比较大。美国克恩河等22个蒸汽驱成功油田的实际统计结果表明,油汽比大于0.15,原油黏度的极限值小于10000mPa·s,采收率变化为21%~38%。对于原油黏度为10000~50000mPa·s的稠油油藏,采取先进行先导性试验再扩大开发规模的措施。根据一系列现场实践及理论研究,建立和发展了蒸汽吞吐有效加热半径理论,在合适的井网形式和合理井距条件下,转蒸汽驱原油黏度的下限可由50000mPa·s拓宽到500000mPa·s。

2. 油层厚度、纯厚度与总厚度的比值

油层厚度不但直接影响油井采油量的多少,而且还会影响到蒸汽驱的热效应。根据数值模拟计算研究结果可知,油层顶底界的热损失与油层厚度、注汽时间密切相关。

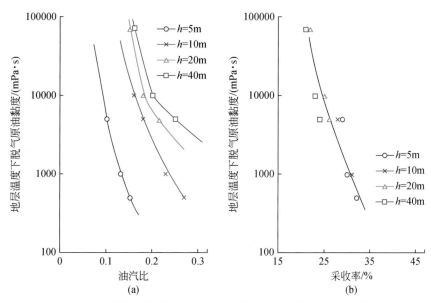

图 4-29　蒸汽驱油汽比（a）、采收率（b）与原油黏度关系图

h- 油层厚度

随着油层厚度的减小、注汽时间的增长，热损失逐渐加大。图 4-30 表示的是油层厚度、纯厚度与总厚度的比值对原油油汽比的影响。为确保蒸汽驱油汽比大于 0.15，油层厚度必须大于 10m，相应的纯厚度与总厚度之比必须大于 0.5。蒸汽驱时对油层厚度的要求还受到原油黏度的约束，对于原油黏度为 10000mPa·s 的稠油油藏，油层厚度需大于 10m。对于油层厚度为 10 ～ 15m 的油井，射孔跨度应小于 33m，对应的纯厚度与总厚度之比值为 0.5 ～ 0.3。

3. 孔隙度、含油饱和度及含油量

孔隙度、含油饱和度及含油量这 3 项参数均标志着油层单位体积原油的富集程度。显然三者越大，原油容量越大，蒸汽驱产量越高，油汽比也越高。图 4-30、图 4-31 表明蒸汽驱油汽比与油层厚度、孔隙度的关系。可见，对于油层厚度为 10m 的油层，油汽比大于 0.15，孔隙度高于 0.2。根据克拉玛依油田样品室内热驱实验结果，孔隙度下限可定为 0.22，含油饱和度界限为 0.45，含油量界限（$\Phi \times S_o$）为 0.12。国外实际资料统计结果表明，孔隙度下限为 0.2，含油饱和度界限为 0.4，含油量（$\Phi \times S_o$）为 0.125，二者基本相近。

4. 渗透率

为保证高黏度稠油油藏在蒸汽驱过程具有较高的注汽速度，又不至于超过油层破裂压力，要求油藏必须要有一定的油层渗透率，根据国外油田的资料统计，蒸汽驱成功油田的油层渗透率下限值为 0.3μm²。

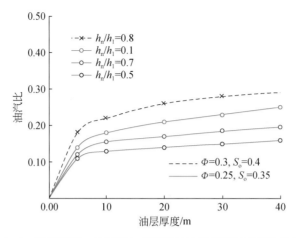

图 4-30　油层厚度、纯厚度与总厚度的比值对原油油汽比的影响

h_n- 油层纯厚度；h_1- 油层总厚度

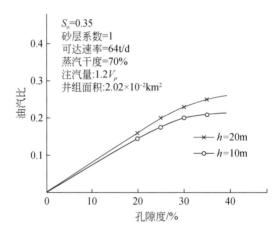

图 4-31　蒸汽驱孔隙度 - 油汽比关系图

5. 油层深度

对于蒸汽驱，油层深度不宜太深或太浅。油层太浅，由于受到注入压力的限制，注汽速度低、温度低，开发效果必然差；而注蒸汽开采的最大深度除了受到注汽设备条件的限制外，井深井筒热损失大，井底干度低，也将影响开发效果。根据中国石油勘探开发研究院的研究结果，目前适用于蒸汽驱的深度范围为 150 ～ 1400m。

第三节　蒸汽驱开发综合调控技术

一、大井距蒸汽驱开发简况

新疆浅层稠油油藏自 1984 年九₁区注蒸汽热采起至今已陆续开发了九₁区、九₂区、九₃区、九₄区、九₅区、九₆区、九₇₊₈区、九₉区、J230 井区、六₁区、六东区、克浅 10 区、克浅 109 区、红山嘴油田、风城油田等十多个层块，形成了大规模工业性热采局面，通过先开辟蒸汽驱试验区、再扩大规模，形成了 489 井组的蒸汽驱开发规模。

其中，九₁—九₅ 区齐古组稠油油藏是最早转入蒸汽驱开发的区块。从 1984 年陆续投入注蒸汽开发以来，到 1992 年已全部投入开发，累积动用含油面积 13.4km²，地质储量 3635×10⁴t，投产总井数为 1228 口（表 4-7）。

表 4-7　九₁—九₅ 区齐古组油藏生产井数统计表

区块	总井数/口	吞吐井/口	转蒸汽驱井		
			采油井/口	注汽井/口	合计/口
九₁	193		145	48	193
九₂	172	33	108	31	139
九₃	245	13	170	62	232
九₄	349	119	178	52	230
九₅	269	182	71	16	87
总计	1228	347	672	209	881

截至 1996 年底，累积注汽量为 2190.5×10⁴t，累积产油量为 686.5×10⁴t，累积产液量为 1936.0×10⁴t，累积油汽比为 0.313，产水率为 88.4%，综合含水率为 73.8%，采出程度为 18.9%。其中蒸汽吞吐累积注汽量为 1327.9×10⁴t，累积产油量为 555.6×10⁴t，累积产液量为 1061.3×10⁴t，累积油汽比为 0.418，产水率为 79.9%，综合含水率为 65.6%，采出程度为 15.3%（表 4-8）。

表 4-8　九₁—九₅ 区齐古组蒸汽吞吐开发数据表（截至 1996 年底）

区块	累积注汽量/10⁴t	累积产油量/10⁴t	累积产液量/10⁴t	综合含水率/%	产水率/%	采注比	地层亏空/10⁴m³	累积油汽比	采出程度/%
九₁	223.6	131.9	149.8	53.2	67.0	1.26	72.9	0.590	23.2
九₂	163.7	55.0	81.5	59.7	49.8	0.83	-20.9	0.336	10.9
九₃	261.1	94.6	157.7	62.5	60.4	0.97	1.13	0.362	13.7
九₄	429.1	145.7	426.9	74.6	99.5	1.33	157.9	0.340	13.5
九₅	250.4	128.4	245.4	65.7	98.0	1.49	146.0	0.513	16.3
	1327.9（总计）	555.6（总计）	1061.3（总计）	65.6（平均）	79.9（平均）	1.22（平均）	357.03（总计）	0.418（平均）	15.3（平均）

该区于 1991 年 8 月开始陆续转入了大面积蒸汽驱生产，采用 100m×140m 反九点井网开发，相对于后期技术发展的井距而言，称之为大井距。目前，除九₂ 区西部外，九₁—九₃ 区已全部转入蒸汽驱生产，九₄、九₅ 区部分井组也转入了蒸汽驱生产。蒸汽驱井组 209 个，相关采油井 672 口。累积注汽量为 862.8×10⁴t，累积产油量为 131.1×10⁴t，累积产液量为 874.7×10⁴t，综合含水率为 87.0%，采出程度为 3.6%，累积油汽比为 0.152，采注比为 1.17（表 4-9）。

表4-9　九₁—九₅区齐古组蒸汽驱开发数据表（截至1996年底）

区块	累积注汽量 /10⁴t	累积产油量 /10⁴t	累积产液量 /10⁴t	综合含水率 /%	产水率 /%	采注比	地层亏空 /10⁴m³	累积油汽比	采出程度 /%
九₁	259.8	43.5	296.6	87.2	114.1	1.31	85.1	0.167	7.7
九₂	133.8	24.9	136.2	84.6	101.8	1.20	30.2	0.186	4.9
九₃	285.6	28.7	261.3	90.1	91.5	1.02	7.4	0.101	4.1
九₄	137.1	22.6	143.0	86.4	104.3	1.21	30.7	0.165	2.1
九₅	46.5	11.4	37.6	76.8	81	1.05	3.6	0.244	1.4
	862.8（总计）	131.1（总计）	874.7（总计）	87.0（平均）	101.4（平均）	1.17（平均）	157.0（总计）	0.152（平均）	3.6（平均）

1996年该区共注汽272.8×10⁴t，产油50.3×10⁴t，产液329.6×10⁴t，油汽比为0.184，含水率为86.8%，采油速度提高了1.38%。

大井距蒸汽驱生产特征主要表现为以下5点。

（1）注采井距大，注汽速度低，排液量小，采注比低。

该区齐古组油藏转入蒸汽驱生产后，基本上全部采用100m×140m井距的反九点井网生产。除九₅区外，注汽速度均保持在20～41t/d，仅为方案设计的50%左右。注汽速度低，热损失大，很难使注采井间形成热连通，同时，蒸汽吞吐时地下亏空较大，从而使油井排液量低，采注比下降。据统计，九区大部分区块的采注比在1.0左右，平均为1.08，比数值模拟计算最佳采注比1.2要小0.12。因此，九区齐古组油藏在转入蒸汽驱后，实际上仅维持了一种低水平的注采平衡。

（2）油层压力、温度回升慢。

理论计算结果表明，该区齐古组稠油油藏注汽速度为30～40t/d时，蒸汽前缘基本上维持在井筒附近30m范围内。由此可知，在这种低速注汽情况下，油层温度将不会明显上升。九₂区观察井J226井测试资料表明，其临近注汽井92079井的注汽速度为20～40t/d，J226井的温度基本上保持在40℃以下，油层压力上升也比较慢，从1991年12月连续注汽至1993年6月，油层压力仅从0.6MPa上升至1.2MPa左右。

（3）油井产量低、含水率高，蒸汽驱见效井少。

理论上讲，从蒸汽吞吐转入蒸汽驱生产，在经过一段时间的能量补充、油层加热后，油井将出现产液量和产油量上升、含水率下降等蒸汽驱见效反应。但该区井距大、注汽速度低，油层温度和压力上升缓慢或基本不变，从而使大部分油井未见到蒸汽驱效果，整体呈现为单井产油量低、含水率高的生产局面。据统计，九区齐古组油藏在蒸汽驱阶段，平均单井日产油只有1.0t左右，综合含水率均在75%以上，最高可达90%（九₃区），平均为86.7%，比吞吐阶段高出约20%。从单井生产情况看，蒸汽驱反应差异很大，以单井动态日产油量（q_o）和含水率变化为依据，将油井大致分为3类（表4-10）。

表 4-10　九₁—九₅ 区齐古组井类动态资料统计表

区块	井数/口	I 类井（$q_o \geqslant 2.5t$）				II 类井（$1t \leqslant q_o < 2.5t$）				III 类井（$q_o < 1t$）			
		日产油量/t	含水率/%	井数/口	井数比例/%	日产油量/t	含水率/%	井数/口	井数比例/%	日产油量/t	含水率/%	井数/口	井数比例/%
九₁	145	3.2	77	21	14.5	1.20	78	68	46.9	0.60	95	56	38.6
九₂	107	2.71	70	12	11.1	1.62	85	64	59.3	0.63	94	31	28.7
九₃	170	3.50	71	12	7.1	1.49	87	57	33.5	0.64	94	101	59.4
九₄	179	3.11	72	12	6.7	1.38	86	113	63.5	0.81	90	54	30.3
九₅	71	4.15	62	31	43.7	1.77	86	32	45.1	0.59	94	8	11.3
合计	672	3.49	70	88	13.1	1.49	84	334	49.7	0.65	93	250	37.2

注：q_o 为日产油量。

I 类井为蒸汽驱见效井。其动态特征表现为：经过一段时间的能量补充后，油井日产油量大幅度上升，含水率明显下降，并能保持一定时间的高水平生产。例如，九₅区的 95197 井（图 4-32），于 1994 年 5 月转入蒸汽驱生产，3 个月后，单井日产油由初期的 1.0t 左右上升到了 7.0t 左右；含水率则由 90% 下降到了 30% 左右，持续稳产约 8 个月。据统计，九₁—九₅ 区的 672 口蒸汽驱采油井中，属于 I 类井的生产井有 92 口，占总井数的 13.1%，其产油量却占蒸汽驱总产油量的 21.1%，平均单井日产油 3.49t，含水率 70%。其中，近三分之一的井（31 口）分布在九₅ 区，占九₅ 区蒸汽驱采油井的 43.7%。该类井主要分布在河道微相和心滩微相。

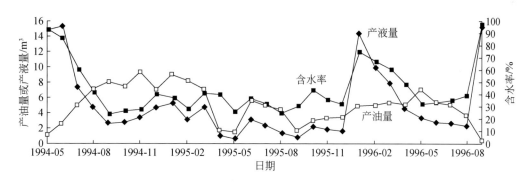

图 4-32　95197 井蒸汽驱开发曲线

II 类井为蒸汽驱见效反应井。其动态特征表现为：在经过一段时间的能量补充后，产油量上升，含水率有所下降，或者表现为产油量上升，含水率也上升。与 I 类井相比，它的另一特点是，产油量上升后，稳产期短，很快递减到原来水平。该类井代表了大部分蒸汽驱生产井的特征，其典型代表井如 95030 井和 94205 井（图 4-33、图 4-34）。据统计，该类井有 334 口，占总井数的 49.7%，主要分布在九₁、九₂ 和九₄ 区，平均日产油 1.49t，含水率为 84%。在不同沉积相带均有分布。

III 类井为蒸汽驱完全不见效井，其动态特征表现为：在长期蒸汽驱后，油井产液量、产油量一直低而不升，其典型代表井如 94140 井（图 4-35）。该类井有 250 口，占生产井总数的 37.2%，平均日产油为 0.65t，含水率为 93%。从区块而言，九₃区所占的比例最大，这类井占到了九₃区生产井总数的 59.4%。从地质方面分析，这类井主要位于含地层水区或注采井网不完善区。

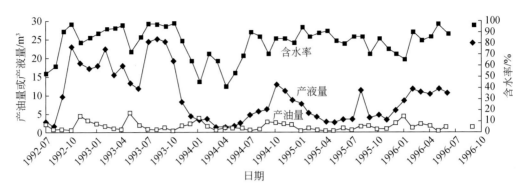

图 4-33　95030 井蒸汽驱开发曲线

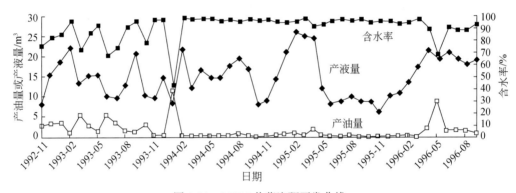

图 4-34　94205 井蒸汽驱开发曲线

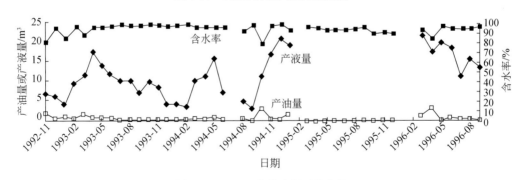

图 4-35　94140 井蒸汽驱开发曲线

（4）油汽比低，采油速度小，采收率低。

九₁—九₅区在蒸汽吞吐阶段，油汽比均较高，累积油汽比为 0.39。蒸汽驱生产后，油汽比明显下降，累积油汽比仅有 0.14。即使效果较好的九₅区油汽比也只有 0.22。由于大部分油井蒸汽驱未见效，采油速度也很小，除九₅区采油速度达到 2.0% OOIP 以上外，其余各区块的蒸汽驱采油速度均在 1.0% 左右，九$_3$ 区 1991 ～ 1995 年采油速度一直在 1.0% OOIP 以下。1996 年可采储量标定结果表明，该区在目前井网形式下的蒸汽驱采收率仅为 6.7% ～ 9.1%，与国外蒸汽驱成功油田相比，差距较大。

（5）蒸汽驱生产可明显划分为 4 个阶段，蒸汽前缘突破后，采用间歇蒸汽驱能明显改善蒸汽驱开发效果。

蒸汽驱生产效果较好的九$_1^2$ 区和九$_5$ 区蒸汽驱开发可明显划分为 4 个阶段：补充能量阶段、均衡蒸汽驱阶段、调整稳产阶段和快速递减后的低产阶段。补充能量阶段一般为 3 ～ 5 个月，其动态特征为产油量低、含水率高。均衡蒸汽驱阶段，即油井见效后的高产稳产阶段，其动态特征为产油量上升且稳定，含水率下降，油汽比提高。调整稳产阶段的出现主要是受储层非均质性的影响，蒸汽发生不均匀推进，使部分井出现了汽窜干扰，采取控关汽窜井等措施后，仍可维持整个区块的相对高产。快速递减后的低产阶段，表现为单井产油量低、含水率高、递减慢。在出现快速递减后，采取间歇蒸汽驱方式生产，可明显改善开发效果。九$_1^2$ 区在采取间歇蒸汽驱后，单井平均日产油量由 0.7t 左右上升到了 1.0t 以上，区块月采油量由 4000t 左右上升到了 5000t 以上，油汽比由 0.1 左右上升到了 0.2。

综上所述，低压蒸汽驱可划分为"预热连通、蒸汽驱替、蒸汽突破、蒸汽剥蚀"4 个开发阶段。本书建立了基于这个特征规律的、形成以蒸汽均衡驱替为目标的蒸汽驱动态调控技术系列。

二、加密调整技术

（一）加密井网井距优化

在历史拟合的基础上，笔者模拟对比了各小区以目前井网形式继续生产、加密为 70m×100m 和 50m×100m 井距 3 种情况（表 4-11）。

（1）以目前井网形式继续生产，虽然采出程度也在缓慢增加，但采油速度低、油汽比低，绝大部分时间的生产油汽比都在 0.15 以下，效果较差。

（2）加密为 70m×100m 井距，可在目前的基础上提高采出程度 19.0% ～ 33.0%，油汽比可达 0.162 ～ 0.189。

（3）加密为 50m×70m 井距，可在目前的基础上提高采出程度 25.1% ～ 38.7%，油汽比可达 0.162 ～ 0.182。

表 4-11　九$_1$—九$_5$ 区不同加密方式模拟结果对比表

分区	加密为 70m×100m		加密为 70m×50m	
	油汽比	采出程度增量 /%	油汽比	采出程度增量 /%
九$_1$	0.162	19.0	0.162	25.1
九$_2$	0.173	25.1	0.167	31.6
九$_3$	0.162	21.4	0.160	28.7
九$_4$	0.169	23.2	0.165	31.0
九$_5$	0.189	33.0	0.182	38.7

由此可见，实施加密井网井距开发可较大幅度提高该区的原油采收率。对比两种加密方式可以看出，尽管加密为50m×70m井距的采出程度较高，但仅比加密为70m×100m井距的方式高6.1%～7.8%，而所需加密井数是70m×100m井距的3倍，且油汽比也较低，综合效益较差。因此，选择70m×100m井距的加密方式是经济可行的。

缩小井距可提高注采井井间温度，充分发挥蒸汽驱的效果。将九₁—九₅区目前井网加密为70m×100m井距后，其生产井网形式主要有两种，即70m×100m井距反九点井网和70m×100m井距反五点井网。数值模拟研究结果表明，加密后以反九点井网形式生产，其效果好于反五点井网，采出程度高出1.2%～4.3%，油汽比也略高（表4-12）。另外，采用反九点井网形式生产，地面设施改造工程量小，今后调整余地大。因此，确定将九₁—九₅区目前井网加密为70m×100m反九点井网。

表4-12 九₁—九₅区加密为70m×100m井距不同井网形式模拟结果对比表

区块	反五点		反九点	
	油汽比	采出程度增量/%	油汽比	采出程度增量/%
九₁	0.162	17.1	0.162	19.0
九₂	0.170	22.6	0.173	25.1
九₃	0.160	19.8	0.162	21.4
九₄	0.166	22.0	0.169	23.2
九₅	0.182	28.7	0.189	33.0

（二）加密注采参数优化

（1）由蒸汽驱筛选标准可知，只要井网井距合理、在不同原油黏度有效加热半径条件下井间能够形成热连通，均可转蒸汽驱开发。九₁—九₅区加密后全部采用蒸汽驱方式开采。九₁—九₅区的最佳转蒸汽驱时机为：九₁—九₃区以新井吞吐1个周期后，转入反九点井网进行蒸汽驱开发的效果较好；而九₄区和九₅区则以老井直接转入反九点井网蒸汽驱，新井吞吐1个周期为佳。

从数值模拟结果可以看出（表4-13），虽然连续蒸汽驱可以较大幅度提高采出程度，但油汽比较低。根据多年的研究和生产实践，在蒸汽驱生产的中后期采用间歇蒸汽驱可以明显地改善开发效果。当连续蒸汽驱使油层积累了一定能量之后，进行间歇蒸汽驱，开发效果较好。各区不同时机转间歇蒸汽驱的结果为：九₁区连续蒸汽驱600d后、九₂区连续蒸汽驱900d后、九₃区连续蒸汽驱600d后、九₄区连续蒸汽驱900d后、九₅区连续蒸汽驱800d后。若个别井组在此时间之前已发生了全面蒸汽突破，则可提前转间歇蒸汽驱。

表4-13 九₁—九₅区井网加密为70m×100m不同生产方式效果对比表

区块	连续蒸汽驱		连续+间歇蒸汽驱	
	油汽比	采出程度增量/%	油汽比	采出程度增量/%
九₁	0.162	19.0	0.175	19.5

续表

区块	连续蒸汽驱		连续 + 间歇蒸汽驱	
	油汽比	采出程度增量 /%	油汽比	采出程度增量 /%
九$_2$	0.173	25.1	0.186	25.7
九$_3$	0.162	21.4	0.168	21.8
九$_4$	0.169	23.2	0.178	25.1
九$_5$	0.189	33.0	0.201	33.1

（2）连续蒸汽驱注汽速度和采注比。数模研究结果表明，加密为 70m×100m 反九点井网后，连续蒸汽驱时，各区的最佳注汽速度分别为：九$_1$ 区 50t/d、九$_2$ 区 55t/d、九$_3$ 区 50t/d、九$_4$ 区 55t/d、九$_5$ 区 50t/d。研究结果表明，蒸汽驱采注比为 1.2 ～ 1.5 时效果最好。

（3）间歇蒸汽驱注汽速度。九$_1$—九$_5$ 区间歇蒸汽驱阶段的最佳注汽速度分别为九$_1$ 区 70t/d、九$_2$ 区 60t/d、九$_3$ 区 60t/d、九$_4$ 区 65t/d、九$_5$ 区 60t/d。

（4）间歇蒸汽驱间歇时间。这次数值模拟仅对注、停时间相等的对称型间歇蒸汽驱进行了研究，结果表明该区间歇时间以 2 ～ 3 个月为宜。

（三）射孔井段优化研究

1. 数值模拟研究

本书对油藏不同"水淹"状况下加密井的射孔问题进行了跟踪数值模拟研究。研究结果表明，随着加密井"水淹"层剩余油饱和度的降低，"水淹"层射开与不射开的产油量比值在减少，当"水淹"层含油饱和度低于 45% 时，"水淹"层只射开 1/2 时的开发效果好于全部射开时的开发效果；当"水淹"层剩余油饱和度太低时，射开的副作用大于它对产量的贡献。为此，加密井射孔时应根据有效厚度、剩余油饱和度及纵向水淹程度分布等，相应地采用射开油层下部 2/3 或 1/2 的方式。

本书根据该区剩余油分布规律和油藏跟踪数值模拟研究结果，结合加密试验区动态分析，制定出加密井射孔的原则如下所述。

（1）原则上新井与老井（注汽井）对应射孔，单井射孔厚度不小于 5m。

（2）加密井射孔时要与邻井的测井曲线进行对比，若岩性无变化且电阻率值经校正后，降低幅度大于 50% 的层段原则上不射。

（3）射孔起射厚度为 1m，射孔井段夹层起扣厚度为 0.5m。

（4）有效厚度小于 10m、电阻率值无明显降低时（与老井对比电阻率下降幅度低于 20%），应全部射开。

（5）有效厚度为 10 ～ 15m，油层中、下部电阻率无明显降低时，只射油层（中下部）的 2/3；若油层中、下部电阻率有明显降低，射孔井段应往上移，为 J$_3$q$_2^{2-3}$ 层的中 - 强水淹层或可能存在的地下封存水留出一段距离不射。

（6）为保证新井的投产效果，电阻率值小于40Ω·m、地层密度大于2.28g/cm³的层段，原则上不射。若全井段地层电阻率值均较低，则射孔井段电阻率值下限可适当降低。

（7）对J₃q₃油层较发育、且有效厚度大于5m的加密井，先射开J₃q₃油层，J₃q₂²油层暂不射、待上返。

2. 动态分析射开程度的影响

射开程度指射开厚度与有效厚度之比，从表4-14可以看出，加密井平均有效厚度在10～15m时，射开程度控制在0.8～0.9时生产效果较好。而射开程度大于1时，隔层、顶底盖层及多射非油层射开程度较大，必然造成热效率降低，生产效果相对变差。该区大部分加密井平均有效厚度在10m以上，统计分析认为，加密井平均有效厚度在10～15m时，射开程度控制在0.8～0.9可取得最佳的生产效果。

表4-14　九区齐古组加密井不同射开程度生产效果对比表

统计井数/口	平均有效厚度/m	平均射孔厚度/m	射开程度	采油量/t	平均生产天数/d	平均日产油量/t	综合含水率/%
14	13.2	14.1	1～1.1	585	235	2.5	73
18	12.2	11.0	0.9～1	968	255	3.7	70
11	13.0	11.5	0.8～0.9	1019	250	4.0	68
6	12.0	9.0	小于0.8	645	250	2.6	75

3. 纵向补层射孔优化研究

该区大面积加密以后，根据加密井生产效果及纵向油层分布情况，对开发井进行了纵向补层射孔优化研究，主要对J₃q₃层和J₃q₂层、J₃q₂层和J₃q₁层重叠区域的开发井采取上返、补层等措施。

该区1999年开始补层，共实施237口井，见效220口井。第一阶段为1999～2001年，大规模进行J₃q₃层上返J₃q₂层，且补层效果显著。第二阶段为2002年，J₃q₂层补层效果变差，J₃q₁层补层效果较好。第三阶段为2003年，多种类型并举，为寻找补层潜力试验阶段。

1）第一阶段（1999～2001年）

九₁—九₅区齐古组油藏自下而上发育有J₃q₃、J₃q₂、J₃q₁三套砂层组，其中在九₃、九₄、九₅区的部分地区，J₃q₂、J₃q₃油层重叠发育。1999～2001年，对J₃q₃层生产井中发育的J₃q₂层油层段进行大规模补层，效果显著。3年累积补层136口井，见效126口井，措施有效率92.6%，平均单井当年日增油量2.9t（表4-15）。

表 4-15 九₁—九₅区补层井新增油量情况表

年份	参数	区块					小计
		九₁	九₂	九₃	九₄	九₅	
1999	措施井数 / 口					19	19
	当年增产油量 /t					4673	4673
	日增产油量 /[t/（d·井）]					1.6	1.6
2000	措施井数 / 口	1		2	34	12	49
	当年增产油量 /t	142		356	19352	9107	28957
	日增产油量 /[t/（d·井）]	1		1.2	3.8	5.1	2.8
2001	措施井数 / 口	1		10	13	44	68
	当年增产油量 /t	0		5810	4391	16603	26804
	日增产油量 /[t/（d·井）]	0		3.7	2.2	2.8	2.9
2002	措施井数 / 口	2	13	4	3	38	60
	当年增产油量 /t	40	6416	1806	688	8368	17318
	日增产油量 /[t/（d·井）]	0.5	4.2	2.6	1.5	1.4	2.0
2003	措施井数 / 口	10	10	9	2	10	41
	当年增产油量 /t	953	3049	621	97	2164	6884
	日增产油量 /[t/（d·井）]	0.7	2.2	0.9	0.5	2.8	1.4
小计	措施井数 / 口	14	23	25	52	123	237
	当年增产油量 /t	1135	9465	8593	24528	40915	84636

2）第二阶段（2002 年）

2002 年 J_3q_2 层补层效果差，J_3q_1 层补层效果较好。由于按"先肥后瘦"的原则补层，2002 年 J_3q_2 层补层效果与前 3 年相比较差。九₂区部分地区 J_3q_1、J_3q_2 层油层重叠发育，2002 年对发育的 J_3q_1 油层进行补层，效果较好。2002 年补层 60 口井，见效 57 口井，平均单井当年日增油量 1.9t，与前 3 年相比，效果变差。但是其中九₂区补射 J_3q_1 层 14 口井，见效 13 口井，平均当年日增油量 2.0t，效果较好。

3）第三阶段（2003 年）

2003 年补层的目的，除了上产外重要的是开展寻找补层潜力的试验。对九₁—九₅区 J_3q_1 层补层、九₃区 J_3q_2 层补孔、九₃区 J_3q_3 层补层（探边）、九₃区 J_3q_3 层回采、九₃区—九₄区 J_1b 层、$J_1b+J_3q_3$ 层补层（探边）和九₂区 T_2 层补层 7 种情况进行了试验。

三、分类分治技术

1. 蒸汽驱井组动态分类

为了便于对蒸汽驱油藏进行全面调整，根据油层地质条件及历年转蒸汽驱井组的动态特征，对蒸汽驱井组进行了分类，分类原则如下所述。

（1）以油藏地质条件为基础，选取了能代表油层物性条件的静态参数，如将沉积相带、韵律、有效厚度、20℃时的原油黏度、渗透率等作为分类的主要静态参数。

（2）以蒸汽驱井组的动态特征为主要标志，选取了能代表开发效果的日产油水平、综合含水率、蒸汽驱过程中是否发生水淹水窜、温度压力、C/O等测试特征及井组储量动用状态参数作为蒸汽驱油藏的动态分类标志。

根据历年转蒸汽驱井组的动态特征及油层条件，将蒸汽驱井组分为以下4种类型（表4-16）。

表4-16　蒸汽驱井组分类表

类型		类名	有效厚度/m	20℃时的脱气原油黏度/（mPa·s）	转蒸汽驱前变化周期	治理前日产水平/t	治理前综合含水率/%
1		见效井组	＞10	＜20000	3～4	＞4.0	＜85
2		未见效井组	5～10	＜20000	＜4	＜4.0	90
3		水淹汽窜井组	＞5	＜20000	6～8	＜4.0	＞90
4	（1）	产地层水井组	＞5	＜20000		＜2.0	＞95
	（2）	薄油层井组	＜5	＜20000		＜2.0	
	（3）	高黏井组	＞5	＞20000		＜2.0	

2. 控关调控

1）蒸汽驱采取控关水淹井

本书对汽窜通道上的水淹井，分别模拟了采取控关、间歇蒸汽驱措施生产效果对比（图4-36），可以看出，生产效果均能得到不同程度的改善，采取控关措施，井组采出程度可增加2.7%。

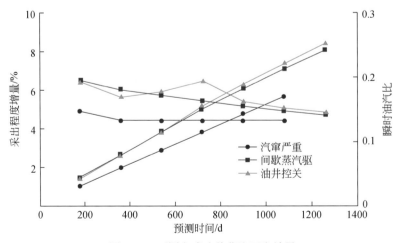

图4-36　不同方式改善蒸汽开发效果

2）油井控关时间

本书模拟对比了汽窜严重的采油井分别控关 30d、60d、90d、120d、150d 对生产效果的影响（图 4-37），可以看出，以控关 90 ～ 120d 为宜。

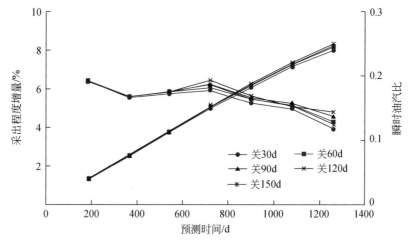

图 4-37　控关油井不同控关时间对生产效果的影响

3）控关油井时注汽井的注汽速度

本书模拟对比了对汽窜严重的采油井进行控关时注汽井的注汽速度分别为 40t/d、50t/d、60t/d 三种情况的采出程度增量和瞬间油气比（图 4-38、图 4-39），可以看出，注汽速度以 50t/d 为宜。

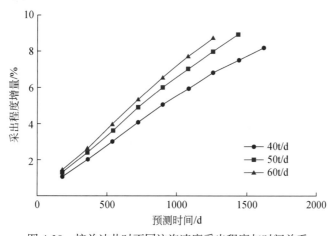

图 4-38　控关油井时不同注汽速度采出程度与时间关系

3. 吞吐引效

数值模拟结果表明，蒸汽驱阶段对吞吐轮次较低的未见效井进行吞吐诱导效果较好，而吞吐轮次高的未见效井继续吞吐效果较差，六、九区蒸汽驱生产现场一直开展对未见效井的吞吐引效治理工作，吞吐引效可扩大有效加热半径，加速油层热连通，提高平面波及系数。共实施吞吐引效 1069 井次，累积增油 11.8 万 t，平均单井增油 125t。

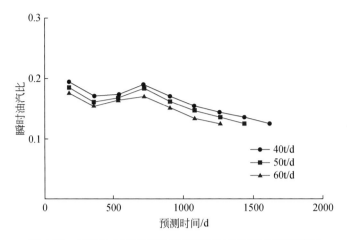

图 4-39　控关油井时不同注汽速度瞬时油汽比与时间关系

4. 间歇注汽

在蒸汽驱开发过程中，适时对注汽井采用高、低速交替注汽和间歇注汽，通过注汽速度、方向的交替变化，扩大蒸汽波及体积，提高油层动用程度。同时形成不稳定的压降，促使油层出现无油藏压力的自吸反驱作用，液流量发生重力分异和闪蒸，使热量有较充分的时间和空间在油藏中通过传导和对流而重新分布，将更多油量驱替到井底，达到改善蒸汽驱效果的作用。本书运用数值模拟技术根据不同类型井组的蒸汽驱生产特点，重点进行了三种模式、五种间注方式研究蒸汽驱最佳注汽方式，以指导生产应用。

模拟对比研究三种蒸汽驱开发模式分别为：模式一，转蒸汽驱后连续注汽；模式二，转蒸汽驱后立即间注；模式三，见效后间注（表 4-17）。

表 4-17　不同注汽模式模拟结果对比表

项目	累积产油量 /10³t	累积产液量 /10³t	累积注汽量 /10³t	累积油气比
转蒸汽驱后连续注汽	41.29	183.47	190.12	0.22
转蒸汽驱后立即间注	35.42	84.54	120.88	0.29
转蒸汽驱见效后间注	37.61	119.69	123.97	0.30

从模拟结果来看：转蒸汽驱后连续注汽时，随着注汽速度加大，蒸汽驱见效时间提前，同时汽窜加快，尽管采出程度较高，但油汽比最低。转蒸汽驱后立即间注与转蒸汽驱后连续注汽比较，蒸汽驱见效时间推迟较多，但见效时间长，油汽比提高，采出程度较低。转蒸汽驱见效后间注的效果最明显，产油水平提高，生产持续稳定，油汽比与采出程度相对较高。

因此蒸汽驱开采采取转蒸汽驱见效后间注的模式三效果最佳。

在对蒸汽驱开发模式优化的基础上，对五种间注方式作了比较，如下所述。

（1）方式一：注 30d，停 30d。

（2）方式二：注 30d，停 60d。

（3）方式三：注 60d，停 30d。

（4）方式四：注 60d，停 60d。

（5）方式五：注 60d，停 90d。

分别以 45t/d、50t/d、60t/d、75t/d 的注汽速度进行模拟，并对间注时机进行优选。模拟结果表明：以 60t/d 的注汽速度的方式四间注的效果最好（图 4-40、图 4-41）。

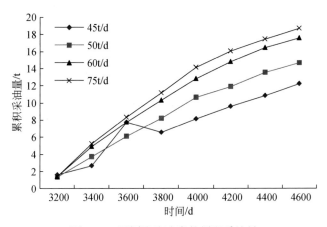

图 4-40　不同注汽速度的累积采油量

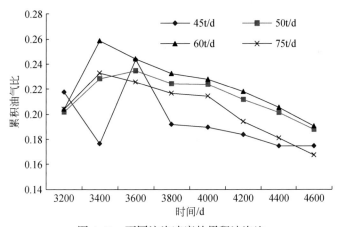

图 4-41　不同注汽速度的累积油汽比

由于转蒸汽驱过晚，在蒸汽驱见效后，应采取间注，间注周期为 60d，注汽速度为 60t/d，并在间注过程中采取控关边井、封堵高渗透层等措施。但在井网加密后，由于各区不同生产阶段油层的变化，除了要把握好蒸汽驱间歇注汽的时机外，更主要的是要掌握好间歇注汽的周期。

四、分层注汽技术

1. 蒸汽驱纵向动用状况及潜力分析

本书对九$_6$区蒸汽纵向动用状况进行了统计分析：九$_6$区齐古组油井 $J_3q_2^{2-1}$、$J_3q_2^{2-2}$、$J_3q_2^{2-3}$ 小层油层系数百分数依次为 58.9%、33.0% 和 8.1%，吸汽、产油剖面测试显示，

$J_3q_2^{2-1}$、$J_3q_2^{2-2}$、$J_3q_2^{2-3}$ 小层自上而下吸汽和产油能力依次减弱，其中吸汽量百分数同井点对比 4 口井，$J_3q_2^{2-1}$、$J_3q_2^{2-2}$、$J_3q_2^{2-3}$ 小层吸汽量体积分数依次为 58.7%、36.6%、4.7%；产油量质量分数同井点对比 12 口井，$J_3q_2^{2-1}$、$J_3q_2^{2-2}$、$J_3q_2^{2-3}$ 小层产油量质量分数依次为 51.9%、27.9%、20.2%（图 4-42）。分析认为，$J_3q_2^{2-3}$、$J_3q_2^{2-2}$、$J_3q_2^{2-1}$ 小层自下而上采出程度随油层系数的增加而增高，$J_3q_2^{2-3}$、$J_3q_2^{2-2}$、$J_3q_2^{2-1}$ 小层平均采出程度分别为 30.3%、31.0%、34.7%，$J_3q_2^{2-1}$ 采出程度最高。

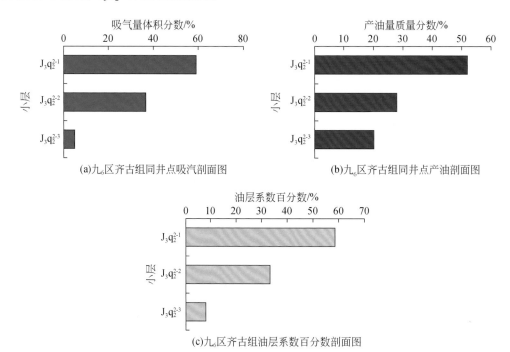

图 4-42　九$_6$区齐古组（J_3q_2）同井点吸汽、产油和油层系数百分数剖面

纵向潜力分析：剩余油饱和度随采出程度的变化而变化，$J_3q_2^{2-3}$ 小层采出程度低，平均含油饱和度由初期的 66.6% 下降至目前的 47.5%，下降了 19.1%；$J_3q_2^{2-2}$ 小层采出程度居中，平均含油饱和度由初期的 71.7% 下降至目前的 50.1%，下降了 21.6%；$J_3q_2^{2-1}$ 小层采出程度较高，平均含油饱和度由初期的 76.9% 下降至目前的 47.8%，下降了 29.1%。

2. 蒸汽驱分注选井原则

在充分考虑油层潜力及现场实施可行性等多个因素条件下，确定的分层注汽试验井选井原则如下。

（1）优选纵向上油层射孔跨度在 3m 以上且隔夹层发育的油汽井进行试验。

（2）结合吸汽剖面、产油剖面测试结果，优选层间吸汽强度和产液动用状况极不均衡的油汽井进行试验。

（3）优选低轮次、具备低动用潜力层的油汽井进行试验。

3. 蒸汽驱同心管分层注汽技术

蒸汽驱同心管分层注汽技术管柱由隔热油管、内管、封隔器等组成，封隔器封隔上、下待注汽层，内管插入封隔器，内管注下层，内外管环空注上层；高温密封插管长度可调，管柱不受井深限制，若高温密封插管密封失效，更换密封组件时只需提出内管更换即可；同时，在井口安装蒸汽计量装置，实现调试、计量均在地面进行，准确可靠。

现场试验时，下入封隔器，坐封、丢手，提出封隔器坐封工具；下入外管，坐同心管井口下半部分；按井深配好插管长度，下入内管，当定位接头碰到封隔器中心管定位台阶时，上提内管使密封插管的最下部高温密封组件在封隔器中心管内（下部1/3）即可，坐同心管井口上半部分；试压密封合格后，连接地面管汇，即可注汽生产。

同心管分层注汽井口装置采用四通分流道设计，地面调控更准确；楔式单闸板闸阀具有耐温、耐压、耐腐蚀的性能；悬挂器采用直体设计，实现了两级密封。K361-150高温蒸汽驱封隔器具有补偿机构及泄压机构，解决了管柱热补偿及解封问题。SHMZ-108伸缩滑动密封装置实现了内外管之间的密封，解决了内管注汽时的热补偿问题。

为了实现蒸汽定量注汽与调控，对注汽井的井口和打孔管进行重新优化，研制了适于浅层稠油油藏的同心管分层注汽工艺管柱（图4-43）。

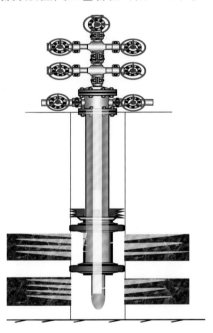

图 4-43　同心管分层注汽工艺结构示意图

注汽井口优化：通过在原有 KR14-337 热采井口上加装小四通的方法，实现可控的内外管分层注汽，加装的小四通及内管管柱注下部油层，原井口小四通及内外管环空注上部油层，通过井口改造及安装蒸汽流量计实现对单层注入蒸汽量的计量。

打孔管设计：采用对 88.9mm 油管打孔设计的形式替代原有配注器（图4-44），打孔管孔眼截面积之和大于常规油管过流面积，既满足了生产要求，又降低了资金投入。

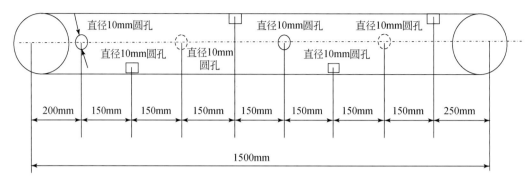

图 4-44　88.9mm 打孔油管结构设计图

打孔油管参数设计：打孔管长度为 1500mm，孔眼个数为 8 个，布孔方式为螺旋布孔，孔间相位角为 90°，孔眼直径为 10mm；在打孔过程中，将油管一端打通即可，不能将油管对穿。

打孔管截面积对比。注汽外管内径为 62mm，注汽内管接箍外径为 56mm，内外管环空面积最小处为 3mm 圆环：

$$S_1 = 3.14 \times (62/2) \times (62/2) - 3.14 \times (56/2) \times (56/2) = 555.78 \; (mm^2)$$

设计 8 个 10mm 直径的孔，过流面积：

$$S_2 = 3.14 \times (10/2) \times (10/2) \times 8 = 628 \; (mm^2)$$

$S_2 > S_1$，证明设计是切实可行的。

油管密封器设计：油管密封器采用耐高温金属柱状密封，对相同直径的管式泵的泵筒、长柱塞泵的柱塞进行加工改造，实现内管井下密封。油管密封器下井前进行室内间隙测试，间隙测试标准参照抽油泵检泵测试相关标准执行，要求达到 Ⅱ 级抽油泵间隙标准，即 8 丝（1mm=10 丝，Ⅰ 级泵标准为 5 丝、Ⅱ 级泵标准为 8 丝、Ⅲ 级泵标准为 12 丝）。同时，为验证油管密封器的密封效果，对油管密封器进行地面承压试验，按照 Ⅱ 级抽油泵的地面承压漏失量测试标准进行漏失量测试，达到 Ⅱ 级抽油泵漏失量标准后，再进行现场试验。

4. 蒸汽驱偏心分层注汽技术

蒸汽驱偏心分层注汽技术（图 4-45）根据多层稠油油藏的地质状况及其动用程度，优化设计各层段的合理配汽量，通过蒸汽驱分层注汽管柱，实现各层段长期连续注汽，同时根据注汽过程中的测试结果，通过配汽喷嘴的投捞更换实现配汽量的调节，最终实现多层稠油油藏均衡动用。

蒸汽驱偏心分层注汽技术具有可实现 2～3 层段的分层配汽，管柱采用双级密封、双向锚定，各层段配汽量可动态调节等优点。

5. 蒸汽流量计量调控

蒸汽计量问题一直困扰着稠油生产。常规模式下，油井注汽主要采用一台锅炉带动多井注汽，每口井吸汽能力不同，又没有单井蒸汽计量设备，注入井内的蒸汽无法

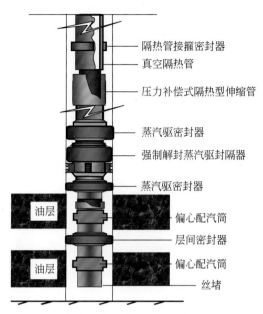

图 4-45　蒸汽驱偏心分层注汽技术结构示意图

计量和控制，造成有的井多注而有的井少注，从而造成油井汽窜和油井注汽不够，影响油井生产效果。

　　蒸汽流量计量调控技术采用蒸汽流量计 + 迷宫调节阀组合的方式，实现了对单井注入蒸汽量进行计量和控制的目标，确保了单井、单层按需按量注汽，避免偏注、汽窜等问题，为实现精细化注汽奠定了技术基础。

　　原系统状况下，没有流量干度测量装置和流量、干度调节装置。

　　采用蒸汽流量计量系统后，系统可以达到的测量能力：流量测量范围在 0.2 ～ 15t/h；最高工作压力可达 16MPa；最高工作温度可达 450℃；流量测量精度在 8% 以内；蒸汽干度测量范围在 50% ～ 100%；采用温度或压力补偿。

　　1）孔板噪声法原理

　　气液两相流流过节流装置时在孔板两侧产生差压噪声，即差压脉动，是两相流的固有特性，与两相流的质量流量、含汽率和密度相关。假设分散相浓度分布的方差正比于其平均相浓度，在不考虑阻挡体扰动的条件下，应用两相流分离流理论模型论证了节流装置差压方根噪声的方差近似正比于分散相流量，进而推导出利用噪声测量两相流流量的理论模型。孔板噪声法测量原理图如图 4-46 所示。

　　标准孔板公式如下所示：

$$q_{\mathrm{m}} = \frac{C}{\sqrt{1-\beta^4}} \varepsilon \frac{\pi}{4} d^2 \sqrt{2\Delta P \rho} \tag{4-1}$$

式中，q_{m} 为质量流量；C 为流量系数；β 为孔板开孔与管道内径比；ε 为热膨胀系数；d 为孔板开孔；ρ 为被测介质密度；ΔP 为孔板前后差压。

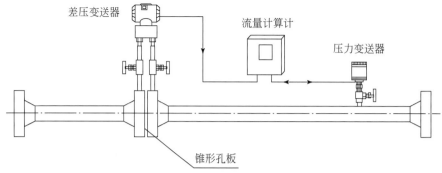

图 4-46   孔板噪声法测量原理图

两相流模型如下所示：

$$G_{气} = \frac{C}{\sqrt{1-\beta^4}} \varepsilon A \sqrt{2\Delta P \rho}(1-R/K)$$ （4-2）

$$\sigma(\sqrt{\Delta P}) = \left[\sum_{i=1}^{n} \left(\sqrt{\Delta P_i} - \sqrt{\Delta P} \right)^2 / n \right]^{-0.5}$$ （4-3）

$$R = \sigma\sqrt{\Delta P} / \sqrt{\Delta P}$$ （4-4）

式中，$G_{气}$ 为汽相流量；ΔP 为差压波动程度；K 为修正经验系数；A 为管口截面积。

普通孔板流量计应用于两相流测量，只适用于干净介质，若蒸汽温度很高，则降低了孔板的强度，蒸汽中除冷凝水外还存在杂质，很容易将开孔磨损或打坏。除对孔板节流件的锐角有损伤外，还容易在孔板前端形成堆积物影响测量。基于上述原因，经过技术调研，选取了耐磨、自清洁的锥形孔板流量计，确定了孔板噪声法在蒸汽流量、干度测量中的应用。

2）迷宫阀的配套使用

迷宫阀是一种渐进减压式最小流量调节阀，包括阀体、减压总成、阀杆、阀垫、填料阀套和支架，阀杆下端的阀芯为锥形，其与阀腔内的凡尔线构成密封配合；减压总成通过支架和支架下端的阀垫紧压在阀腔内的凡尔平面上。锥形阀芯与凡尔线的密封配合，实现了流道的关断严密；锥形阀芯与凡尔线之间的通径变化及减压总成中的交错直角流道，使高压流体中高速流动的分子经过通径变化和若干次流动方向的改变而产生撞击和摩擦，达到消耗其能量，最终实现减压，防止阀内空化、气蚀的目的。

3）蒸汽流量计量调控技术现场应用方式

根据生产需求，结合蒸汽流量计计量调控技术特点，现场共有 3 种应用方式，如下所示。

一是井口安装：根据实际需求安装，一般将蒸汽流量计安装到蒸汽驱注汽井，检测和调节单井的蒸汽流量；其在同心管分层注汽井上应用时，可检测和调节单层注汽量。

二是多通阀安装：每一座多通阀站上建议安装 2 台蒸汽流量计，可以通过井组的选择和管理实现单井注汽量的计量，同时可以计量 2 口井。

三是 T 形砖站安装：每一座 T 形砖站上安装 2 台蒸汽流量计，可以通过井组的选择和管理实现单井注汽量的计量，同时可以计量 2 口井。

五、复合蒸汽驱技术

1. 蒸汽驱中后期开发矛盾

浅层辫状河沉积蒸汽驱矿场生产表明,沿着主流线和辫流线方向蒸汽窜扰严重、注汽井与采油井处于不同相带时平面蒸汽波及有明显的方向性。地层存水高、存在高流度通道成为蒸汽驱开发中后期面对的共性问题。高流度通道是储层先天非均质性造成的流动优势条带,在油藏中普遍存在,高强度蒸汽冲刷使近井有过压裂历史及高渗条带的渗透性明显增强,甚至出现超大管状孔,进而在局部连通形成继承性窜流通道。

2. 复合蒸汽驱机理分析

复合驱蒸汽驱技术对于近井封堵调剖无法解决的储层深处的窜流问题,可实现继承性窜流、使通道附近液流转向,改善开发效果。

复合蒸汽驱机理囊括了气体辅助蒸汽驱、泡沫辅助蒸汽驱和驱油剂辅助蒸汽驱的机理,主要包括:①泡沫具有"遇油消泡、遇水稳定"的性能,消泡后其黏度降低,不消泡时其黏度不降,从而起到"堵水不堵油"的作用;②泡沫黏度随剪切速率的增大而减小,它在高渗透层(大孔道)中的黏度大,在低渗透层(小孔道)中的黏度小,具有"堵大不堵小"的功能;③泡沫流动需要较高的压力梯度,能克服岩石孔隙的毛管作用力,把小孔喉中的油驱出;④当泡沫黏度在一定范围内时,其黏度高于基液黏度,能够改善驱替液与油的流度比,提高波及系数;⑤起泡剂本身是一种活性很强的阴离子型表面活性剂,能降低油水界面张力,改善岩石表面的润湿性,使原来呈束缚状的油通过油水乳化、液膜置换等方式成为可流动的油;⑥降黏剂能够大幅降低原油黏度,起到洗油效果等。

根据典型蒸汽驱井组开发后期实例,注汽井间30m条带内平均温度已经高于80℃,该条带内的原油-水流度比为其他区域的12～20倍。表4-18是延续原开发方式、复合蒸汽驱的数值模拟计算结果,在注汽井注入泡沫、在生产井注入降黏剂,注入井的高流度通道被暂时堵塞,原本动用不好的生产井周围的高黏度油墙被注入剂冲散,原注采格局被打破,已有的优势通道受到影响被削弱,死油区得到有效动用。

表 4-18　提高蒸汽驱老区采收率技术开发效果对比

对比方案	油汽比	采注比	采出程度 /%	净产油 /t
延续原开发方式	0.107	1.03	7.4	19639
复合蒸汽驱	0.155	1.12	17.6	34378

3. 复合蒸汽驱技术系列分析

根据配方体系不同,复合蒸汽驱的驱油机理也会不同,因此衍生出了6种主要复合蒸汽驱方式。

(1)补充能量辅助蒸汽驱——气体复合汽驱技术(gas composite steam drive technology,GCSD 技术)。

（2）以补充能量为主、调剖为辅的 GPCSD（gas-profile composite steam drive technology）技术。

（3）以调剖为主的 PGCSD 技术（profile-gas composite steam drive technology）。

（4）以补充能量为主、调剖降黏为辅的 GPVCSD 技术（gas-profile-viscosity composite steam drive technology）。

（5）以调剖为主、降黏为辅的 PVCSD 技术（profile-viscosity composite steam drive technology）。

（6）降黏辅助蒸汽驱——VCSD 技术（viscosity composite steam drive technology）。

因此，不同的多介质组合适宜不同的油藏条件：对于吞吐时间较长后转蒸汽驱初期的稠油油藏，采用以补充能量为主的多介质复合蒸汽驱能够提高这类油藏蒸汽驱初期的采油速度；对于经过长期注蒸汽开发、已经形成窜流通道的普通稠油油藏蒸汽驱，由于其轻质组分脱出、长期蒸汽绕流会形成下部稠油富集区，或在流动通道附近次生流动障碍（油墙），在油墙附近的生产井注入降黏剂配合吞吐引效，采用调剖为主、降黏为辅的多介质复合驱技术可有效改善其开发效果。

4. 复合蒸汽驱适宜条件筛选

采用数值模拟方法进行的正交试验表明：油层有效厚度、平均含油饱和度、原油黏度、净总厚度比、渗透率级差对采收率影响显著，复合蒸汽驱对于原油黏度低于 18000mPa·s、渗透率级差小于 21 的油藏改善效果明显（表 4-19）。

表 4-19　转复合蒸汽驱的适宜油藏条件

原油黏度/(mPa·s)	油层有效厚度 h/m	净总厚度比	平均含油饱和度/%	渗透率级差	流动系数
< 18000	6 < h < 22	> 0.41	> 40	< 21	< 10000

5. 复合蒸汽驱实施及效果

1）注入参数优化

为确保复合蒸汽驱开发效果，对复合蒸汽驱开发方式、注蒸汽参数优化、注汽干度、采注比、注汽速率及注入介质参数进行优化（包括前置段塞优化、泡沫剂及泡沫剂参数优化、气液比优化、复合蒸汽驱气体筛选、尿素溶液浓度优化、注泡沫方式优化、注降黏剂方式及用量、浓度优化），开发方式优化见表 4-20。

表 4-20　复合蒸汽驱先导试验区开发方式优化

开发方式	产油量/10⁴t	注汽量/10⁴t	尿素溶液/t	泡沫剂/t	降黏剂/t	采出程度/%	油汽比	净产油量/10⁴t
继续现蒸汽驱	2.88	30.3	0	0	0	6.7	0.065	0.71
改善蒸汽驱	4.69	54.5	0	0	0	10.9	0.086	0.79
尿素辅助蒸汽驱	4.95	50.5	1200	0	0	11.5	0.098	1.10
尿素泡沫辅助蒸汽驱	5.93	46.0	1200	510	0	13.8	0.129	1.81
尿素泡沫降黏剂辅助蒸汽驱	6.84	49.9	1200	510	1020	15.9	0.137	2.44

2）典型井组效果评价

典型井组 95983 井组措施后表现为蒸汽腔发育均衡（图 4-47、图 4-48）：N₂ 泡沫的注入，在一定程度上抑制了蒸汽腔的单向突进，使平面蒸汽腔发育相对均衡；从注剂前后纵向蒸汽腔波及面积的对比来看，注剂实现了液流转向，说明复合蒸汽驱对井组起到了井间、层间调整作用。现场试验中使用的泡沫剂能够满足试验要求，近井封堵调剖能够取得注入压力升高、吸汽剖面改善、严重汽窜被抑制等效果。

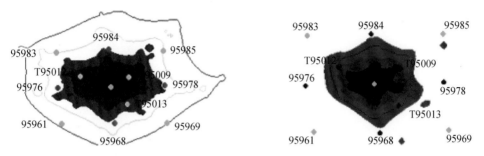

图 4-47　95983 井组复合蒸汽驱前蒸汽前缘监测　　图 4-48　95983 井组复合蒸汽驱后蒸汽前缘监测

六、低成本高温封堵技术

针对稠油蒸汽驱汽窜频繁、封堵成本高的问题，新疆油田研究了活化、悬浮稳定、胶凝固化体系，加入多孔纤维材料架桥形成网架结构，将工业废渣开发为稠油热采高温封堵剂（其耐温 300℃以上，较普通水泥堵剂强度提高了 30%，成本降低了 50%），并推广至国外油田。

研究过程中，根据高炉矿渣的组分性质及耐高温特性，开展了高温封堵剂配方及性能研究，形成了高温矿渣调堵剂、网架型封窜堵漏剂，其可以单独使用，也可以相互协同使用，形成了调剖封窜（或堵水封窜）一体化的配套工艺技术。

1. 高温矿渣调堵剂

注蒸汽开发的稠油油藏，胶结疏松、纵向渗透率级差大、蒸汽的超覆作用等导致严重的汽窜，驱油效率下降，含水率上升快，给稠油生产带来很大的困难，需要采取高强度、耐高温的封堵剂进行有效的调堵治理。

高炉矿渣是新疆炼钢工业生产过程中产生的废渣，原料来源广，是一种价格低廉的无机材料，其主要组分为 CaO、SiO₂ 和 Al₂O₃，颗粒粒径小（5 ~ 10μm），比表面积大（450 ~ 500m²/kg），经过粒化处理后活性高。根据高炉矿渣的组分性质及耐高温特性，新疆油田研究了高温活化体系和高温缓凝体系，形成了稠油热采高温矿渣调堵剂，用于 90 ~ 250℃的高温深井油藏及稠油注蒸汽开采油藏的封堵。高温矿渣调堵剂具有良好的悬浮稳定性和较高的封堵强度，凝固时间可调控，适应温度范围广，与地层胶结性好等特点，是用于油田封堵的新型调堵剂。

1）主剂筛选与评价

选取 3 种工业废渣（矿渣 A、矿渣 B、矿渣 C）进行初步筛选评价。使用不同的主剂配制成封堵剂，其中活化剂 CN 用量为 1%，ON 用量为 1%，在 150℃下考察各封堵剂的固化情况。在相同体系中，150℃高温下，矿渣 A、矿渣 B 和矿渣 C 均可以胶凝固化，但在高温条件下的凝固强度较弱，需要通过加强增强剂，提高固化后的整体强度。在高温条件下，矿渣用量为 20% 以上时，24h 后强度很强。

2）悬浮稳定性

对于颗粒悬浮封堵剂，其分散性和悬浮性是封堵剂要考虑的首要性能。本书对膨润土及活化剂与封堵剂悬浮性的关系进行了研究。在矿渣用量为 25% 的条件下，分析了膨润土含量为 6% 及不同活化剂用量对于封堵剂悬浮性的影响。

实验结果表明，封堵剂的悬浮性与膨润土、活化剂及矿渣等因素有关。封堵剂体系中膨润土含量的增加，使封堵剂的悬浮性明显变好，这是由于固体颗粒浓度增大，颗粒相互作用加强的结果。膨润土含量为 6% 时，封堵剂体系的悬浮性得到较大改善，沉降速度明显减缓，析出水量也大幅度降低。活化剂用量合适时，析水量能够小于 5%。但封堵剂体系的黏度会随着膨润土含量的增加而变大，流变性大大降低，不利于现场的泵注。因此，膨润土在体系中的含量不易过高。活化剂的加入，使颗粒端面通过水化作用相互连接、架桥，形成网架结构，从而使悬浮性相应提高。

3）活化剂影响

活化剂能够促使矿渣发生活化反应，使封堵剂在一定时间内凝固，并最终形成具有较高强度的凝固体。本书选用活化剂 CN 进行了实验，研究了封堵剂在 200℃温度下的凝固时间及强度。实验时将封堵剂（膨润土 6%，矿渣用量为 25%）配制好后置于密封罐内，定时取出观察封堵剂凝固状态，实验结果见表 4-21。

表 4-21　封堵剂在 200℃下的胶凝固化结果

时间/h	活化剂 CN							
	0.5		1		1.5		2	
	A	B	A	B	A	B	A	B
0.5								
1							增黏	增黏
2					增黏	增黏		
4			增黏	增黏			变稠	变稠
8	增黏	增黏		变稠	变稠	变稠		
10			变稠				初凝	初凝
12	变稠	变稠			初凝	初凝		
15			初凝	初凝			固化较弱	固化较弱
18	初凝	初凝			固化较弱	固化较弱		
20			固化较弱	固化较弱				

随着活化剂 CN 的增加，堵剂体系的初凝时间也随之变短，活化剂的加入能够激活矿渣使其发生活化反应。同时，当温度升高时，堵剂体系的初凝时间也明显缩短，在高温下，堵剂体系能够形成一定强度的整体。通过激活剂浓度及比例的调节，可实现固化时间的可控性，以适用不同的井温、凝固时间等要求。

4）增强剂的影响

封堵剂在高温下形成的强度较弱，因此，在体系中加入增强剂，增加封堵剂在高温下的固化强度。选用增强剂 GH，研究其对固化时间及强度的影响。固定封堵剂中的组分，改变封堵剂中增强剂的用量，考察封堵剂在 150℃下的凝胶情况。增强剂在此体系下有促凝作用，含量为 0.2% 时，4h 就可以使体系初凝，且其在较低用量时，随着用量的增加强度有所增强，增强剂含量为 0.5% 时的强度明显强于增强剂含量为 0.2% 时的强度。当增强剂用量大于 1% 后，在强度上的变化不明显。

5）缓凝剂的影响

在高温条件下，封堵剂的初凝时间较短，不利于现场应用。缓凝剂能延长封堵剂的稠化时间，从而推迟封堵剂的固化。缓凝剂 HN 能与封堵剂中的 Ca^{2+} 螯合形成五元环或六元环结构，降低矿渣中水化物析出的速率，起到缓凝作用。

在 150℃下考察缓凝剂 HN 对封堵剂固化时间的影响，随着缓凝剂用量的增加，封堵剂固化时间也随之延长，起到了明显的缓凝作用。缓凝剂含量为 0.08% 时，3h 就开始凝胶；缓凝剂含量为 0.5% 时，12h 后开始稠化，24h 后固化强度很强；缓凝剂含量达到 1.0% 时，12h 后仍与初始状态相差不大。

将配制好的高温矿渣调堵剂用马氏漏斗黏度计测定在不同时间的黏度。调堵剂的初始黏度较低，在室温下放置 8h 后，黏度值变化不大，仍小于 24s，具有很好的流动性，满足现场注入要求。调堵剂的稠化时间可大于 10h，满足现场施工要求。

6）技术指标

（1）高温封堵剂具有良好的悬浮稳定性，游离水＜ 5%。

（2）在 90 ～ 250℃条件下，固化时间可控制在 6 ～ 8h。

（3）高温封堵剂初始黏度为 20 ～ 35s（马氏漏斗黏度计）。

（4）高温封堵剂的抗压强度＞ 0.8MPa。

（5）高温封堵剂的密度为 1.10 ～ 1.30g/cm³。

2. 网架型封窜堵漏剂

为解决油水井封窜堵漏存在的问题，满足油水井化学堵漏修复、封窜堵漏施工的特殊要求，封窜堵漏剂必须具备以下条件：可快速形成网架结构，有效滞留在封堵层内；在封堵层位形成抗压强度高、韧性好、微膨胀和有效期长的固化体；与所胶结的界面具有较高的胶结强度，从而大大提高施工有效期；封堵剂固化体的本体强度、抗冲蚀能力和抗腐蚀耐久性能与油井水泥相当或高于油井水泥基复合材料。

1）材料优选

根据上述要求，优选出配方所需的基本材料：①结构形成剂（YZT-1）；②胶凝固化剂 A（JSL-1）；③微细膨胀型活性填充剂（GT-1）；④超细活性微晶增强剂（MGS）；⑤活性超细矿物填充剂（YKZ-1）；⑥增韧剂（SMR-1）；⑦海泡石族活性矿物（YT）。

2）配方研究试验

采用正交试验，重点考察封窜堵漏剂的 8 项性能。正交试验方案设计见表 4-21、表 4-22。

表 4-22 正交试验因素水平表

因素	JSL-1（1）	YZT-1（2）	YKZ-1（4）	SMR-1（8）	GT-1（11）	YT（13）	MGS（14）
	A	B	C	D	E	F	G
第一水平	600	40	60	160	30	60	30
第二水平	300	80	120	80	60	30	60

通过正交试验优选出封窜堵漏剂的最佳配方，见表 4-23。

表 4-23 优选配方及性能

试验号	封堵层质量评价	塑性黏度/(mPa·s)	动切应力/Pa	封堵层形成速度/s	钢管胶结强度/MPa	封堵层抗压强度/MPa	析水率/%	特点
3	微裂纹	21	14.8	32.6	33.0	11.0	1.0	胶结强度和抗压强度高，流动性好，稳定性好
7	裂纹	27	22.5	35.8	36.0	9.5	2.5	胶结强度高，流动性好

3）初终凝时间的测定

将封窜堵漏剂和配浆水按一定比例配成堵浆，测定其流变性能，然后装入钢制模具中，放入 70℃的恒温水中观察其保持流动性的最长时间和初、终凝时间。通过室内试验，用封窜堵漏剂配制的堵浆，配制过程较容易，单位体积的配浆水对封堵剂的容量大，流动性好，悬浮稳定性强，可泵入性好，易于施工。而且只要不进漏失层，堵浆在套管内能长时间保持流动性，初、终凝时间容易调整，不会出现闪凝现象，大大地保证了施工安全。

4）技术指标

（1）适用温度：30～150℃。

（2）常温下（凝固前）黏度：25～30mPa·s。

（3）常温下 2h 内析水：3%～4%。

（4）初凝时间：4～8h，可调。

（5）进入漏失层后网架结构形成时间：30～50s。

（6）封堵漏失层（凝固后）抗压强度：30～32MPa。

（7）封堵管外窜槽（凝固后）界面胶结强度：15～18MPa。

3. 作业工艺

高温矿渣调堵剂可在配液站配制，也可在现场配制。配制好的封堵剂具有良好的悬浮性、较好的泵入性，可直接用泵车注入井内。

根据高温矿渣调堵剂和网架型封窜堵漏剂的机理和特点，将两种体系协同使用，用于地层中存在水窜通道，同时又存在管外窜的油水井封堵，形成调剖封窜（或堵水封窜）一体化的配套工艺技术。高温矿渣调堵剂颗粒粒径小，能进入地层深部对大孔道进行有效封堵；网架型封窜堵漏剂驻留性强、凝固后界面胶结强度高，对管外窜封堵效果好。将两种体系协同使用，一次施工封堵地层和管外窜，优化了封堵施工工序，减少了作业次数，降低了措施成本。

该方法 2001 年开始现场应用，在新疆油田、塔里木碳酸盐岩油藏及哈萨克斯坦扎那若尔（KMK）油田进行了推广应用。据统计，到 2013 年底应用达到 230 井次，累积增油 8.5 万 t，创直接经济效益 27563.9 万元，高温矿渣调堵剂现场施工情况良好，调堵剂配制简单方便，各项性能稳定，满足现场施工要求。高温调堵剂用量基本在 $60 \sim 140 m^3$，施工时的注入压力一般在 $0 \sim 5MPa$。进行高温调堵措施后，注汽井的吸汽剖面得到改善，汽窜现象得到缓解，油井增油效果明显。该调堵剂利用了新疆钢铁工业矿渣，减少了工业废品的环境污染，取得了良好的社会效益和经济效益。

七、集成创新热效率管理配套技术

集成创新热效率管理配套技术实现了"产、输、注、用、采"5 个环节全过程热效率高效利用，系统热效率利用率在 85% 以上。

1）产汽环节

通过注汽锅炉效率影响因素分析及本体节能技术攻关研究，主要形成了注汽锅炉烟气冷凝、高效燃烧等 7 个单项技术。解决了烟气冷凝后造成的酸性腐蚀问题，技术突破点为通过腐蚀数值模拟和材料比选试验研究，研发了表面覆铝工艺，解决了烟气冷凝后造成的酸性腐蚀且降低成本的关键技术难题。通过模拟腐蚀实验，采用表面覆铝结构的换热管，最大腐蚀速率为 0.0133mm/a。表面覆铝结构的换热管厚度为 0.8mm，可保证换热器的使用寿命在 20 年以上。通过以上措施，可提高锅炉热效率 $10\% \sim 15\%$（表 4-24）。

表 4-24 稠油不同站场余热采暖技术规范

类型	可选用技术	适用条件	备注
稠油处理站和污水处理站	热泵	大型稠油站场（面积为 2500m² 以上），采出液温度 <70℃或采暖负荷 <1000kW	
	高温采出液换热采暖	采出液温度 ≥ 70℃	
供热站	热动加热采暖	面积为 2500m² 以下的稠油站场采暖	
	热泵	大型稠油站场（面积为 2500m² 以上），采出液温度 <70℃或采暖负荷 <1000kW	
	热动加热采暖		
计量站	采出液换热采暖	采出液温度大于 85℃	在符合采暖条件的前提下，中心计量站应优先选用该采暖方式
	采出液直接采暖	①温度为 70 ~ 85℃的两级半布站 ②采出液温度大于 85℃	推荐在无人值守计量站采用该方式采暖

2）输汽环节

针对单层瓦保温方式管网的平均热流密度为272W/m，存在散热损失大、导致蒸汽干度降低、影响注入开采效果的问题，因此，要确定高效保温材料和保温结构，减少热漏损失。直管段优选软质高效保温材料，设计出复合反射式保温结构，异型件采用气凝胶毡（浆料）进行保温，同时研制保温活动支架，减少注汽管网漏热点。针对稠油站场采用蒸汽采暖工艺，存在蒸汽消耗量大，同时高品质蒸汽减压损失大量热能的问题。针对不同类型的稠油站场，本书攻关了不同余热采暖技术和效果跟踪评价，确定了各种技术的使用范围和条件，形成了技术规范。通过建立一种资源有效梯级化配置利用模式，充分利用了余热资源，实现了能源价值最大化，管输热损失46%。

3）注汽环节

通过对比研究，蒸汽驱注汽井采用井筒隔热技术，可进一步降低井筒热损失31%。

由实际算例的计算结果可以看出，地面注汽管线和地下分支注汽管线采用保温隔热技术后，井筒是热损失最为集中的管段。要减少这部分热损失，提高热效率可以采用隔热油管注汽。

为了对比采用隔热油管注汽对热损失的影响，用一口井的实际井身结构进行了计算和对比。表4-25为井筒热损失计算结果对比表，从表中可以看出，对于519m深的井筒，在蒸汽吞吐过程中（注汽速度为150t/d，注汽干度为0.69%），采用光油管注汽井筒热量损失为15.69%，而采用隔热油管注汽井筒热量损失为2.72%。在蒸汽驱注汽过程中（注汽速度为50t/d，注汽干度为0.69%），采用光油管注汽井筒热损失为44.83%，而采用隔热油管注汽井筒热损失为7.84%。可见在蒸汽驱过程中采用光油管注汽井筒热损失非常大，井底干度很难保证，而采用隔热油管注汽，井筒热损失可以降到较低水平，井底干度比较高。

表4-25 井筒热损失计算结果对比表

井筒深度/m	蒸汽吞吐				蒸汽驱			
	光油管		隔热油管		光油管		隔热油管	
	干度	热损失/%	干度	热损失/%	干度	热损失/%	干度	热损失/%
0	0.69	0	0.69	0	0.69	0	0.69	0
150	0.622	4.38	0.678	0.78	0.522	12.01	0.659	2.19
270	0.564	8.09	0.668	1.41	0.371	22.72	0.633	4.04
390	0.506	11.77	0.659	2.04	0.216	33.56	0.607	5.87
462	0.472	13.96	0.653	2.42	0.126	39.77	0.591	6.97
519	0.445	15.69	0.648	2.72	0.05	44.83	0.579	7.84

4）用汽环节

分层注汽技术可提高21%的蒸汽热利用率。对六区、九区稠油蒸汽驱蒸汽超覆、隔夹层发育注汽井开展蒸汽驱分层注汽技术，通过开展同心管分层注汽技术、蒸汽驱偏心分层技术实现各小层定量注汽；对吞吐井进行分注合采措施，打破了常规笼统注汽模式下高渗层段吸汽能力强、长期开发后产油潜力小，低渗层段吸汽能力差、长期开发后产油潜力大，因为注不够汽而开发效果差的现状，提高了注蒸汽效率。

5）采油环节

均衡蒸汽驱技术可提高15%的蒸汽热利用率。通过在分层注汽的试验井上进行蒸汽流量计、迷宫阀试验，采用锥形孔板流量计＋迷宫阀的工艺流程设计，对单井注入蒸汽进行计量和控制，实现了地下分层注汽，地面进行蒸汽流量调控、监测的目标，为后期精细化注汽提供了技术储备。

浅层超稠油双水平井 SAGD 开发技术 第五章

新疆风城油田超稠油资源丰富，经过十几年的勘探和前期开发试验，2015 年已落实超稠油地质储量 3.72 亿 t。原油黏度小于 2 万 mPa·s 的油藏可通过蒸汽吞吐实现经济有效开发，原油黏度大于 2 万 mPa·s 的油藏地质储量达 2.16 亿 t，占比约 58%，常规开发无法有效动用。国外类似油藏采用 SAGD 开发技术，采收率可达50%~70%，根据 SAGD 开发筛选标准，原油黏度大于 2 万 mPa·s 的地质储量中适合 SAGD 开发的地质储量达 1.44 亿 t，占比约 67%。风城油田超稠油油藏为陆相沉积环境下的辫状河流相沉积，与国外油藏对比，油藏非均质性更强、泥质含量更高、渗透率更低、原油黏度更高、油层更薄，开发难度更大。本章详细阐述了 SAGD油藏工程优化技术、SAGD 开发调整技术、钻井轨迹精细控制技术及双水平井 SAGD地面工程技术。

为探索风城油田超稠油经济有效规模开发的可行性，形成浅层超稠油开采配套工艺主体技术，完成新疆油田稳产千万吨的目标，保持并发挥中国石油克拉玛依石化公司稠油加工特色优势，新疆油田开展了双水平井 SAGD 开发技术攻关。

（1）前期研究阶段（2006~2008 年），调研国内外 SAGD 开发技术，开展SAGD 开发机理、油藏综合地质等基础研究，为 SAGD 开发试验提供技术支撑。

（2）先导试验阶段（2008~2011 年），2008 年、2009 年先后于重 32、重 37 井区部署实施 SAGD 井 12 对，水平段长度为 300~521m，动用含油面积为 0.64km²，动用地质储量为 315.5 万 t，单井设计产能为 15~30t，建成产能 6.24 万 t。通过 4 年的探索与实践，初步形成了动态调控、配套工艺等相关技术，试验区单井组产油水平达到 25.0t/d，油汽比为 0.29，于 2012 年实现了双水平井 SAGD 成功开发，为 SAGD 工业化、规模化应用奠定了基础。

（3）工业化推广应用阶段（2012~2016 年），累积建成产能 125.6 万 t，累积产油 255.2 万 t，年产油量快速上升，由 2011 年的 6.2 万 t 攀升至 2016 年的 87.2 万 t；截至 2017 年 2 月，日产油水平由先导试验阶段的 245t 提高至 2580t，2017 年底达到百万吨产油水平。根据风城油田超稠油全生命周期开发方案部署，风城油田共建产能 849.5万 t，其中利用 SAGD 开发技术建产能 304.4 万 t，占比 35.8%；累积产油 6011.2 万 t，其中利用 SAGD 开发技术累积产油 4114.2 万 t，占比 68.4%。

通过多年艰难攻关，目前已形成了 SAGD 油藏工程优化、开发调控、钻井轨迹精细控制及双水平井地面工程等关键技术。

第一节 SAGD 油藏工程优化技术

一、浅层超稠油 SAGD 开发筛选标准

1. 超稠油 SAGD 开发技术现状

自 1998 年以来，加拿大在不同类型的沥青砂油藏中已经开展了 10 多个 SAGD 开发技术试验区，并建成了 8 个商业化开采油田，其日产油量均在 4000t 以上，其中 Pan Canadian 和 OPTI Canadian Inc. 两个较大的石油公司 SAGD 日产油量达到 10000t 以上。利用 SAGD 技术开发超稠油的方式，已成为国际上超稠油开发的一项成熟技术。

本章对加拿大 12 个 SAGD 项目进行分析（表 5-1、表 5-2），取得了以下主要认识。

表 5-1 加拿大部分 SAGD 开发项目油藏特征

项目	油藏类型	埋深 /m	孔隙度 /%	水平渗透率 /$10^{-3}\mu m^2$	厚度 /m	井网组合方式	地层温度下原油黏度 /（mPa·s）
UTF B	块状，顶部有砂泥混层	140	0.33	3000～5000	17～20	双水平井	2000000～5000000
Foster Creek	块状，部分地区有底水	500	0.32	2000～5000	25～35	双水平井	0～1000000
Fair Bank	块状	250～300	0.33	5000～7000	30～70	双水平井	1000000～3000000
Burnt Lake	隔夹层较多	500	0.33	2000～3000	20	双水平井	50000～80000
Makay River	块状，顶部有砂泥混层	200	0.33	3000～5000	15～25	双水平井	2000000～5000000
Tangleflags	块状	500	0.32	3000～5000	15～25	直井与水平井	10000～20000
Christina Lake	块状，部分地区有底水	400～500	0.33	3000～5000	25～35	双水平井	0～1000000
Hangingstone	块状，砂泥混层和夹层发育	300～400	0.33	2000～3000	25～40	双水平井	1000000～3000000
East Senlac	块状，部分地区有底水	450	0.32	3000～5000	12～60	双水平井	50000
Surmont	块状，部分地区有顶水和底水	300	0.33	3000～5000	50	双水平井	1000000～3000000
B10 SAGD	薄层	400	0.33	2000～3000	10～12	双水平井	200000～300000
Long Lake	块状，部分地区有夹层水	350	0.33	3000～5000	20～40	双水平井	＞1000000

（1）井网组合方式主要采用双水平井方式，直井与水平井方式仅在 Tangleflags 项目应用。

（2）SAGD 应用的油藏埋深较浅，一般在 200～500m，UTF B 项目埋深为 140m，是在坑道内打井完成的。

（3）储层物性条件较好，储层孔隙度均大于30%，渗透率均大于 $2000×10^{-3}\mu m^2$。油层厚度为 10 ～ 70m，一般大于 15m。

（4）地层温度下原油黏度差异较大，0 ～ 5000000mPa·s 均有出现，但都取得了较好的开发效果，油汽比大于 0.2，表明原油黏度对开发效果影响较小。

（5）油藏类型以块状为主，夹层大多不发育。部分油藏存在底水，但在高排液量的情况下，含水率控制在 60% ～ 70%，表明底水对 SAGD 开发方式影响较小。

表 5-2　截至 2010 年部分 SAGD 开发项目生产情况

项目	水平段长度/m	举升方式	操作压力/MPa	注汽速度/（m³/d）	采液速度/（m³/d）	日产油量/m³	累积油汽比
UTF B	500	气举	2.2 ～ 2.5	250 ～ 350	250 ～ 400	60 ～ 120	0.4
Foster Creek	700	气举 / 电潜泵	2.7	300 ～ 450	350 ～ 600	80 ～ 200	0.37
Fair Bank	1000	气举 / 水力泵	1.5 ～ 2.5	200 ～ 600	300 ～ 800	50 ～ 300	0.22
Burnt Lake	750 ～ 1000	气举 / 有杆泵	1.0 ～ 6.0	150 ～ 350	200 ～ 400	50 ～ 120	0.27
Makay River	750	气举	1.7 ～ 2.0	150 ～ 250	200 ～ 400	60 ～ 150	0.38
Tangleflags	400 ～ 600	有杆泵	3.0 ～ 3.5	100 ～ 400	150 ～ 400	30 ～ 250	0.31
Christina Lake	700	气举	3.0	250 ～ 400	300 ～ 500	90 ～ 250	0.42
East Senlac	700	电潜泵	2.5 ～ 4.0	250 ～ 600	300 ～ 400	200 ～ 400	0.5
Surmont	350 ～ 500	气举	1.0 ～ 2.0	150 ～ 250	200 ～ 300	60 ～ 80	0.29
B10	800	有杆泵	3.0 ～ 4.0	120 ～ 250	150 ～ 400	30 ～ 120	0.25
Long Lake	800	有杆泵	2.0 ～ 3.0	250 ～ 350	300 ～ 400	20 ～ 80	0.16

2.地质条件的适应性研究

通过对 SAGD 项目系统调研分析，认识到双水平井 SAGD 开发技术的应用范围受诸多地质条件的影响，为此本章开展了关键地质参数的适应性研究，明确边界条件，为建立筛选标准提供依据。

1）油层深度、油层温度和油层压力

油藏太浅或者太深都不适合 SAGD 开发技术。油藏太浅可能顶层封闭性不好，同时对钻井等带来麻烦；油藏太深使得井筒热损失加大，井底蒸汽干度降低，致使蒸汽腔的发育程度差。从统计的 SAGD 项目来看，除 UTF B（只有 140m）之外，油藏埋深在 200 ～ 500m。对于双水平井 SAGD 开发技术，一般认为深度极限为 1000m；对于直井水平井组合 SAGD 开发技术，适应深度可以适当增加。

温压系统对 SAGD 开发技术有一定的影响。原始油层温度高，原油黏度低，加热油层所需的热量少，SAGD 开发油汽比相对高。原始油层压力较高的油藏，一般将压力降低到 3 ～ 4MPa 后再进行 SAGD 开发。从统计的 SAGD 项目来看，油层温度为 7 ～ 20℃，油层压力为 0.5 ～ 5.0MPa 时 SAGD 开发效果较好。

2）油层有效厚度

油层有效厚度越大，重力作用越明显，SAGD 开发效果越好。反之，若油层有效厚度太小，不但重力作用小，而且顶、底盖层的热损失增大，还会降低油汽比，SAGD 开发效果较差。在井距一定的情况下，原油产量与油层有效厚度的算术根近似成比例。SAGD 开发若要获得好的开发效果，油层有效厚度必须大于 15m。从调研的资料来看，在现场实施的 SAGD 项目中油层有效厚度为 15 ～ 70m，垂直井水平井组合 SAGD 项目中油层有效厚度最小为 10m。

3）油层渗透率及垂向渗透率与水平渗透率比值

油层渗透率及垂向渗透率（K_v）与水平渗透率 K_h 比值决定了蒸汽腔的水平和垂向扩展。SAGD 是依靠重力作用驱替原油，因此受垂向渗透率的影响非常明显。资料表明，当垂向渗透率降低时，原油的重力难以发挥作用，泄油速度变小，生产时间延长，油汽比降低。从数值模拟结果看，当垂向渗透率与水平渗透率的比值小于 0.10 时，热连通的形成较为困难及水平方向蒸汽的汽窜，使开发效果变得很差，累积油汽比很低，因而开发经济效益也较差。要想使蒸汽腔较好的扩展，水平渗透率和垂向渗透率都得较大，最好达到 1D 以上，垂向渗透率与水平渗透率之比最好大于 0.20。

有学者对荷兰皇家壳牌集团 1994 ～ 1998 年在 Peace River 的 SAGD 试验进行了研究，认为绝对渗透率和垂向渗透率与水平渗透率之比较小导致蒸汽向上扩展距离小（只扩展到注汽井上方 6m），这是其效果差的主要原因之一。

4）孔隙度和含油饱和度

孔隙度对采出程度的影响不大，但热蒸汽在井筒周围岩层中的热损失增大，累积油汽比大幅度降低，因此要使 SAGD 达到较好的开发效果，油层孔隙度应在 15% 以上。

随着原始含油饱和度的降低，累积油汽比和采出程度都有所降低。累积油汽比降低的原因，是在原始含油饱和度降低的情况下，原始含水饱和度会相应增大，油藏的比热容也会随之增大，从而使蒸汽过多地消耗在地层水的加热上；采出程度降低则是由于原始含油饱和度降低后，可动用原油减少。对于原始含油饱和度较低的油层，由于原油的原始储量低，不宜用 SAGD 开发技术，当原始含油饱和度降低到 35% 时，累积油汽比过低，采油成本较高，采用 SAGD 开发技术开发稠油就不能产生经济效益。因此，要想利用 SAGD 开发技术获得理想的开发效果就要选择原始含油饱和度相对较高的油藏，油藏原始含油饱和度应在 40% 以上。

孔隙度和含油饱和度影响储量丰度。SAGD 开发技术对孔隙度 Φ 和含油饱和度 S_o 的要求是：$\Phi > 15\%$，$S_o > 40\%$，$\Phi \times S_o > 0.06$，但对于原始超稠油油藏，这两个参数不是能否实施 SAGD 开发技术的决定因素。

5）物性夹层厚度及其分布

夹层对 SAGD 开发技术的影响是相当复杂的，在很大程度上取决于其三维空间的分布情况，连续夹层会抑制蒸汽和沥青通过，对夹层上部的驱替造成影响。然而如果夹层很小，即使在空间广泛分布，也不会严重阻止传热和传质，蒸汽和加热的原油及冷凝液可以绕过夹层流动；在这种情况下，夹层可能在某一个时期对 SAGD 的开发效果有一定的影响，但从整个 SAGD 过程来看，不连续的夹层不会对其累积产油量产生根本性的影响。

一般认为，不连续分布的夹层对 SAGD 的影响是不大的，可以通过适当的注汽方式使 2m 以下的夹层失去封隔作用。

但是夹层比较发育，在油藏内连续分布且厚度在 3m 以上时，将使 SAGD 的开发效果变差，对 SAGD 开发造成很大的影响。一个典型的例子就是 JACOS 公司在 Hangingstone 的 SAGD 项目，与 UTF B 相比，虽然试验区的 McMurray 油层厚度大一些，原油物性和油层物性也相近，但油汽比却比 UTF B 的 SAGD 项目低了 1/4。

6）原油黏度及其热敏感性

黏度是 SAGD 成功与否的关键参数之一。由于 SAGD 生产机理的特殊性，原油黏度不是决定 SAGD 开发效果的决定性因素。现场试验也证明，即使原油黏度高达 5000000mPa·s，仍然可获得较好的开发效果。重要的是看原油黏度对温度的敏感程度即黏-温曲线，或者说当温度上升到某一值时黏度能否降到一个合适的低值（K 大时，这个值可以大一些）。原油黏度随温度的变化将影响 SAGD 蒸汽前缘沥青的泄流速度，因此也将影响蒸汽前缘的推进速度和产油速度。

从调研结果来看，原油黏度相对较低对 SAGD 开发是有利的，但是当温度升高到 200℃时，原油黏度能降低到 10mPa·s 以下也都是可以用 SAGD 开发技术来开发的。

7）底水影响

底水对 SAGD 的开发效果有一定的影响。底水的存在会降低 SAGD 过程的采收率，但总的来说影响不大。这是因为在 SAGD 生产中，蒸汽压力是稳定的，且水平井采油的生产压差很小，不太活跃的底水水侵量不会很大，油水界面基本保持稳定。

当底水非常活跃时，进入蒸汽腔的底水就会增多，对 SAGD 生产的影响就会加大。底水进入蒸汽腔之后，被加热到近饱和温度，导致热效率低。据 Butler 的研究，对于典型的 SAGD，每生产 1bbl 侵入的底水，就需要额外的 1.5bbl 水当量的蒸汽。

在已进行的有底水的 SAGD 项目中，有试验成功的，也有效果不尽人意的。成功的有原子能委员会（AEC）的 Foster Creek 项目，加拿大自然资源公司（CNRL）的 Tangleflags 项目等；但荷兰皇家壳牌集团的 Peace River 项目效果不太好（油汽比为 0.1，采收率为 10%），这也与它的物性差有关。

8）岩石润湿性

研究表明亲油岩石生产效果最好，采收率高，油汽比高；亲水岩石的生产效果最差。这主要是因为对于亲水岩石，油水界面处的水膜较厚，影响了蒸汽腔对沥青的加热作用，另外水膜增厚使孔道变窄，影响了原油在重力作用下向生产井的流动。

3. 浅层超稠油 SAGD 开发筛选标准

根据以上分析，建立了浅层超稠油双水平井 SAGD 开发筛选标准，如下所述。

（1）地层深度：200～700m。
（2）油藏压力：小于 5.0MPa。
（3）油层连续厚度：大于 15m。
（4）油层渗透率及非均质性：K_h 大于 $200 \times 10^{-3} \mu m^2$，$K_v/K_h$ 大于 0.2。
（5）孔隙度和含油饱和度：Φ 大于 15%，S_o 大于 40%。
（6）夹层：油层中不存在连续分布的页岩夹层。

（7）原油黏度：原油黏度＞ 10000mPa·s。

（8）底水分布：生产压差小，不会引起大的水锥。

（9）岩石润湿性：亲油岩石生产效果好。

二、SAGD 油藏工程设计参数优化

1. 水平井段长度优化

1）水平井段长度对 SAGD 启动阶段的影响

从循环预热方面考虑，水平井段长度越长，预热阶段所需的蒸汽循环速度越大。数值模拟结果表明（图 5-1），蒸汽循环速度随水平井段长度的增加呈线性增加，水平井段长度每增加 100m，循环速度增加 15m³/d，而循环预热时间基本不变，说明水平井段长度的变化对 SAGD 启动影响较小，因此循环预热时间不是影响水平井段长度的决定因素。

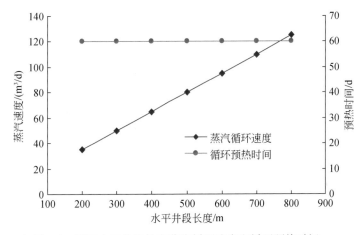

图 5-1 不同水平井段长度蒸汽循环速度和循环预热时间

2）不同水平井段长度对举升系统的要求

目前 SAGD 井所用的举升系统主要有管式泵、高温电潜泵和气举。气举受深度限制，一般不适合深度超过 600m 的油井；高温电潜泵的排量较高，在加拿大的一些 SAGD 井中试验成功，排量在 150～1200m³/d，但目前的使用温度不超过 220℃，相关配套技术还不够完善。管式泵在 SAGD 项目中大量使用，耐温较高，在目前抽油机能力下的实际排量不超过 450m³/d。

根据 Butler 重力泄油理论和数值模拟计算结果，按 27m 的有效厚度计算，重 32 井区不同水平井段长度稳定泄油阶段的日产油量和日产液量见表 5-3。

表 5-3 不同水平井段稳定泄油阶段的日产油量和日产液量

水平井段长度 /m	Butler 重力泄油理论		数值模拟计算	
	日产油量 /m³	日产液量 /m³	日产油量 /m³	日产液量 /m³
200	57.1	163.0	61.0	152.5
300	85.6	244.5	90.1	225
400	114.1	326.0	119.3	297.5

水平井段长度 /m	Butler 重力泄油理论		数值模拟计算	
	日产油量 /m³	日产液量 /m³	日产油量 /m³	日产液量 /m³
500	142.6	407.5	149.2	372.5
600	171.2	489.0	182.4	455
700	199.7	570.5	208.5	520
800	228.0	651.4	232.4	580

由表 5-3 可知：按 Butler 重力泄油理论水平井段长度超过 500m 时，相应的日产液量达 400m³，从采油工艺来说，不利于操作，因此水平井段长度不应大于 500m。

3）不同油层厚度对泄油能力的影响

油层厚度越大，重力泄油能力越大，高峰产量也越高。在相同的操作条件和举升条件下，薄油层的水平井段应长一些，而厚油层的水平井段应短一些。

图 5-2 是基于 SAGD 先导试验区数值模拟和 Bulter 重力泄油理论，得出的不同水平井段长度在不同油层厚度下的预测峰值产液量。从预测结果可以看出，若按井的最大举升能力 450m³/d 计算，25m 以下油层厚度的水平井段长度可以超过 500m；油层厚度为 30m 时，最大水平井段长度可以达到 460m；而当油层厚度超过 35m 时，最大水平井段长度不能超过 420m。油层厚度一般为 25～30m，因此其最大水平井段长度为 460～520m。

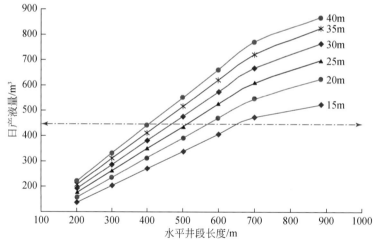

图 5-2 不同油层厚度与水平井段长度的预测峰值产液量

4）水平井段压降的影响

SAGD 开发过程中，均匀注汽显得非常重要，环空压力梯度即使很小，沿整个井筒的压降也会比较大，如果水平井段过长会破坏泄油过程的稳定性。在只考虑摩擦阻力、两井间垂距为 5m 时，注入井允许的最大压降为 50kPa，那么不同水平井段长度所需的井筒直径大小见表 5-4。可以看出，水平井段长度越长，为了将水平井段压降限制在 50kPa 范围内，保持 SAGD 操作的稳定性所需的井筒直径越大，相应的钻完井成本会越高。对于 500m 的水平井段，井筒直径应在 0.174m 左右，当水平井段长度达到 800m 时，井筒直径至少要达到 0.232m。

表 5-4 不同水平井段长度下的井筒直径表

水平井段长度 /m	注汽速度 / (t/d)	井筒直径 /m
200	132.0	0.116
300	197.9	0.138
400	263.8	0.157
500	329.6	0.174
600	395.8	0.191
700	461.6	0.217
800	527.5	0.232

从启动阶段、数值模拟计算、Butler 重力泄油理论及注汽井筒压降考虑，优选水平井段长度应在 400～500m。

2. 水平井垂向位置优化

在相同的注采条件下，分别将井对布置在距油层底部 2m、4m、6m 的位置。由图 5-3 可知：生产效果与井在油藏中的位置密切相关，井距油层底部越近，越能发挥重力泄油作用，相应的油汽比越高，累积产油量越大。考虑到钻井技术的影响和限制，以及太靠近油层底部的油层质量可能变差，将水平井井对布置在距油层底部 2m 以内较好。

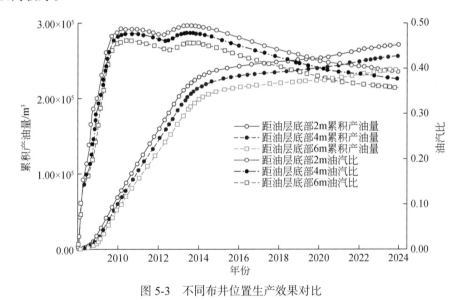

图 5-3 不同布井位置生产效果对比

3. 注采井垂距优化

在相同的注采条件下，分别对垂距为 3m、4m、5m、6m、7m 和 8m 的井对进行了预热对比。由图 5-4 可知：随着井对垂距的增加，在相同循环预热时间下，井对中间区域平均温度变低，要达到相同的预测温度，则循环预热时间增长。井对垂距分别为 3m、4m、5m、6m、7m 和 8m 时，要使井对中间区域平均温度达到 130℃所需要的循环预热时间分别约为 30d、40d、60d、80d、110d 和 160d。增大垂距，循环预热时间呈指数增加，说明增加井对垂距不利于循环预热和井间热连通，增大了循环预热的成本。

SAGD 生产过程中，一般生产井井底流压对应的饱和蒸汽温度与实际温度的差值（sub-cool）控制在 5～15℃，对应生产井上面的液面控制在 2～3m。图 5-5 为不同井对垂距，sub-cool 为 10℃时的累积产油量。从图中可以看出，井对垂距增加，累积产油量不断增加；但是垂距超过 5m 时，累积产油量不再大量增加。由于 SAGD 主要靠上下井间的液面来控制生产井的产液速度和采出流体温度，两井间允许的最大液面高度为上下井间的垂距。井对垂距太小，不利于液面的控制，一方面蒸汽容易突破到生产井，产出大量蒸汽；另一方面液面又容易淹没注汽井，导致蒸汽腔发育受阻。

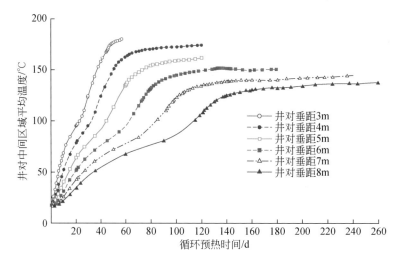

图 5-4　不同井对垂距井中间区域平均温度

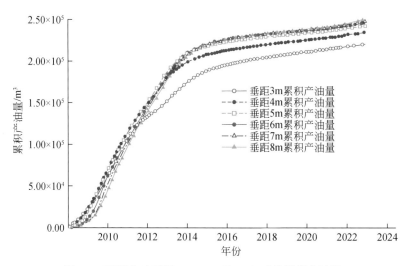

图 5-5　不同井对垂距 sub-cool 为 10℃时的累积产油量

从对启动阶段的影响和 SAGD 生产阶段的控制来考虑，风城油田井对的最优垂距为 5m。

4. 水平井平面井距优化

水平井平面井距的大小将直接影响到蒸汽腔扩展阶段的开采时间和开发效果，本节计算了水平井平面井距分别为 80m、100m、120m、150m 四种情况时的开发效果，结果见表 5-5。随着平面井距的增大，蒸汽腔扩展到井对边界所需的时间明显增加，从表中可以看出，随着平面井距的增加，生产时间呈线性增加，油汽比、采油速度呈线性减少，采收率也随平面井距的增加而减少，说明随平面井距的增加开发效果急剧下降。

根据 Butler 重力泄油理论，水平井对的水平井距之半与油层厚度之比一般为 1.0 ～ 2.0，目标区齐古组油层厚度为 15 ～ 40m，相应的水平井对的平面井距为 60 ～ 160m。综合上述研究结果，推荐风城油田齐古组油藏 SAGD 水平井对的平面井距为 80 ～ 100m。

表 5-5　水平井对平面井距对 SAGD 开发效果的影响

平面井距 /m	生产时间 /d	注汽量 /10⁴m³	产油量 /10⁴t	平均日产油量 /m³	油汽比	采油速度 /% OOPI	采收率 /%
80	2280	47.9	20	87.8	0.418	8.33	63.3
100	2910	62.6	24.7	85	0.395	6.48	62.88
120	3630	78.9	29.5	81.4	0.374	5.1	61.75
150	4500	103.2	33.5	74.3	0.325	3.8	57.05

5. 水平井排距优化

在注采条件相同，水平井距为 100m 的情况下，分别对排距为 40m、60m、80m 和 100m 的情况进行对比。

排距为 60m 时，沿井距方向的蒸汽腔和沿排距方向的蒸汽腔基本一致；而排距达到 80m 时，沿排距方向的蒸汽腔发育明显滞后于沿井距方向的蒸汽腔；这说明沿排距方向的蒸汽腔最大影响范围为 80m，所以排距应该不超过 80m。从不同排距的开采效果表可以看出，排距增加，油汽比和采收率降低，因此优选排距为 80m（表 5-6）。

表 5-6　不同排距的开发效果表

排距 /m	生产时间 /d	注汽量 /10⁴t	产油量 /10⁴m³	日产油量 /m³	采收率 /%	油汽比
40	3546	1135800	505090	142.4	0.445	72.9
60	3734	1191440	523263	140.1	0.439	71.8
80	4281	1280370	541547	126.5	0.423	70.8
100	4885	1372710	558699	114.4	0.407	69.6

6. 地层倾角上限

在油层物性和生产条件相同的情况下，分别对地层倾角为 0°、10°、20°、30°、

40° 的 SAGD 开发效果进行研究。

从图 5-6 和表 5-7 可以看出，地层倾角变大，蒸汽腔沿上倾方向发育变快，上部生产井被蒸汽腔淹没时间变快，稳产时间变短。地层倾角大于 20° 时，稳产时间明显变短，采收率明显降低。因此地层倾角以不超过 20° 为宜。

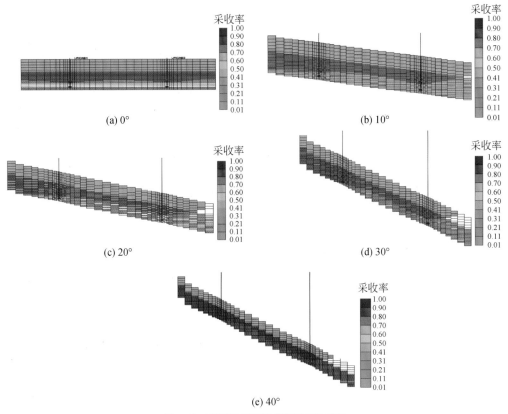

图 5-6　不同地层倾角蒸汽腔发育图

表 5-7　不同地层倾角生产效果表

地层倾角 / (°)	稳产时间 /d	注汽量 /10⁴t	产油量 /10⁴m³	油汽比	采收率 /%
0	1930	42.9	10.6	0.247	53.3
10	1925	21.2	10.5	0.495	52.8
20	1810	18.7	9.8	0.524	49.1
30	1650	16.7	9.2	0.551	46.3
40	1400	14.0	8.4	0.600	42.4

三、SAGD 生产阶段划分

SAGD 一般由启动与生产两个阶段组成。

启动阶段也叫预热阶段，主要目的是通过某种预热方式使注采井间形成热连通。一般有 3 种预热方式：①蒸汽吞吐；②压裂形成裂缝；③蒸汽热循环。对于原油黏度较高的超稠油或天然沥青，最常用的是注采井同时进行循环预热方式。

进入 SAGD 生产阶段后，注汽井连续注汽，生产井连续采油，蒸汽腔不断发育，其发育阶段主要包括蒸汽腔上升、蒸汽腔扩展和蒸汽腔下降直至结束。将物理模拟实验过程中采集的温度数据绘制成了温度场（图 5-7），可以很明显地看到 SAGD 过程中蒸汽腔发育的 4 个阶段。

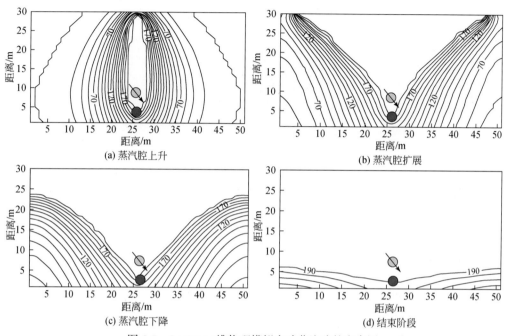

图 5-7　SAGD 二维物理模拟实验蒸汽腔的发育图

1）蒸汽腔上升

当上水平井开始注汽时，蒸汽在超覆作用下向油藏上方发展，并且纵向上升速度明显高于横向扩展速度（图 5-8）。

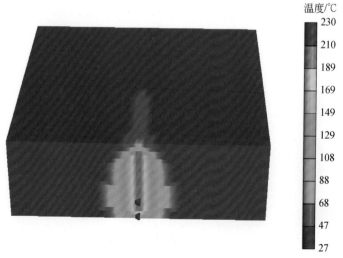

图 5-8　蒸汽腔上升阶段温度场图

2）蒸汽腔扩展

当蒸汽腔到达油藏顶部，蒸汽腔开始横向扩展，形成一个上宽下窄的"倒三角"形蒸汽腔（5-9）。蒸汽腔通过热传导作用将周围油藏加热，原油黏度迅速降低。蒸汽腔周围油层中的原油由于重力作用而沿蒸汽腔与原油交界面向下流动进入水平生产井，与界面处蒸汽凝结水一起从油藏被采出。

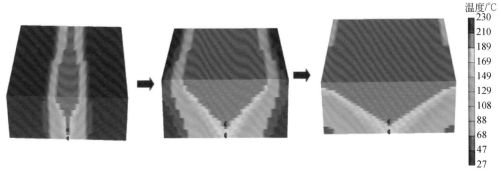

图 5-9　蒸汽腔扩展阶段温度场图

3）蒸汽腔下降

当蒸汽腔横向扩展至油层顶部两侧边界时，随着蒸汽的继续注入，蒸汽腔开始缓慢向下发展（图 5-10）。最后水平生产井上方基本都被蒸汽腔充满，水平生产井有蒸汽突破，产油量急剧下降，含水率高达 98% 以上，SAGD 过程结束。

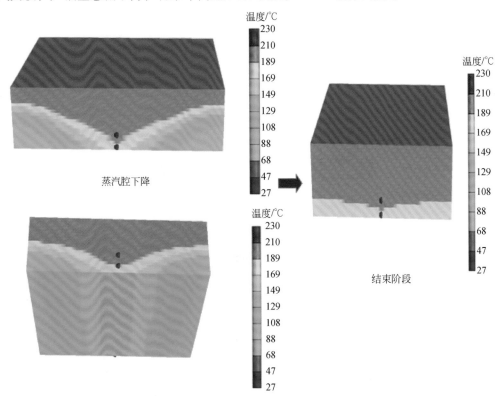

图 5-10　蒸汽腔下降及结束阶段温度场图

四、SAGD 预热阶段操作参数优化

预热阶段的目标是在最短的时间内，使注汽井与生产井均匀加热并实现连通。预热阶段一般分为 3 步：第一步，在两口井中同时注入循环蒸汽，通过热传导使井筒周围的储层被加热；第二步，将注入井的压力提升到略高于生产井，在两井之间形成井间压差，使井间原油流向生产井，靠热传导和流体对流进一步加快井间热连通，为完全转入 SAGD 生产阶段作准备；第三步，上部注汽井停止产出蒸汽，下部生产井停止注汽，完全转入 SAGD 生产阶段。

预热阶段优化的主要参数包括循环预热注汽速度、循环预热注汽干度、循环预热注汽环空压力、循环预热注汽压差等。合理的预热循环参数一般要求环空温度能快速稳定分布、井间油层加热均匀、热利用效率高。

1. 循环预热注汽速度优化

由不同循环预热注汽速度下的温度场（图 5-11、图 5-12）可知：循环预热注汽速度较小时，井间温度场发育不均匀。由图 5-13 可知：两井中间区域平均温度随循环预热注汽速度的增加而增加，但是当循环预热注汽速度超过 80m³/d 后，循环预热注汽速度再增加，两井中间区域温度增加变缓。另外，国外在优化过程中还考虑井筒环空温度的分布，一般要求井筒环空温度在 2 ~ 3d 能达到均匀稳定分布。由图 5-14 可知，当循环预热注汽速度达到 80m³/d 时，2d 时井筒环空温度分布基本稳定，因此循环预热注汽速度应不低于 80m³/d。循环预热注汽速度也不宜太高，达到一定程度后，对两井中间区域平均温度升高影响较小。另外，循环预热注汽速度增加，返回热量高，热利用效率低，压力损失大，并且容易在斜井段或直井段压力损失大的地方发生闪蒸，造成"汽堵"。对于风城油田重 32 井区，400m 井段的循环预热注汽速度应在 80m³/d 左右。

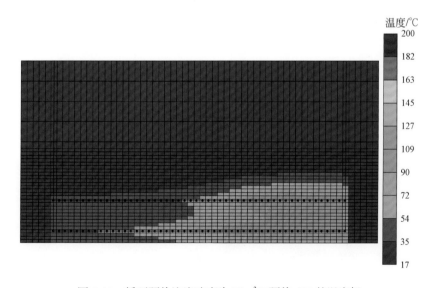

温度/℃
200
182
163
145
127
109
90
72
54
35
17

图 5-11　循环预热注汽速度为 20m³/d 预热 40d 的温度场

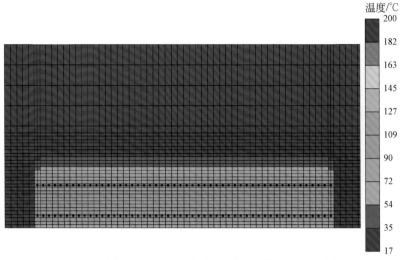

图 5-12　循环预热注汽速度为 80m³/d 预热 40d 的温度场

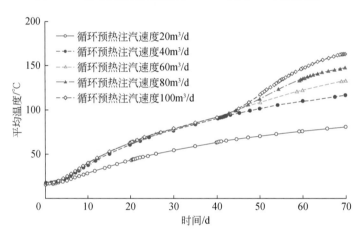

图 5-13　不同循环预热注汽速度两井中间区域平均温度

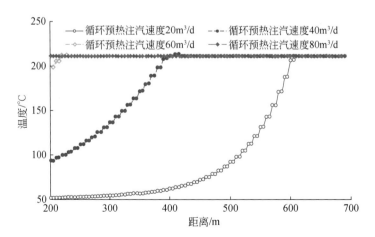

图 5-14　不同循环预热注汽速度 2d 后的井筒环空温度分布

2.循环预热注汽干度优化

当循环预热注汽速度为 80m³/d 时，对注汽干度分别为 20%、40%、60%、70% 和 80% 的循环预热效果进行对比。

从图 5-15 ～图 5-17 可以看出，在同样的循环预热注汽速度下，循环预热注汽干度越高，温度场分布越均匀，两井中间区域温度升高得越快；从图 5-18 井筒环空温度场分布可以看出，循环预热注汽干度达到 70% 时，预热 2d 时的井筒环空温度可达到稳定。综合考虑，循环预热注汽干度应不低于 70%。

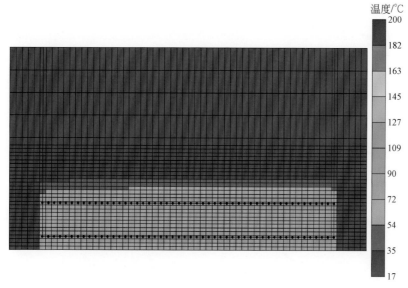

图 5-15　循环预热注汽干度为 20% 时 40d 的温度场

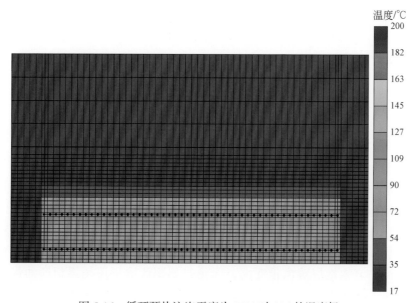

图 5-16　循环预热注汽干度为 70% 时 40d 的温度场

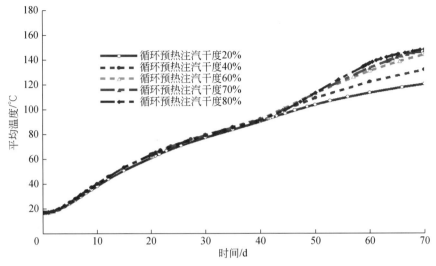

图 5-17　不同注汽干度两井中间区域平均温度

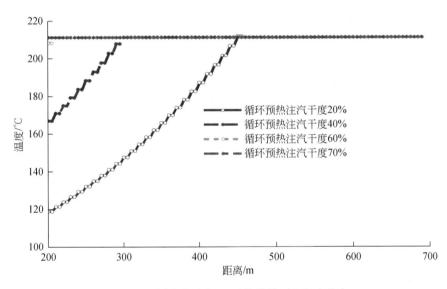

图 5-18　不同注汽干度 2d 时的井筒环空温度分布

3. 循环预热注汽环空压力优化

当循环预热注汽速度为 80m³/d、循环预热注汽干度为 75% 时，对循环预热注汽环空压力分别为 2.0MPa、2.5MPa、3.0MPa、3.5MPa 和 4.0MPa 时的井筒环空温度和井间中间区域平均温度作对比分析。

从图 5-19 和图 5-20 可以看出，增大循环预热注汽环空压力，蒸汽饱和温度增高，有利于提高井间中间区域的平均温度。但是从表 5-8 可以看出，循环预热注汽环空压力增高，进入地层蒸汽量变大，无论是累积产液量还是累积产油量都不断降低，不利于油层中流体的产出和有效加热油层；并且容易造成井间油层加热不均匀，尤其是对于非均质性比较强的油藏，更易造成井间油层加热不均匀，对后期的 SAGD 操作造成影响。SAGD 实际操作表明，循环预热注汽环空压力接近油藏压力或略高于油藏压力，井筒环空温度分布最稳定，井间油层加热和蒸汽腔发育最稳定，因此优化选取循环预热注汽环空压力以不高于油藏压力 0.5MPa 为宜。重 32 井区 SAGD 试验区的油藏初始压力为 1.7 ～ 2.2MPa，因此选取循环预热注汽环空压力为 2.2 ～ 2.7MPa。

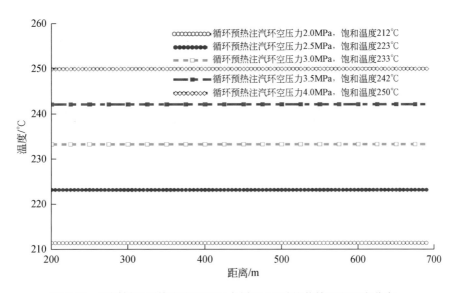

图 5-19 不同循环预热注汽环空压力循环 2d 时的井筒环空温度分布

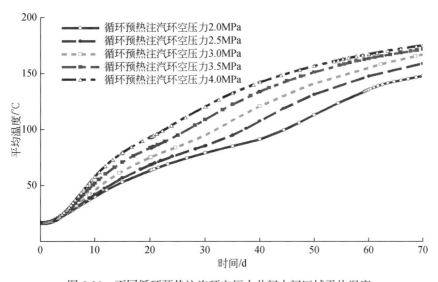

图 5-20 不同循环预热注汽环空压力井间中间区域平均温度

表 5-8　不同环空压力下循环 120d 效果对比

循环预热注汽环空压力 /MPa	累积注汽量 /t	累积产液量 /m³	累积产油量 /m³
2.0	11200	11488	1201
2.5	11200	11138	1083
3.0	11200	10578	1039
3.5	11200	9790	994
4.0	11200	8806	912

4. 循环预热注汽压差优化

1）压差施加时机的优化

循环预热阶段一般是在井间油层加热到一定程度，油层流动能力较强时，在注汽井和生产井间施加一定的压差，以使原油向生产井流动，加快井间对流换热，达到更快加热井间油层的目的。

在循环预热注汽速度为 80m³/d、循环预热注汽干度为 75%、循环预热注汽压差为 80kPa 的条件下，分别在预热 5d、10d、15d、20d、25d、30d 和 40d 的情况下施加压差，对比相应的预热效果。

图 5-21 和图 5-22 结果显示，越早施加压差，井间中间区域平均温度升高得越快，下部生产井产油高峰越早，井间油层加热效果越好；但是在早于 25d 施加，产油高峰并没有明显提前，井间中间区域平均温度增加不明显，因此压差施加时间不应早于 25d。从图 5-23 和图 5-24 可以看出，过早施加压差时，原油流动性差，效果不明显，对于非均质性油藏，容易造成油层加热不均，对后期 SAGD 操作会造成一定的影响。

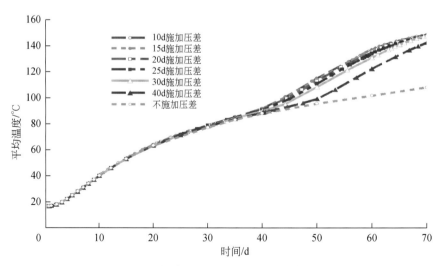

图 5-21　不同施加压差时间井间中间区域平均温度

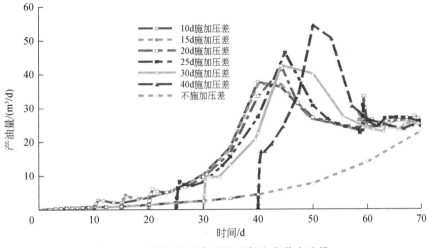

图 5-22　不同压差施加时间下部生产井产油量

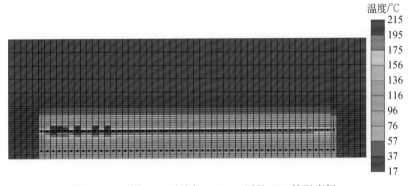

图 5-23　预热 10d 时施加 100kPa 压差 50d 的温度场

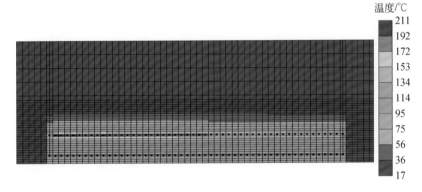

图 5-24　预热 25d 时施加 100kPa 压差 50d 的温度场

一般以井间中间区域的温度对应的原油黏度(流动能力)作为施加压差的判定标准，从不施加压差的井间中间区域平均温度可以看出，当预热 25d 左右时，井间中间区域平均温度达到 75℃ 左右，此时对应的原油黏度为 1500 ～ 2000mPa·s，说明原油已具有较强的流动能力，可以施加压差。根据风城油田重 32 井区实际油藏条件，选择在循环预热 25d 左右时施加压差。

2）压差施加大小的优化

假设循环预热注汽速度为 80m³/d，循环预热注汽干度为 75%，在预热时间 25d 的条件下，分别施加 20kPa、40kPa、60kPa、80kPa、100kPa、150kPa 和 200kPa 的压差，对比相应的预热效果。

图 5-25 结果显示，增大压差，井间中间区域平均温度增高，但是当压差大于 100kPa 时井间中间区域平均温度增加不明显。从图 5-26 和图 5-27 可以看出，增大压差，井间原油流动加快，产油峰值提前，蒸汽突破快，容易在高渗段形成局部优先通道，不利于循环预热的控制。SAGD 上下两井间的距离一般为 5m，静水压差在 50kPa 左右，压差过大，井间加热不均匀，会造成蒸汽进入下部生产井，因此压差不宜过大，以 100kPa 左右为宜，根据重 32 井区实际油藏条件，压差为 80～100kPa 为宜。

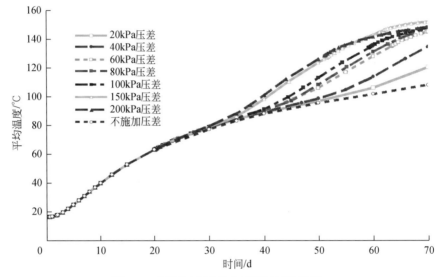

图 5-25　不同压差下井中间区域平均温度

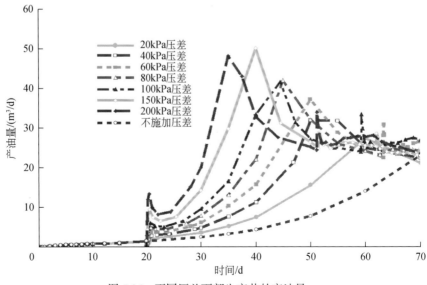

图 5-26　不同压差下部生产井的产油量

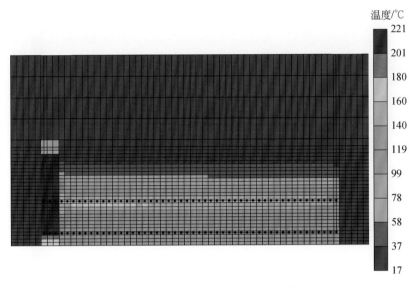

图 5-27　200kPa 压差形成局部优先通道

5. 预热参数小结

从图 5-28 ～图 5-30 可以看出，循环预热注汽速度为 80m³/d，循环预热注汽环空压力为 2.2MPa，循环预热注汽干度为 75%，预热 25d 施加 80kPa 的压差，预热 60d 时，井间中间区域平均温度可达 130℃左右，两井中间已经充分热连通，并且在井筒周围形成了一个高温低黏区域，可以转入 SAGD 生产阶段。

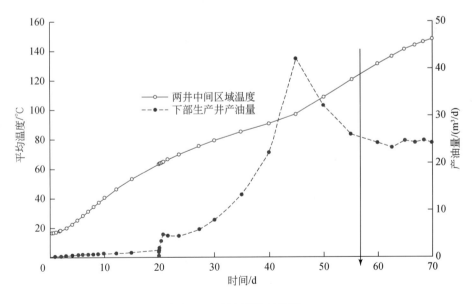

图 5-28　循环预热效果图

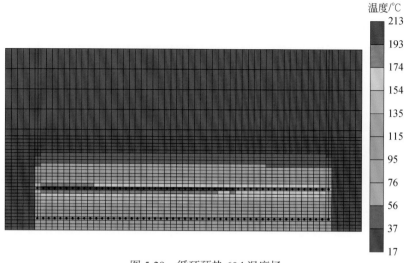

图 5-29　循环预热 60d 温度场

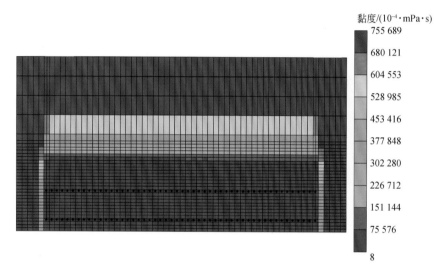

图 5-30　循环预热 60d 黏度场

因此风城油田重 32 井区 SAGD 试验区的循环预热参数如下：循环预热注汽速度为 80 ～ 100m³/d；循环预热注汽压力以不超过初始油藏压力 0.5MPa 为宜；循环预热注汽干度不低于 70%；循环预热 25d 左右施加压差，压差为 80kPa；预热 60d 左右，即可转入 SAGD 生产阶段。

五、SAGD 生产阶段操作参数优化

1. 蒸汽腔操作压力优化

低压操作与高压操作相比有 4 个明显的优势：①在低压操作下，油藏的温度也会较低。因为砂岩基质只被加热到了一个较低的温度，其所需的能量下降，所以就会导致一个较高的油汽比。②SiO_2 在产出水中的溶解度是与温度有关的。当油藏温度降低时，

产出液中的 SiO_2 含量较低，可以降低处理费用。③ H_2S 的产出量随着温度的降低而明显减少，可以减少对生产设备的腐蚀及环境污染。④在低压操作下，流体饱和温度低，对注采设备的损耗低，操作成本低。但是低压操作也存在不足，即在低压操作下有可能导致注汽能力低，采油速度慢，经济效益变差。

　　分别对蒸汽腔操作压力为 0.8MPa、1.0MPa、1.2MPa、1.5MPa、1.8MPa 和 2.1MPa 条件下 SAGD 阶段的开发效果进行对比，见表 5-9。

表 5-9　不同操作压力下 SAGD 阶段开发效果对比表

操作压力/MPa	生产时间/d	注汽量/10^4t	产油量/10^4m^3	日产油量/m^3	油汽比	采收率/%	STEP
0.8	3947	52.4	24.4	61.7	0.466	61.4	3.8
1.0	3314	54.4	24.6	74.3	0.452	62.0	4.3
1.2	2920	56.5	24.9	85.2	0.441	62.6	4.5
1.5	2584	60.1	25.1	96.9	0.418	63.1	4.4
1.8	2356	63.4	25.1	106.7	0.396	63.3	4.2
2.1	2085	66.1	25.1	120.4	0.380	63.2	4.0

　　国外一般通过定义一个综合参数 STEP 来评价开发效果，STEP 的定义如下：

$$STEP=RF \times CDOR \times COSR^{2.4} \tag{5-1}$$

式中，RF 为采收率；CDOR 为日产油量；COSR 为累积油汽比；STEP 为一个综合考虑了 RF、CDOR、COSR 的参数。因为高操作压力一般会导致 RF 增高，CDOR 增高，COSR 变小；低操作压力一般使 COSR 增高，RF 和 CDOR 变小，因此 STEP 综合反映了三者之间的关系，STEP 数值最大时，操作条件最优。

　　从表 5-9 可以看出，高操作压力下采油速度高、生产周期短，但是相应的油汽比低，注入相同的蒸汽量开发效率低。从表 5-9 和图 5-31 可以看出，操作压力在 1.0～1.5MPa 时的开发效果最好。

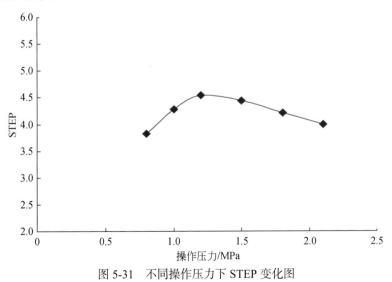

图 5-31　不同操作压力下 STEP 变化图

2. 蒸汽腔操作 sub-cool 控制

sub-cool 是指生产井井底流压对应的饱和蒸汽温度与流体实际温度的差值。sub-cool 大于 0，表明实际生产温度低于饱和蒸汽温度，蒸汽没有突破；sub-cool 接近于 0 表明实际生产温度接近饱和蒸汽温度，蒸汽已突破。SAGD 生产过程中，一般要求 sub-cool 稳定在一个适当的范围之内，来控制生产井的采出液量和蒸汽腔的发育，以利于重力泄油。蒸汽腔压力为 1.5MPa 条件下，分别对 sub-cool 为 5℃、10℃、15℃、20℃、25℃进行研究，由表 5-10 和图 5-32 可以看出，sub-cool 越大，生产井上方的液面越高，越利于控制蒸汽的突破，但是不利于蒸汽腔的发育，相应的产油量和油汽比降低。可以看出 sub-cool 等于 5℃时，蒸汽腔接近生产井，容易造成蒸汽突破；sub-cool 大于 15℃，排液液面接近注汽井，不利于蒸汽腔的发育。从生产井的控制和蒸汽的热利用效率考虑，sub-cool 以 5 ～ 15℃为宜。

表 5-10　不同 sub-cool 控制时生产效果表

sub-cool/℃	生产时间 /d	注汽量 /10⁴t	产液量 /10⁴m³	产油量 /10⁴m³	日产油量 /m³	注采比	油汽比	采收率 /%
5	3337	54.5	73.0	24.6	73.6	1.34	0.451	61.9
10	3927	57.2	71.7	23.2	59.2	1.25	0.406	58.5
15	6450	65.5	74.3	22.7	35.1	1.13	0.347	57.1
20	7250	60.7	64.9	20.5	28.3	1.07	0.338	51.6
25	7450	57.7	61.6	18.2	24.4	1.07	0.315	45.7
30	7650	55.8	59.0	16.5	21.6	1.06	0.296	41.6

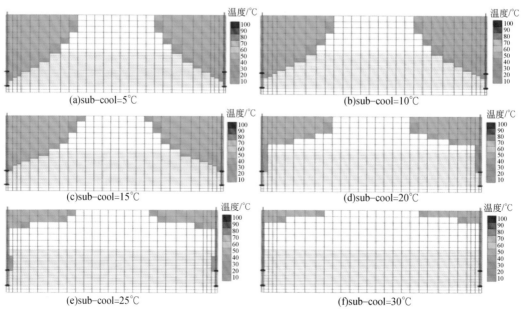

(a)sub-cool=5℃　　(b)sub-cool=10℃
(c)sub-cool=15℃　　(d)sub-cool=20℃
(e)sub-cool=25℃　　(f)sub-cool=30℃

图 5-32　不同 sub-cool 控制时的蒸汽腔发育图

3. 注汽速度优化

图 5-33 为注汽速度与井底干度的变化关系图，在井口干度相同的条件下（95%），注汽速度越高，井底干度越高。因此在注汽工艺和油藏条件允许的条件下，应适当提高注汽速度。

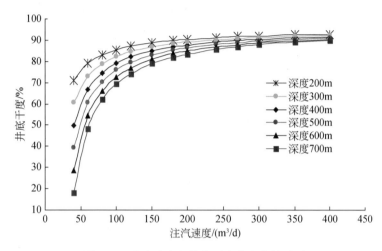

图 5-33　注汽速度与井底干度的变化关系图

本节对注汽速度分别为 150m³/d、200m³/d、250m³/d、300m³/d 和 350m³/d 的开发效果进行对比（表 5-11）可知，注汽速度低于 250m³/d 时，日产油量和油汽比都很低；注汽速度为 250～300m³/d 时，油汽比最高，生产效果最好；注汽速度太高时，操作压力变大，油汽比降低。因此选取注汽速度为 250～300m³/d。

表 5-11　不同注汽速度生产效果表

注汽速度 /（m³/d）	生产时间 /d	注汽量 /10⁴t	产油量 /10⁴m³	操作压力 /MPa	日产油量 /m³	采注比	油汽比	采收率 /%	STEP
150	4850	47.5	18.5	0.6～0.7	38.1	1.31	0.39	46.3	3.48
200	3921	51.1	19.2	0.7～0.8	49.0	1.33	0.38	48.0	3.95
250	3235	53.9	23.5	0.9～1.1	72.6	1.34	0.44	58.8	4.38
300	2762	56.5	24.8	1.2～1.4	89.8	1.36	0.44	62.0	4.74
350	2495	59.8	25	1.5～1.7	100.2	1.39	0.42	62.5	4.21

4. 注汽干度优化

本节分别模拟计算了注汽干度为 45%、55%、65%、75%、85% 和 95% 时的开发效果。从表 5-12 可以看出，注汽干度越高，油汽比越高，采收率越高，所以注汽干度越高越好。SAGD 主要靠高干度蒸汽冷凝加热原油，也就是说主要靠蒸汽的潜热加热原油，注汽干度低于 75% 时，相应的油汽比和采收率都较低，因此注汽干度不应低于 75%。

表 5-12　不同注汽干度开采效果表

注汽干度 /%	生产时间 /d	注汽量 /10⁴t	产油量 /10⁴m³	日产油量 /m³	油汽比	采收率 /%
45	5168	63.5	24.1	46.7	0.380	60.8
55	4532	58.2	24.4	53.7	0.419	61.3
65	4226	55.4	24.7	58.5	0.446	62.2
75	3900	52.3	25.0	64.1	0.478	63.0
85	3650	51.3	25.2	69.1	0.491	63.5
95	3648	51.2	25.6	70.3	0.500	64.6

5. 采液速度（采注比）优化

在注汽速度为 $250m^3/d$ 的条件下，分别对采注比为 1.1、1.2、1.3、1.4、1.5 和 1.6 的开发效果进行对比。

由表 5-13 和图 5-34 可以看出，采注比小于 1.3 时，蒸汽腔发育不充分，生产时间长，注汽量多，油汽比低；但采注比大于 1.5 时，蒸汽腔发育接近生产井，不利于控制，容易造成生产问题；因此认为采注比为 1.3 ～ 1.4 最好。

表 5-13　不同采注比开发效果表

采注比	配产 / (m³/d)	生产时间 /d	注汽量 /10⁴t	产液量 /10⁴m³	产油量 /10⁴m³	日产油量 /m³	油汽比	采收率 /%
1.1	275	3650	90.7	99.7	21.7	59.5	0.239	54.7
1.2	300	3481	86.5	103.6	25.2	72.4	0.291	63.4
1.3	325	2704	67.1	84.9	24.9	92.0	0.371	62.7
1.4	350	2374	58.8	76.7	24.6	103.8	0.418	62.1
1.5	375	2383	59.0	76.9	24.6	103.1	0.417	61.9
1.6	400	2391	48.5	66.7	23.6	98.6	0.487	59.4

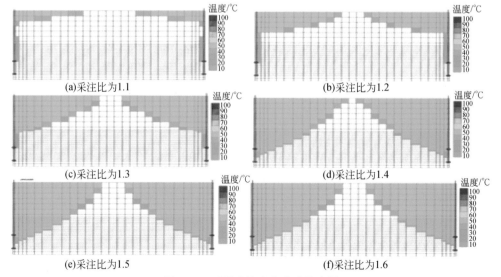

(a) 采注比为1.1　　　　(b) 采注比为1.2

(c) 采注比为1.3　　　　(d) 采注比为1.4

(e) 采注比为1.5　　　　(f) 采注比为1.6

图 5-34　不同采注比蒸汽腔发育图

6. 操作参数小结

SAGD 操作参数对生产影响显著，优化结果表明，重 32 井区操作压力控制在 1.0 ～ 1.5MPa，sub-cool 控制在 10 ～ 15℃，注汽速度控制在 250 ～ 300m³/d，井底干度高于 75%，采注比为 1.3 ～ 1.4 时开发效果较好。

六、参数设计结果及指标预测

根据上面的研究结果，对双水平井 SAGD 的油藏工程设计参数进行汇总（表 5-14）。因为试验区各井组的油藏参数存在差异，所以在对应参数上给出了一定的范围。

表 5-14　双水平井 SAGD 开发的主要注采参数汇总表

双水平井部署		启动阶段操作参数		操作阶段注采参数	
水平生产井长度 /m	400 ～ 500	注汽速度 /（t/d）	80 ～ 100	蒸汽腔操作压力 /MPa	1.5 ～ 1.8
水平生产井垂向位置	距油层底部 2m	井底注汽干度 /%	70	稳定阶段注汽速度 /（t/d）	250
注采井间的垂向距离 /m	5	循环预热压力 /MPa	1.9 ～ 2.2	井底注汽干度 /%	> 75
水平井井距 /m	80	施加压差时间 /d	25	sub-cool 控制 /℃	10 ～ 15
水平井排距 /m	80	施加压差大小 /kPa	80 ～ 100	稳定阶段采注比	1.4
		转 SAGD 时间 /d	60		

在上述研究确定的操作参数的基础上，模拟预测了重 32 井区 SAGD 开发指标。SAGD 阶段的产量可以划分为上升、扩展和下降阶段，与此相对应的蒸汽腔的发育也分为上升、扩展和下降阶段（表 5-15、图 5-35）。

表 5-15　风城油田齐古组 J₃q₂ 层双水平井 SAGD 单井组开发指标

年度	年注汽量 /10⁴t	年产油量 /10⁴t	日注汽量 /t	日产液量 /t	日产油量 /t	含水率 /%	油汽比	采油速度 /%OOPI
1	6.4	1.5	213	245.8	48.4	80.3	0.234	1.3
2	7.1	2.5	237.1	299.7	82.3	72.5	0.352	11.15
3	7.2	1.9	240.5	285.3	64.6	77.4	0.264	8.74
4	7.5	1.7	250.2	286.8	55.9	80.5	0.227	7.57
5	7.5	1.3	250.1	265.4	43.3	83.7	0.173	5.87
6	6.1	1.1	201.9	233.2	36.7	84.3	0.180	4.97
7	5	1.3	166.9	209.4	42.5	79.7	0.260	5.76
8	4.2	0.9	138.7	167.8	30.7	81.7	0.214	4.16
9	3.6	0.7	119.5	141.6	23.9	83.1	0.194	3.23
10	3.2	0.5	106.1	121.6	17.7	85.4	0.156	2.4
11	2.9	0.4	96.6	102.6	12.4	87.9	0.138	1.68
总计	60.7	13.8						56.83

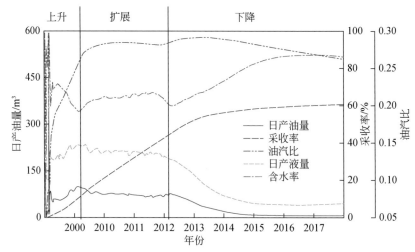

图 5-35　重 32 井区 SAGD 生产开发动态图（400m）

预测条件：水平井段长度为 400m、连续油层厚度为 20m、50℃时地面脱气原油黏度为 25000mPa·s、井底干度为 80%。预计双水平井 SAGD 单井组有效生产期为 11 年，累积产油量为 13.8×10⁴t，累积油汽比为 0.227，阶段采出程度为 56.83%。

第二节　SAGD 开发调控技术

开发调控贯穿于 SAGD 开发的全过程，从 SAGD 启动阶段到 SAGD 生产阶段，需要全程监测相态的变化，并实时进行调控。细分开发阶段是精细调控的重要前提条件，准确描述蒸汽腔发育状态是精细调控的重要基础，优化均衡控液工艺管柱是精细调控的重要方法，高温带压作业工艺是保护蒸汽腔的重要手段，在线油藏动态分析系统是推进高效管理重要保证。

一、SAGD 不同开发阶段划分

本节以风城油田浅层超稠油油藏双水平井 SAGD 先导试验为例，结合跟踪数值模拟研究，依据蒸汽腔操作压力、采注比和蒸汽腔发育特征，将双水平井 SAGD 启动阶段和生产阶段细分为均匀等压循环、均衡增压循环、转 SAGD 生产初期、高压生产、稳定生产和衰竭生产等 6 个阶段，并提出各阶段的转换条件。根据风城油田双水平井 SAGD 生产实践，对各阶段关键参数进行了优化，可作为同类油藏双水平井 SAGD 生产方式的技术参考。

1. 生产阶段细分

在数值模拟的基础上，依据现场操作压力、采注比及蒸汽腔发育特征，将 SAGD 生产过程细分为以下 6 个阶段。

1）均匀等压循环阶段

注汽井和采油井均采用长管注汽、短管或油套环空排液的循环预热模式。随着循环预热注汽压力的增大，饱和蒸汽温度也将随之增高，有利于提高注采井井间区域平均温度。当循环预热注汽压力增加过高时，将导致非均质性比较强的油藏注采井井间油层加热不均匀，对后期的 SAGD 操作造成不利影响。实践表明，注汽井与采油井井底注汽压力保持一致，操作压力不大于地层压力 0.5MPa，注采比控制在 1.0 时，井筒环空温度分布最稳定，井间油层加热和蒸汽腔最稳定。均匀等压循环阶段注汽井与采油井各自形成一个独立的循环体系，井间干扰小，通过不间断热传导，逐渐在注汽井与采油井水平井段附近形成温度较高、原油黏度相对较低的区域 [图 5-36（a）]。

2）均衡增压循环阶段

均匀等压循环阶段末期，随着水平井段井筒附近高温区的不断扩展，注汽井与采油井间原油黏度逐渐降低至 1000mPa·s 左右，具有一定的流动能力，可以进行均衡增压。均衡逐步提升注汽井与采油井的井底操作压力，保持操作压力小于地层破裂压力 0.5MPa，采注比控制在 0.80 ～ 0.85，进一步提升蒸汽腔温度，降低原油黏度，促进原油流动 [图 5-36（b）]。该阶段末期，一方面增加注汽井长管的注汽速度，减少注汽井短管的产液量。另一方面，同步等量地增加采油井长管的注汽量，适当增加采油井短管的产液量，逐步在注汽井与采油井井间形成 0.2 ～ 0.5MPa 的生产压差。在该过程中，热水驱替原油形成快速热对流，从而加快注汽井与采油井之间的热连通，为转 SAGD 生产作准备。

3）转 SAGD 生产初期阶段

转 SAGD 生产的时机主要考虑以下条件：①均衡增压循环阶段末期，注采井井间温度达到 125 ～ 130℃，原油黏度下降至 100mPa·s 左右，在井筒周围形成一个高温低黏区。②未发生单点蒸汽突破的井组热连通长度达到水平井段长度的 50% 以上。③采油井产出液中含油量达 10% 以上；转入 SAGD 生产后，其工作制度与循环预热阶段有本质区别。注汽井短管停止产液，长管继续注汽；采油井长管停止注汽，短管下泵生产；转 SAGD 生产初期 [图 5-36（c）]，高温低黏区仅限于注采井筒周围及注采井井间油层，蒸汽腔较小，供液有限，承受压力波动幅度较小，整个过渡阶段必须采用相对较低的操作压力，注汽井弱注、采油井弱采，在注汽井与采油井间建立新的动态平衡；逐步提高操作压力，增加注汽量和产液量，重建一个新的动态平衡；操作压力、注汽速度和产液量呈现一个螺旋上升的趋势，使转 SAGD 生产初期操作自然过渡为正常的 SAGD 操作。整个过渡阶段中，操作压力界限控制在不高于地层压力 0.5MPa，采注比为 1.0 左右，生产压差为 0.2 ～ 0.5MPa，ΔT_s 大于 15℃，泵沉没深度大于 50m。

4）高压生产阶段

蒸汽腔顶部的"汽指"在蒸汽腔上升中起着重要作用，高压操作对于激发"汽指"形成非常重要，加快蒸汽腔的扩展。SAGD 生产系统相对稳定后，针对陆相非均质性较强的超稠油油藏，适当提高操作压力，激发"汽指"形成，蒸汽在超覆作用下向油藏上方扩展，并且纵向上升速度明显高于横向扩展速度 [图 5-36（d）]。该阶段的蒸汽腔操作压力应小于油层破裂压力 0.5MPa，采注比控制在 1.1 ～ 1.2，Δts 应大于 10℃。

5）稳定生产阶段

当80%水平井段蒸汽腔到达油层顶部后，蒸汽腔开始稳定横向扩展，形成一个上宽下窄的蒸汽腔［图5-36（e）］，注汽速度和产液量达到最大并稳定。达到产油高峰后，逐步降低操作压力，有效利用蒸汽闪蒸释放的潜热，提高热效率，保持较高的油汽比，达到高效经济开发目的。另外，随着生产时间的增加，原油黏度有进一步增加的趋势，为保持原油的流动性，操作压力不宜过低。稳定生产阶段操作压力应控制在大于地层压力 $0.2 \sim 0.5$ MPa，ΔT_s 大于 5 ℃，同时控制产液速度，采注比控制在 $1.2 \sim 1.4$，确保蒸汽腔充分发育，有效发挥重力泄油的作用。

6）衰竭生产阶段

当蒸汽腔横向扩展至油层顶部两侧边界时，随着蒸汽的继续注入，蒸汽腔开始缓慢向下发展，水平采油井上方基本都被蒸汽腔充满，水平采油井有蒸汽突破，产油量急剧下降，含水率高达 98% 以上，SAGD 过程结束［图5-36（f）］。

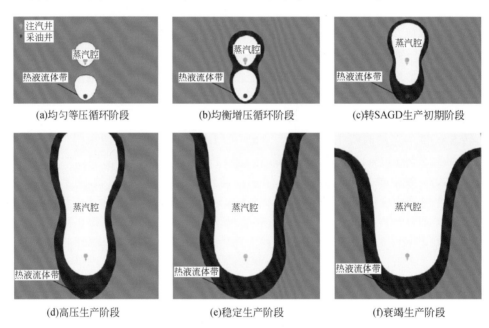

图 5-36　不同生产阶段蒸汽腔发育示意图

2. 应用实例

重 32 井区 SAGD 先导试验区采用长管注汽、油套环空排液的循环预热方式。由于油套环空空间较大，蒸汽滑脱现象严重，在均衡增压循环阶段采用了脉冲式吞吐生产方式解决油套环空中的蒸汽滑脱问题，增加排液量，有效提高热循环效率。转 SAGD 生产后，采用高压生产有效促进了蒸汽腔的纵向发育。由图 5-37 的分析可知，重 32 井区部分井组如 FHW103 井组 SAGD 已经经历了均匀等压循环阶段（A）、均衡增压循环阶段（B）、转 SAGD 生产初期阶段（C）、高压生产阶段（D），目前正处于稳定生产阶段（E），生产较为平稳。

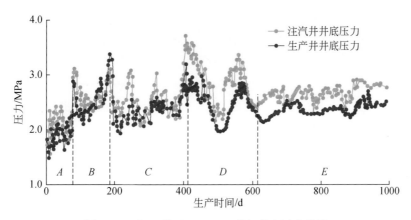

图 5-37　重 32 井区 FHW103 井组井底压力曲线

重 37 井区 SAGD 先导试验区采用长管注汽、短管排液的循环预热方式，有效解决了蒸汽滑脱问题，提高了热循环效率。由图 5-38 可见，重 37 井区部分井组如 FHW207 井组 SAGD 已经历了均匀等压循环阶段（A）、均衡增压循环阶段（B）、转 SAGD 生产初期阶段（C）。受储层非均质性的影响，部分井组正处于高压生产阶段（D），井底压力波动较大，ΔT_s 控制难度大，少数井组已进入稳定生产阶段（E）初期，生产较为平稳，但操作压力仍处于一个较高的水平，需进一步调整注采参数，逐步降低井底操作压力和产出液温度，提高阶段油汽比。

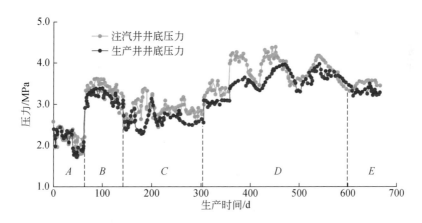

图 5-38　重 37 井区 FHW207 井组井底压力曲线

重 32、重 37 井区 SAGD 先导试验区实践表明，各阶段操作压力和采注比控制合理，凡进行了各阶段注采参数优化的井组开发效果均较好。例如，重 32 井区 SAGD 先导试验区 FHW103、FHW105 井组，稳定生产阶段平均日产油量为 52.3 ～ 61.4t，阶段油汽比为 0.52 ～ 0.54；重 37 井区 SAGD 先导试验区 FHW201、FHW207 和 FHW209 井组平均日产油量为 26.2 ～ 36.3t，阶段油汽比为 0.26 ～ 0.28，井组平均日产油量和阶段油汽比明显高于试验区平均水平（表 5-16）。

表 5-16 SAGD 稳定生产阶段开发效果对比

区块	井组	平均日产油量 /t	平均日注汽量 /t	油汽比
重 32	FHW103	52.3	100.8	0.52
	FHW105	61.4	114.6	0.54
	试验区	42.1	97.3	0.43
重 37	FHW201	36.3	127.4	0.28
	FHW207	30.5	115.6	0.26
	FHW209	26.2	98.3	0.27
	试验区	21	94.5	0.22

二、蒸汽腔定量描述技术

（一）蒸汽腔发育影响因素

蒸汽腔的发育形态决定了 SAGD 泄油能力，蒸汽腔高度越高，井组产量越高。蒸汽腔在发育过程中受到多种因素的影响，地层倾角、隔夹层、井轨迹、水平井段动用点分布影响、预热结束后的连通程度及分布位置、转 SAGD 生产后的注采点分布等对蒸汽腔的发育速度及发育形态影响较大。

1. 地层倾角影响

SAGD 主要生产动力是重力泄油，当地层存在倾角时，蒸汽腔会优先向上倾方向扩展，蒸汽腔向上倾方向扩展的速度为向下倾方向扩展的 1.5 ～ 2 倍。地层倾角大于 20° 时，稳产时间明显变短，采出程度明显变低（图 5-39、图 5-40）。

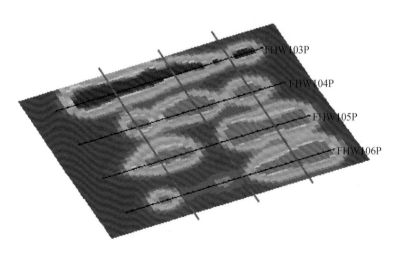

图 5-39 重 32 井区 SAGD 试验区蒸汽腔平面图
P- 生产水平井

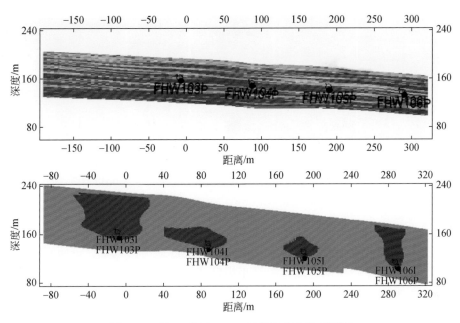

图 5-40 重 32 井区 SAGD 试验区蒸汽腔剖面图

2. 隔夹层影响

隔夹层的分布形式主要分为注汽井上方夹层和注汽井、生产井井间隔夹层。

注汽井上方隔夹层主要阻挡了蒸汽腔的垂向发育。隔夹层距离注汽井越近，蒸汽腔的发育受阻越明显，展布范围越大，蒸汽腔绕过的时间越久。渗透率 K 低于 $100 \times 10^{-3} \mu m^2$ 时，蒸汽不能通过，只能以从隔夹层边缘绕过的方式通过；渗透率大于 $200 \times 10^{-3} \mu m^2$ 时，蒸汽几乎能全部通过隔夹层（图 5-41）。

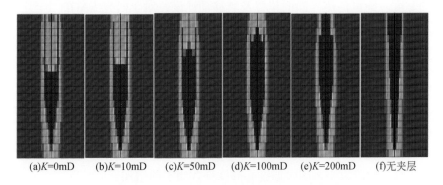

(a)K=0mD　(b)K=10mD　(c)K=50mD　(d)K=100mD　(e)K=200mD　(f)无夹层

图 5-41 不同渗透率的注汽井上方隔夹层生产 500d 时蒸汽腔分布图

注汽井、生产井井间隔夹层阻挡蒸汽腔泄液通道，从而阻碍蒸汽腔正常发育。隔夹层越靠近生产井，注汽井、生产井井间蒸汽腔发育规模越小，采收率越低；距离生产井 3m 以上时，蒸汽腔发育较正常；展布范围大于 4m 时，井组产量高峰值延迟较严重，累积油汽比低（图 5-42）。

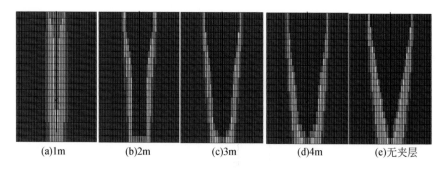

图 5-42　距离生产井不同距离的注汽井、生产井井间隔夹层生产 900d 时蒸汽腔分布图

3. 水平井段动用点分布影响

水平井段动用程度的高低，决定了水平井段泄油通道的大小，进而影响蒸汽腔的发育情况。SAGD 生产初期，蒸汽腔呈小规模"串珠状"分布，生产一定时间后，各小蒸汽腔逐渐聚合形成一个大蒸汽腔；但在未动用井段，蒸汽腔难以形成，储层难以动用。

4. 井轨迹影响

通过数值模拟研究发现，生产井轨迹向上偏移，易造成局部发育蒸汽腔，严重影响前半段蒸汽腔的发育；生产井轨迹向下偏移，增加了井间间距，偏移处井间不连通，影响上方蒸汽腔的发育。

（二）观察井温度试井解释

在 SAGD 生产过程中，蒸汽腔内的蒸汽通过热传导及热对流形式加热地层流体，降低原油黏度。确定传热界面的位置及其移动速度，对于研究 SAGD 生产过程、提高 SAGD 开发效果具有重要意义。

利用反 Stefan 问题解决方法，建立和求解 SAGD 观察井温度试井解释模型，根据对观察井的温度变化的有效模拟，可实现观察井温度数据定量解释，计算出每一深度的蒸汽腔前缘位置形态及移动速度（图 5-43）。

SAGD 观察井温度试井曲线存在加速升温（Ⅰ）、恒速升温（Ⅱ）、减速升温（Ⅲ）和升温结束（Ⅳ）4 个热传导阶段（图 5-44）。

加速升温阶段：根据地层中的热传导规律，受热点初始温度上升缓慢，温度上升速率逐步提高，此阶段中无因次温度和温度导数均不断增加。

恒速升温阶段：当观察井的温度上升到一定程度时，无因次温度出现一个短暂的恒速上升阶段，此时无因次温度导数值为常数。

减速升温阶段：根据热传导理论过程，加速升温和恒速升温一段时间后，则转变为减速升温阶段，从样板曲线可看出，此阶段无因次温度导数减小。

升温结束阶段：当蒸汽腔扩展至观察井时，观察井温度与蒸汽腔温度一致，此时无因次温度为 1，无因次温度导数降为 0，整个温度上升阶段结束。

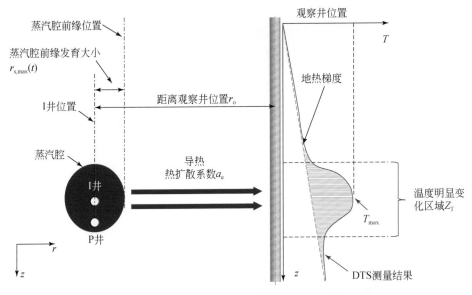

图 5-43　观察井温度监测蒸汽腔发育示意图

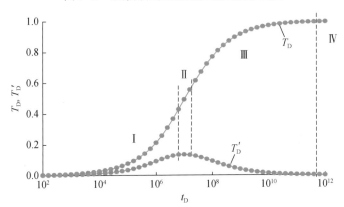

图 5-44　观察井温度试井样版曲线
T_D-无因次温度；T_D'-无因次温度导数

以 FHW106 井组为例，在该井组 A 点附近部署 FZI118 观察井，监测地层温度变化情况，FZI118 井距 FHW106 井组水平井段平面距离 20m。根据 FZI118 观察井温度剖面数据解释得出：蒸汽腔向 FZI118 观察井扩展的速度为 0.006 ~ 0.010m/d，平均速度为 0.008m/d，平均热扩散系数为 0.08m²/d，截至 2015 年 11 月，蒸汽腔横向扩展 39.3m（图 5-45）。

（三）四维微地震解释

1. 技术原理

SAGD 在注入热蒸汽的过程中会诱发地下储层中的微地震，其产生机制与水力压裂通过改变应力场而产生微地震破裂完全不同。注入高温蒸汽在改善重油油藏的流动性的同时也导致了孔隙压力的增加而使应力场发生了改变，还导致了热应力（thermal

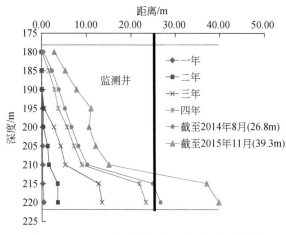

图 5-45　FZI118 观察井历年蒸汽腔界面位置图

stress）的改变和地下岩石材料特性的较大改变。这些地质力学上的改变需要以微地震/微破裂这样的应力场地震形变的形式释放出地震能量，或者有可能引发地表的扩张或者收缩变形。通过观测 SAGD 注入过程中诱发的微地震事件的频率和分布就可以描述储层地下温度场的分布和发育情况。

SAGD 井组在高温注气过程中，大量的高温蒸汽使油层温度产生差异，形成巨大的地应力，引起地下微地震。通过监测这些微地震事件的分布可以反映蒸汽腔发育情况和前缘位置。微地震事件和能量的分布同时反映了油藏内部的裂缝发育情况和断层分布情况。

2. 发展历程

在国外的文献报道中存在大量的采用微地震方法进行 SAGD 蒸汽腔体监测的文章。2008 年 Hans 和 Johan 等第一次发表了基于微地震的地质力学模型与蒸汽腔体体积估算方法。2009 年 Hans 等发表了关于 SAGD 注入过程伴随的微地震事件特性的研究报告。

在国外的文献报道中存在较多的基于微地震方法进行 SAGD 蒸汽腔体监测的研究文章。TerraNotes 公司在 2012 报告了采用四维微地震方法监测多水平井组 SAGD 蒸汽腔体分布的结果。

2013 年加拿大卡尔加里大学展示了在冷湖地区参与的 SAGD 蒸汽腔监测成果，该成果显示，通过 3 年不间断四维微地震监测，完整地记录了 SAGD 蒸汽腔的发育过程，并指出随着蒸汽腔的扩展，油汽比和采出程度逐步提高。

3. 应用效果

自 2014 年 7 月启动以来，在重 32 井区、重 37 井区、重 1 井区和重 18 井区开展了四维微地震监测。有效地确定出了蒸汽腔体三维分布数据，对了解 SAGD 井区的开发现状和生产动态提供了科学依据。其中，重 32 井区蒸汽腔体垂向上发育良好，形成了良好的连续腔体，注入井与生产井之间连通良好。部分井段蒸汽腔形态接近油层顶部。

重 37 井区蒸汽腔体发育较好,个别井的垂向发育受阻。重 1、重 18 井区还处于蒸汽腔发育初期,形态上还不能形成连续的腔体。本书分析了重 32 井区 SAGD 先导试验区蒸汽腔分布规律,如下所述。

1)蒸汽腔三维形态

重 32 井区 4 个 SAGD 水平井组的蒸汽腔三维形态如图 5-46 所示,视角为从脚尖看向脚跟方向,不同的图显示采用不同的能量阈值从原始的四维影像数据体中抽取出的蒸汽腔三维形态。图[5-46(a)]为整个井区 4 组双水平井的蒸汽腔体形态。蒸汽腔体分布均表现为中间发育较好,其中左侧两口井在脚尖部分显示出明显的间断,且在脚跟部分存在明显的零散能量分布区域。图[5-46(b)]显示一口井(FHW103 井组)的蒸汽腔形态。其形态中部发育较好,两端分布有些残缺。其中脚尖部位受夹层影响,蒸汽腔在上部发育较好,脚跟部位下侧发育较好,上侧形态分布呈现不连续。

目标地层中地质条件和激励条件不同,因此数据体中每个体素(voxel)处在不同能量等级上。图 5-47 为将单井蒸汽腔体设定为不同能量等级阈值后显示出来的蒸汽腔体发育形态。由图 5-47 可以得出结论,该井的蒸汽腔体高能区域位于井轴的中部,且呈现为分离的多个独立区域。

(a)重32井先导试验井区蒸汽腔体形态　　　　(b)FHW103井组蒸汽腔体形态

图 5-46　三维蒸汽腔体形态

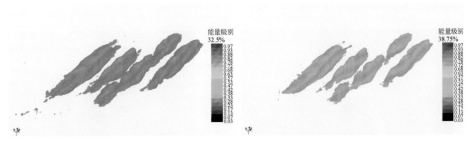

(a)重32井区蒸汽腔体形态　　　　(b)FHW103井组蒸汽腔体形态

图 5-47　不同能量等级下的三维蒸汽腔体形态

2)蒸汽腔体的平面分布

将成像阶段获得的四维数据体沿平行于地层的方向做水平切片,可反映不同地层深度下蒸汽腔体的水平分布规律(图 5-48)。图 5-48 较明显地体现了该井区蒸汽腔体分布的一些特点,如下所述。

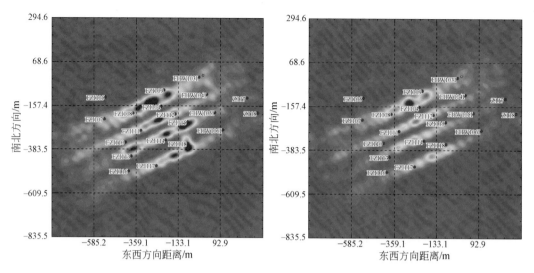

图 5-48　重 32 井区等深度水平切片

（1）沿井轴中部蒸气腔水平发育较好。

（2）各井组的蒸汽腔水平分布不均匀，呈较明显的断续分布。

（3）各井组蒸汽腔到达顶部的程度不均匀。

3）蒸汽腔体的高度分布

图 5-49 为单井垂直井轴的切片数据，反映了在井轴给定位置蒸汽腔的形态规律。

4）蒸汽腔体的边界检测

在生产实践中需要准确了解蒸汽腔体的三维数据，包括长度、高度、体积等。为了给出量化的三维蒸气腔，先将原始的四维成像数据在时间上进行积分形成一个三维空间的成像数据体。然后根据定义的计算准则检测蒸汽腔体的边界，从而测量出单井蒸汽腔体的三维数据（表 5-17）。

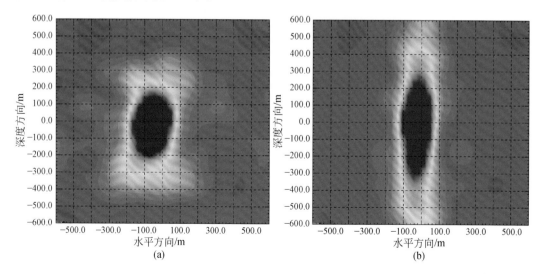

(a)

(b)

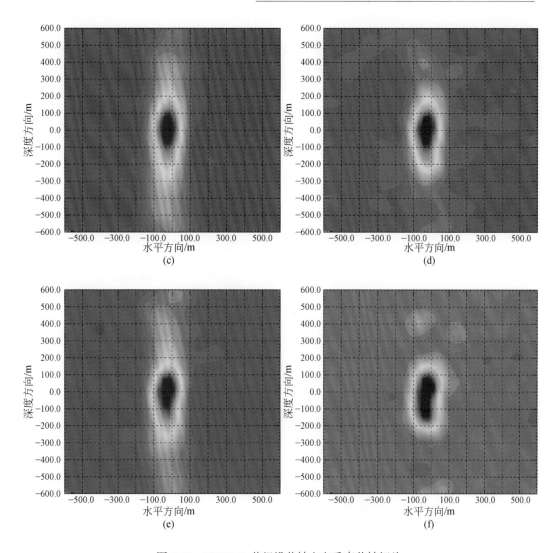

图 5-49　FHW103 井组沿井轴方向垂直井轴切片

表 5-17　重 32 井区 SAGD 先导试验区基于微地震监测的蒸汽腔特征统计表（单位：m）

井组	脚尖		脚跟		中部	
	宽度	高度	宽度	高度	宽度	高度
FHW103	23	33	24	27	18	34
FHW104	18	28	20	29	23	28
FHW105	21	28	23	28	20	34
FHW106	19	32	20	34	22	28

5）与温度监测结果的对比

综合各井组不同时期水平井段的温度变化、观测井温度变化，绘制重 32 井区 SAGD 先导试验区 SAGD 生产阶段温度场图，计算蒸汽腔横向扩展距离，如图 5-50、表 5-18 所示。

（1）重 32 井区 SAGD 先导试验区水平井段温度场分布不均匀，其中 FHW103 井组蒸汽腔最发育，连续性较好；FHW105 井组蒸汽腔主要发育在前段及中部，水平井段脚尖部位蒸汽腔不发育，FHW106 井组蒸汽腔主要发育在水平井段脚跟部位。

（2）重 32 井区 SAGD 先导试验区 FHW103 井组、FHW105 井组蒸汽腔发育较好，垂直水平井段方向最大蒸汽腔距离为 75.8 ～ 83m，在观察井位置蒸汽腔纵向扩展高度在 25.2 ～ 28.7m；FHW104 井组蒸汽腔横向及纵向扩展距离最小（图 5-51）。

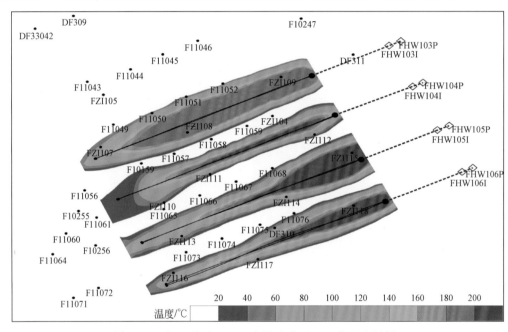

图 5-50　重 32 井区 SAGD 先导试验区 2014 年温度场图

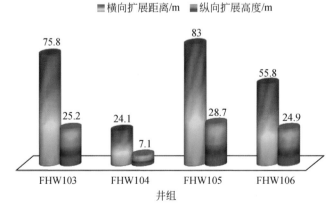

图 5-51　重 32 井区 SAGD 先导试验区 2014 年蒸汽腔形态参数对比图

表 5-18　32 井区 SAGD 先导试验区 2014 年蒸汽腔宽度统计表

井组	对应位置井号	位置	宽度 /m
FHW103	FZI107	103- 脚尖	5.6
	FZI108	103- 中部	37.9
	FZI109	103- 脚跟	37.2
FHW104	FZI110	104- 脚尖	13.3
	FZI111	104- 中部	8.0
	FZI112	104- 脚跟	12.1
FHW105	FZI113	105- 脚尖	10.9
	FZI114	105- 中部	16.3
	FZI115	105- 脚跟	41.5
FHW106	FZI116	106- 脚尖	8.1
	FZI117	106- 中部	10.6
	FZI118	106- 脚跟	27.9

6）与跟踪数值模拟结果的对比

重 32 井区 SAGD 先导试验区数值模拟结果显示，受储层非均质性、注采参数、管柱结构等因素的影响，各 SAGD 井组蒸汽腔发育形态和特征有所不同，水平井段温度场分布不均匀。从蒸汽腔的发育形态来看，FHW103 井组蒸汽腔最发育，横向扩展距离较大，连续性较好；FHW105 井组蒸汽腔体积次之，但该井组蒸汽腔不连续，蒸汽腔呈两段式，水平井段中部和脚尖部位蒸汽腔不发育；FHW104 井组蒸汽腔呈三段式分布，且每个蒸汽腔横向扩展距离不大；FHW106 井组蒸汽腔体积最小，主要发育在水平井段脚跟部位（图 5-52、图 5-53）。

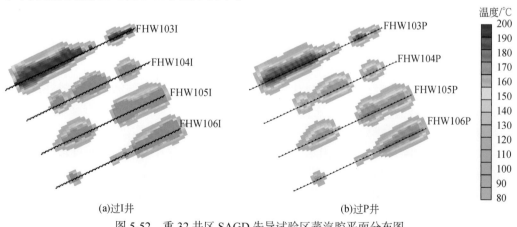

(a)过I井　　　　(b)过P井

图 5-52　重 32 井区 SAGD 先导试验区蒸汽腔平面分布图

I- 注汽水平井

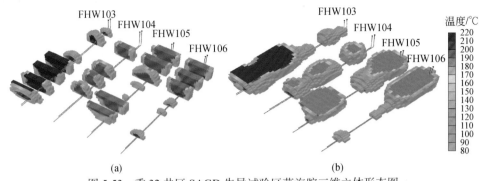

图 5-53 重 32 井区 SAGD 先导试验区蒸汽腔三维立体形态图

从描述蒸汽腔的特征参数来看，重 32 井区 SAGD 先导试验区单井组最大横向扩展距离为 50 ～ 85m，蒸汽腔纵向上局部已到达油层顶部。FHW105 井组、FHW103 井组 SAGD 水平井段蒸汽腔泄油体积、储量动用比例大，产油量相对较高；FHW106 井组泄油腔体积小，但洗油效率高；FHW104 井组蒸汽腔体积较 FHW106 井组大，但其横向扩展距离小，仅为 50m，其累积产油量也最低（表 5-19）。

表 5-19 重 32 井区 SAGD 先导试验区蒸汽腔特征参数统计表（2014 年）

井组	横向扩展距离 /m	纵向上升高度 /m	蒸汽腔泄油体积 /10^4m³	占总体积的百分数 /%	累积产油量（井口）/10^4t	蒸汽腔泄油地质储量 /10^4t	洗油效率 /%
FHW103	85	32	17.33	46.06	5.64	11.59	46.66
FHW104	50	32	10.78	25.58	3.71	7.45	49.80
FHW105	78	32	16.09	42.82	6.52	10.73	60.76
FHW106	65	31	8.52	24.18	4.36	5.35	81.50

对比数值模拟蒸汽腔平面温度场图与根据观察井温度资料所绘制的温度场图可以看出，由于各水平井井组附近观察井较少，水平井段温度测试点间隔也大，根据温度测试资料绘制的温度场图只能反映蒸汽腔的趋势，但整体对比来看，两种方法得出的各 SAGD 井组蒸汽腔的发育位置和井间温度场特征基本一致（图 5-54）。

7）与地质模型的对应关系

综合四维微地震、井下温度监测和跟踪数值模拟成果，考察各井组蒸汽腔发育状况与储层特征的关系（图 5-55）。

（1）FHW103 井组：转 SAGD 生产 1 ～ 2 年，水平井段中部储层物性较好，蒸汽腔发育好。随着转有杆泵生产，A[①] 点生产压差增大，蒸汽腔逐步向 A 点移动。B 点上部发育夹层，初期蒸汽腔不发育，后期存在蒸汽腔绕过夹层的现象。

（2）FHW104 井组：该井组水平井段中部注采井间存在夹层，水平井段中部到 B 点的注汽井上方发育夹层，蒸汽腔仅发育在 A 点附近。由于水平井段动用程度较短，且蒸汽腔上升空间受限，A 点汽窜风险增大，实际生产表明，该井在 A 点频繁汽窜，

---

① 水平井的水平段起点为"A"点，末端为"B"点。

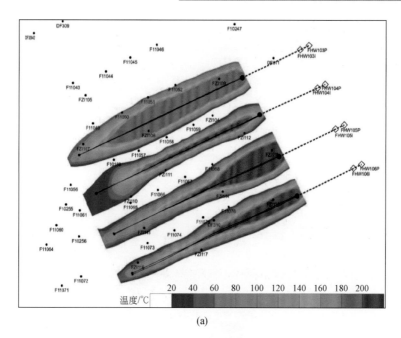

(a)

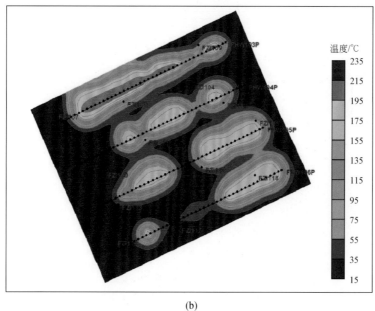

(b)

图 5-54　观察井资料分析结果与数值模拟蒸汽腔平面温度场对比图

sub-cool 控制难度较大，井组产液、产油水平较低。

（3）FHW105 井组：该井组构型建模结果显示，注采井间不存在夹层，而注汽井上方发育连续夹层。四维微地震和井下温度监测表明，该井组水平井段动用程度较好，动用段呈串珠状。结合生产动态分析认为，该井组在转 SAGD 生产 2～3 年，日产液量稳定在 120～150t，日产油量稳定在 30～40t，已累积产油 8 万 t，符合蒸汽腔监测结果，但与构型建模认识不符，即注汽井上方是否发育连续夹层还需进一步研究。

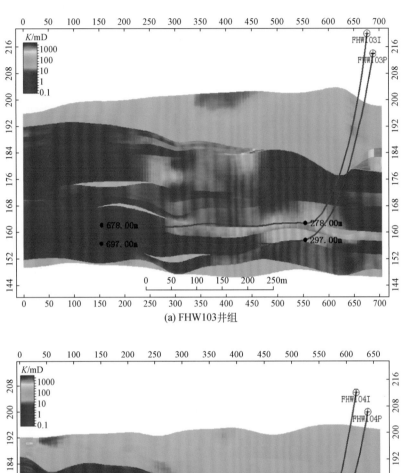

(a) FHW103井组

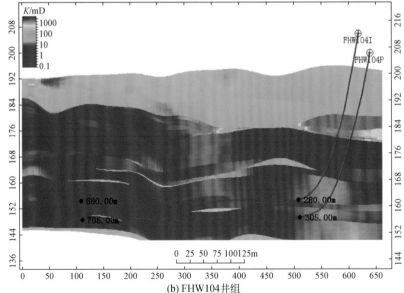

(b) FHW104井组

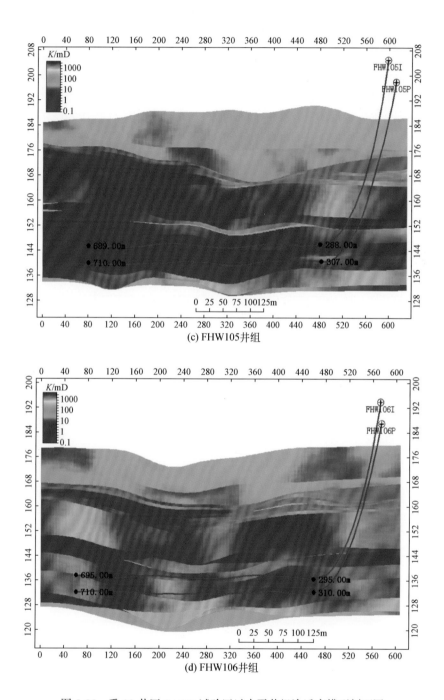

图 5-55　重 32 井区 SAGD 试验区过水平井组渗透率模型剖面图

（4）FHW106井组：该井组 A 点附近储层物性较好，四维微地震监测、井下温度监测和跟踪数值模拟结果表明，蒸汽腔在 A 点发育较好，其余水平井段动用程度较差，A 点汽窜风险大，sub-cool 控制难度较大，井组产液、产油水平较低。

（四）油藏数值模拟

以各区三维地质模型、热物性参数、相渗曲线、黏温曲线、井组管柱数据、井组历史生产数据等参数为基础建立数值模拟工区，进一步结合观察井温度试井及四维微地震解释研究成果，通过历史拟合及参数调整，将数值模拟结果误差控制在 95% 以内，达到准确描述蒸汽腔发育形态、计算蒸汽腔扩展速度的目的。

各井区蒸汽腔扩展速度受静动态参数的影响均不相同，平均横向扩展速度为 0.5m/月、垂向上升速度为 0.7m/月，平均到顶时间为 33 个月（表 5-20）。

表 5-20　SAGD 各井区蒸汽腔扩展速度统计表

区块	横向扩展速度 /（m/月）	垂向上升速度 /（m/月）	到顶时间 / 月
重 32 井区	0.7	0.9	29
重 37 井区	0.6	0.8	27
重 1 井区	0.6	0.8	28
重 18 井区 J_3q_3	0.3	0.5	40
重 18 井区 J_3q_2	0.5	0.7	33
重 45 井区	0.4	0.6	38
平均	0.5	0.7	33

三、循环预热阶段优化调控技术

1. 管柱结构优化

循环预热采用长短管管柱结构，长管注汽，短管排液。

根据循环预热效果模拟，注汽水平井副管下入 A 点后 100m 时，A 点附近 60m 预热略微较差，井间温度比水平段其他部位低 15℃，可以避免脚跟部位出现汽窜，且在 SAGD 生产阶段，单点泵抽生产时易于控制，因此，设计注汽水平井短管下入 A 点后 100m（图 5-56）。

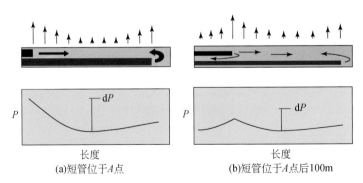

图 5-56　短管位于 A 点与短管位于 A 点后 100m 水平井段压力分布对比图
P- 压力；dP- 压降

为减少注蒸汽热损失，提高井底注汽干度，保证注汽效果，采用 4.5in×3.5in N80 隔热油管（D 级）。不同注汽速度下注汽压力及注汽干度变化图如图 5-57 和图 5-58 所示。

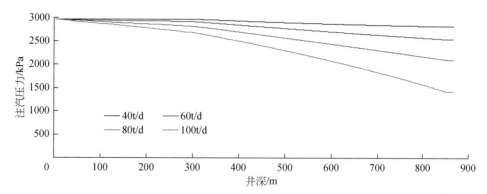

图 5-57　不同注汽速度下注汽压力变化图（4.5in×3.5in N80 隔热油管＋3.5in 内接箍油管）

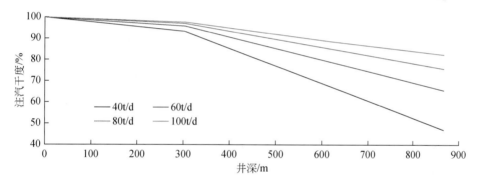

图 5-58　不同注汽速度下的干度变化图（4.5in×3.5in N80 隔热油管＋3.5in 内接箍油管）

从图 5-58 中可以看出，在悬挂器前采用隔热油管可有效减少注汽干度损失，并避免与循环预热阶段返出液体发生二次热交换，但在水平井段较长时，注汽量不宜过低，否则无法保证井底具有较高注汽干度。

生产水平井采用平行双管结构（图 5-59），长管采用 Φ114mm×76mm 隔热油管＋Φ73mm 内接箍油管，短管采用 Φ60.3mm 内接箍油管，下至 A 点后 100m。测试管下入生产水平井注汽长管中，实现实时连续性监测。

平行双管管柱优点如下。

（1）注、采井排液短管均下至 A 点，排液效率高。

（2）转生产阶段注汽水平井不动管柱，可实现两点注汽，利于调控。

（3）采用隔热油管，能够提高热效率，缓解 SAGD 循环预热阶段二次换热引起产出液温度高、地面处理难度增大的问题。

（4）注汽井短管下入水平段 A 点后 100m，能够避免循环预热阶段与生产井在 A 点发生汽窜，同时提高生产阶段注汽井的注汽均匀性，有利于生产控制。

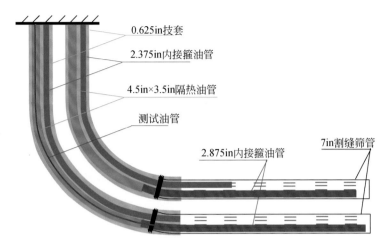

图 5-59　2012 年 SAGD 产能建设区注采管柱

2. 井筒预热阶段

井筒预热以预热井筒、全水平井段均匀加热为目的，以全水平井段见蒸汽为结束标志。

1）全水平井段见蒸汽判断方法

通过井筒数值模拟软件模拟井筒充满饱和蒸汽后井筒内的压力、温度分布可以看出，由于水平井段筛管和主管之间环空面积较大，压力损耗较小，压力和温度均匀分布，当水平井段井筒见蒸汽后，在直井段及斜井段处的油套环空内由于蒸汽与注汽管柱的热交换作用大而干度较高，密度较小，A 点至井口压降较小；同时，水平井段套管和主管环空部位环空面积较大，从水平井段 B 点至 A 点处压降小。此时对比水平井段 B 点温度拟合饱和蒸汽压力与井口套压近乎相等，判断水平井段见蒸汽（图 5-60）。

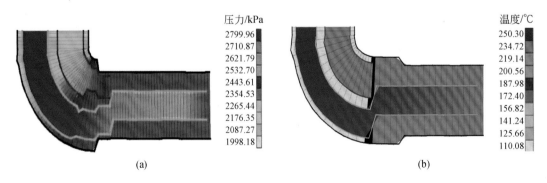

图 5-60　井筒见蒸汽后井筒压力、温度分布示意图

2）注汽速度优化

在保证全水平井段内始终见蒸汽的前提下，根据井间油层热散失能力的不同可优化注汽速度，提高蒸汽热利用率。通过数值模拟结果显示注汽速度受垂深和水平井段

长度的影响，垂深越深、水平井段长度越长，所需注汽速度越高；随着循环预热时间越长，井间油层的热散失能力越弱，所需注汽量越少。根据各井区各井组的垂深、水平井段长度优化不同时间段注汽量为 45.1 ～ 82.9t/d（表 5-21）。

表 5-21　稳压循环阶段注汽速度优化表

垂深/m	300m 注汽量 /（t/d）			400m 注汽量 /（t/d）			500m 注汽量 /（t/d）			600m 注汽量 /（t/d）			700m 注汽量 /（t/d）			800m 注汽量 /（t/d）		
	30d	60d	120d	30d	60d	120d	30d	60d	120d	30d	60d	120d	30d	60d	120d	30d	60d	120d
300	52.8	50.2	45.1	58.8	55.9	50.3	64.8	61.6	55.4	70.8	67.3	60.5	76.8	73.0	65.7	82.8	78.7	70.8
400	62.2	58.5	53.8	64.0	60.2	54.1	65.8	61.9	55.7	67.6	63.5	57.2	69.4	65.2	58.7	71.2	66.9	60.2
500	76.7	72.9	65.6	80.4	76.4	68.7	81.0	77.0	69.3	81.7	77.6	69.9	82.3	78.2	70.4	82.9	78.8	70.9

3. 均匀稳压循环阶段

均匀稳压循环阶段，循环压力略大于地层压力，注采井井间温度达到流体可流动温度，脱气原油黏度下降至 1000mPa·s。

理想的循环预热是在注采水平井之间形成均匀的热连通，但油藏储层非均质性、注采水平井轨迹变化、注采井管柱结构和注采井井间压差等因素的影响都会导致热连通不均匀，其中注采井井间压差对循环预热效果具有重大影响。压差过大会导致循环预热期间注采井井间高渗段优先连通，水平井段预热不均匀，转 SAGD 生产后该处出现蒸汽单点突破或局部窜通现象。因此，方案要求连通程度大于 70%，优化注采井井间压差小于 0.2MPa。

在均匀稳压循环一定时间后，通过数值模拟跟踪当 I、P 井井间中点温度达到 90 ～ 100℃、原油黏度为 1000mPa·s 左右、原油具备流动性时，开展增压。当井间原油不具备流动性时施加压差会造成 I、P 井井间高渗段单点或局部窜通，准确判断井间原油是否具备流动性是井组转入增压循环阶段的关键。由于 SAGD 开发区各油藏参数不同，均匀稳压循环时间也各不相同，分别对重 32 井区、重 1 井区、重 18 井区均匀稳压循环时间进行数值模拟，结果表明重 1、重 32 井区有效循环预热 120d 后连通程度大于 70%；重 18 井区有效循环预热 150d 后连通程度大于 70%。

4. 均衡增压循环阶段

均衡增压循环阶段，注汽井与采油井同时提升循环压力，循环压力小于破裂压力 0.5MPa，促进井间流体热对流，加快热连通速度，使注采井井间脱气原油黏度下降至 100mPa·s。

提高单井注汽速度或提高系统回压均可以实现井下压力的提高，提升井下温度，加强蒸汽和地层的热交换。但从经济效益方面考虑，提高单井注汽速度会增加较高的生产成本，而提高系统回压仅需缩小产液端油嘴，基本不产生额外费用。最终确定采用产液端调整油嘴提高系统回压的方法提升水平井段压力。

均衡提压循环一定时间后开展连通性判断以确定注采井井间是否连通。通过放大采油井油嘴（每次不超过 3mm）降低井底压力在注采井井间引入一定压差（＜0.3MPa），观察压力联动变化（时间≤1d），若注采井压力联动明显，则表明两井间已实现连通；若无无明显相关则恢复油嘴，消除压差，继续循环，15d 后再次进行连通试验，验证井间是否连通。具体操作方法如下。

（1）井组操作压力（井底压力）至少稳定 2d 以上。其目的是建立平衡的压力条件，为施压判断连通做准备。

（2）注汽井不动、采油井放大出口油嘴。其目的是引入上下井压差，促进可动流体流向生产井，观察压力联动情况。生产井油嘴放大原则为每次放大不超过 3mm。观察上下井的压力相关情况，若无明显相关则恢复油嘴，消除压差，继续循环；若有明显相关，表明注采井间连通明显。压力连通试验时间不超过 24h，若 24h 尚未见压力连通，则恢复正常循环。

5. 微压差泄油阶段

微压差泄油阶段逐步关闭 I 井产液，控制井间压力在 0.3MPa 以内，加快井间原油向下流动的速度，并实现均匀连通的目的，以 I、P 井井间连通程度达到 70%、产出液含水率为 90% 以下、采注比大于 0.75、日产油量达 8t 以上为结束标志。

1）阶段注采特征

当井组逐步转入微压差泄油阶段后，呈现"两升两降"的生产特征，即 P 井产液量、产油量升高，生产井产出液含水率降低，I 井产液量降低。当井组完全转入微压差泄油阶段后，井组采注比应大于 0.75（未计量闪蒸部分），P 井含水率降低至 90% 以下，日产油量达到 8t 以上（图 5-61）。

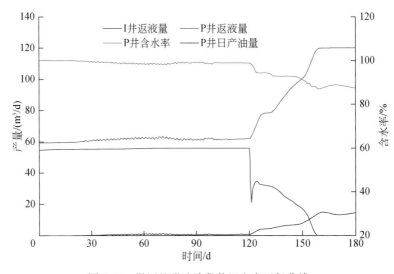

图 5-61 微压差泄油阶段井组生产运行曲线

2）连通程度判断

当井组转入微压差泄油阶段 10～12d 后，井间"冷油墙"逐渐被加热、减薄，并实现均匀连通，此时开展连通程度判断以确定注采井井间连通程度。目前采用两种判断方法：试转 SAGD 生产法和焖井法。通过试转 SAGD 生产和生产井焖井综合判断连通程度大于 70%、含水率为 90% 以下、采注比大于 0.75、日产油量达 8t 以上，井组满足转 SAGD 生产条件，转入 SAGD 生产阶段。

四、SAGD 生产阶段优化调控技术

（一）操作压力优化

1. 蒸汽腔垂向上升阶段

SAGD 生产阶段蒸汽腔操作压力主要有低压操作与高压操作两种操作方式。低压操作与高压操作具有不同的优点与缺点。

1）低压操作方式

低压操作的优点和缺点见第五章第一节。

2）高压操作方式

（1）高压操作对应着高蒸汽温度，有利于水平井段均匀加热。

（2）转 SAGD 初期，高压操作有利于蒸汽腔垂向发育。

（3）高压操作必然带来高温产出液，热损失较大，导致油汽比较低。

（4）SiO_2 含量与 H_2S 的产出量随温度的升高而增加。

对比两种压力操作方式，在蒸汽腔上升阶段为了加快蒸汽腔垂向上升速度，增加水平井段动用程度，尽早达到产油峰值，可以适当提高操作压力。但操作压力太高时，一方面导致油汽比下降，经济效益变差；另一方面导致井组发生自喷，现场操作不易控制。

SAGD 生产时以机抽为主，井筒内要保证为纯液相，因此优化最高操作压力防止自喷。通过对井底压力关系分析可知：

$$P_{汽腔}=P_{液柱}+P_{回} \tag{5-2}$$

式中，$P_{汽腔}$ 为蒸汽腔操作压力；$P_{液柱}$ 为井筒液柱压力；$P_{回}$ 为井口回压。

重 32 井区综合含水率为 76.5%，根据混合相态密度计算方法，井筒液柱密度约为 $0.992g/cm^3$。因重 32 井区油藏中部埋深为 220m，计算井筒液柱压力为 2.14MPa。

重 32 井区井口回压为 1.0～1.3MPa，因此重 32 井区在蒸汽腔上升阶段应尽量提高操作压力、加快蒸汽腔扩展，但蒸汽腔操作压力上限应控制在 3.14～3.34MPa。

2. 蒸汽腔横向扩展阶段

蒸汽腔发育到顶后，产油量达到峰值，从高效经济开发角度考虑，应逐步降低操作压力，提高油汽比。另外由于重 32 井区原油黏度较大，而且随着生产时间的增加，原油黏度有进一步增加的趋势，为保持原油的流动性，操作压力不宜过低。综合考虑，

SAGD 稳定生产阶段操作压力应控制在 2.0 ～ 2.5MPa（图 5-62）。

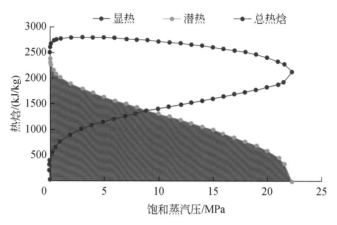

图 5-62　饱和蒸汽压力 - 热焓值关系曲线

重 32 井区转 SAGD 生产后蒸汽腔上升阶段保持高压操作，操作压力上限控制在 3.24MPa 以下，蒸汽腔到顶后逐步降低操作压力，稳定生产阶段操作压力应控制在 2.0 ～ 2.5MPa（图 5-63）。

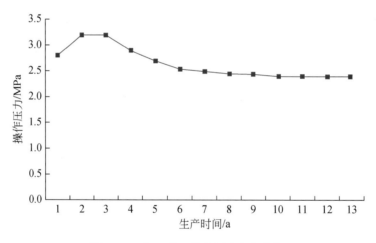

图 5-63　重 32 井区操作压力变化曲线

（二）注采参数优化

SAGD 生产过程中注汽井注入的蒸汽一部分释放到油层中，汽化潜热地层和原油，另一部分占据蒸汽体积并维持蒸汽腔压力。采注比越高，蒸汽腔内存留的蒸汽越少，蒸汽腔压力下降；采注比越低，蒸汽腔内存留的蒸汽越多，蒸汽腔压力上升（图 5-64）。蒸汽腔压力上升或下降均不利于 SAGD 开发，因此，必须优化合理采注比，稳定蒸汽腔压力。

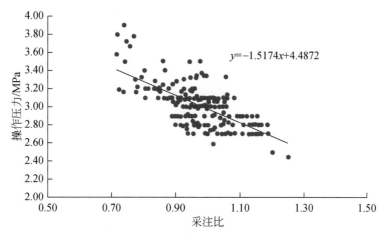

图 5-64　FHW107 井组采注比－操作压力曲线

图中公式：$y=-1.5174x+4.4872$

1. 蒸汽腔垂向上升阶段

（1）产液量优化。SAGD 技术的开发原理是蒸汽放出汽化潜热后变成饱和水，并加热周围的岩石和液体。饱和水（蒸汽加热油层变成的饱和水、注入蒸汽腔中的饱和水）、被加热的原油，由于重力作用向下流入生产井并被采出。这部分被采出的液体，能表征生产井的生产能力，即蒸汽腔的泄油能力。只有保持这个生产能力，才能保持汽液界面不变。采出量过大，汽液界面下移，可能造成汽窜；相反，采出量过小，汽液界面上升，造成积液，降低蒸汽热利用率。

因此，蒸汽腔的泄油能力是核心，注汽是前提，采出是保障，保证三者平衡是关键，平衡主要指保持稳定汽液界面。根据数值模拟软件和现场实践可知，井下 sub-cool 与液面高度呈指数关系，当井下 sub-cool 控制在 20～35℃时，液面高度为 1.2～3.0m，这一控制技术称为"阻汽排液"（图 5-65）。

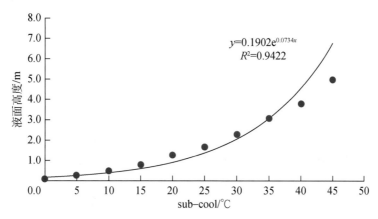

图中公式：$y=0.1902e^{0.0734x}$　$R^2=0.9422$

图 5-65　注采井间液面高度 -sub-cool 关系曲线

依据蒸汽腔泄油能力是核心，注汽是前提，采出是保障的思路，需要进行现场调试以达到要求。现场为达到调控目的，主要通过调节产液端油嘴、调节抽油机冲次、调整注汽量3种调节手段来进行调控。

（2）采注比优化。重32井区超稠油油藏原油密度为0.96g/cm³，蒸汽腔压力条件下，蒸汽密度为0.0015 g/cm³左右，可以忽略不计，近似认为注入蒸汽量与产出水量相等，因此，采注比与油汽比的关系表达式可表示为：采注比 =1 ＋油汽比。

井底注汽干度为75%，原油由油藏温度加热至井下sub-cool为20℃，根据能量守恒定律和质量守恒定律建立方程，求解不同操作压力下的合理采注比。

根据能量守恒方程：

$$Q_{注}=Q_{蒸汽腔}＋Q_{采出水}＋Q_{采出油} \qquad (5-3)$$

式中，$Q_{注}$为注入蒸汽热焓值；$Q_{蒸汽腔}$为占据蒸汽腔体积蒸汽热焓值；$Q_{采出水}$为蒸汽释放汽化潜热后变为饱和水热焓值；$Q_{采出油}$为采出原油热焓值。

根据质量守恒方程：

$$M_{注}=M_{蒸汽腔}＋M_{采出水}＋M_{采出油} \qquad (5-4)$$

式中，$M_{注}$为注入蒸汽质量；$M_{蒸汽腔}$为占据蒸汽腔体积蒸汽质量；$M_{采出水}$为水为蒸汽释放汽化潜热后变为饱和水质量；$M_{采出油}$为采出原油质量。

计算过程中，蒸汽质量和蒸汽体积利用蒸汽的性质进行换算。

SAGD开发利用蒸汽的汽化潜热，随着操作压力的上升，注入相同质量蒸汽的热焓值越低，被采出的原油越少，油汽比和采注比也越低。计算结果表明，采注比也随着操作压力的上升而下降，其关系呈二次项形式（图5-66）。重32井区蒸汽腔上升阶段操作压力保持在3.0 ～ 3.34MPa，因此其合理采注比为1.21，油汽比为0.21左右。

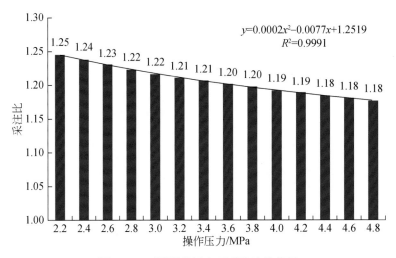

图5-66　不同操作压力下采注比柱状图

2. 蒸汽腔横向扩展阶段

蒸汽腔发育到顶后，蒸汽与上覆岩层直接接触，随着蒸汽腔横向扩展，盖层的热损失增大，为维持蒸汽腔所需热量，需适当提高注汽量弥补盖层的热损失。生产时间越长，盖层热损失率变化率越小；油层厚度越薄，蒸汽腔到顶时间越快，到顶后横向扩展速度越快，蒸汽热损失率越大，所以在薄油层中，平面上蒸汽与顶底层有较大的接触面积，增大了薄油层的热损失。因此，与厚度较大的油层相比，薄油层的热损失率较大（图 5-67）。

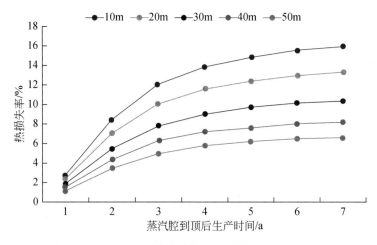

图 5-67 蒸汽腔到顶后盖层热损失曲线

目前重 32 井区蒸汽腔到顶后生产 2 ～ 5 年，油层厚度为 30m，按照蒸汽泄油能力，在正常注采条件下注汽量提高 5% ～ 12%（图 5-68、图 5-69）。

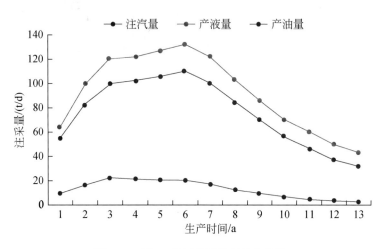

图 5-68 重 32 井区注采关系优化曲线

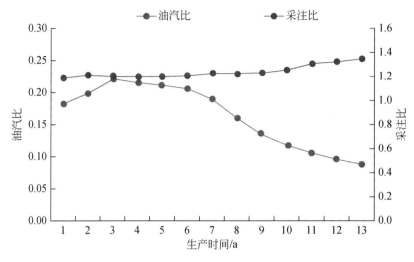

图 5-69　重 32 井区油汽比、采注比优化曲线

（三）sub-cool 优化

在 SAGD 生产过程中，井下 sub-cool 的控制直接决定井下汽液界面的高度，sub-cool 过低时汽液界面过低，易发生汽窜导致蒸汽产出，产油量下降；sub-cool 过高时汽液界面过高，采出液在 P 井上方冷凝导致流度降低、产量下降（图 5-70）。

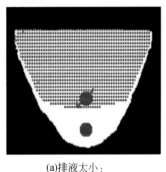 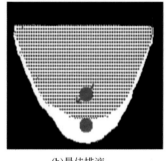 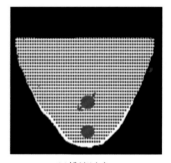

(a)排液太小：　　　　　　　　(b)最佳排液：　　　　　　　　(c)排液过大：
液体聚集并冷却　　　　　　汽液界面在生产井上方　　　　蒸汽产出

图 5-70　汽液界面影响示意图

在生产过程中需保证液面高度大于汽槽深度以避免发生汽窜。日产液量越高，需控制的液面高度越大，当日产液量为 100t 时，需控制的极限液面高度大于 1m（图 5-71）。随着液面高度的增加，sub-cool 不断增高，在保证液面高度大于 1m 的条件下，sub-cool 应大于 20℃（图 5-72）。

对纯重力泄油情况，液面高度随着 sub-cool 的增加而增加，考虑实际注采井间存在压差，sub-cool 应为 30～40℃（图 5-73）。

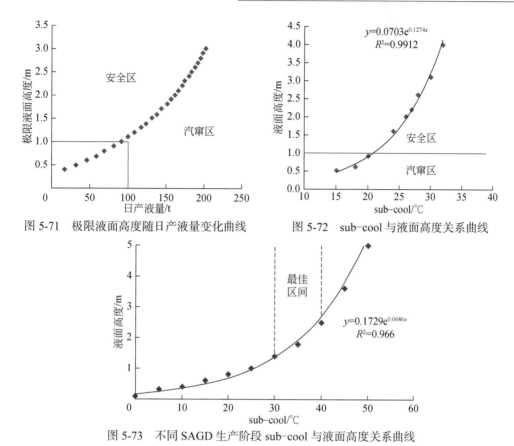

图 5-71 极限液面高度随日产液量变化曲线　　图 5-72 sub-cool 与液面高度关系曲线

图 5-73 不同 SAGD 生产阶段 sub-cool 与液面高度关系曲线

（四）注采点优化

综合考虑油藏隔夹层发育状况、水平井段连通情况及井下管柱结构等因素确定合理注采点，通过注采点优化调整，各井组连通段均有所增加，以 FHW208 井组为例（图5-74），油层条件良好，隔夹层不发育，参考其连通状况，水平井段前后段各有一段高

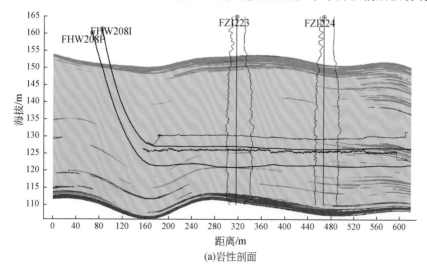

(a)岩性剖面

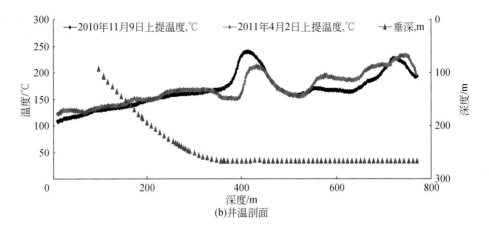

(b)井温剖面

图 5-74　FHW208 井组岩性剖面图及井温剖面示意图

温区域，所以采用先注汽，后采油，通过近 5 个月的 I 井副管注汽、P 井主管采油交叉注采方式生产，FHW208 井组在循环预热结束后，水平井段连通长度只有 150m，而井下温度测试资料表明目前水平井段连通长度增至 250m，改善段 100m（图 5-75）。

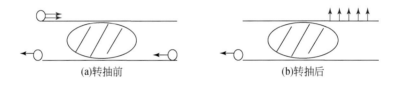

(a)转抽前　　　　　　　　　(b)转抽后

图 5-75　FHW208 井组转抽前和转抽后注采点优化

优化管柱结构，调整水平井段注采液点位置，以 FHW116 井组为例（图 5-76），在转 SAGD 生产后，出现了水平井段前段温度升高，后段温度降低，日产液量下降，水平井段前段抑制后段的现象。

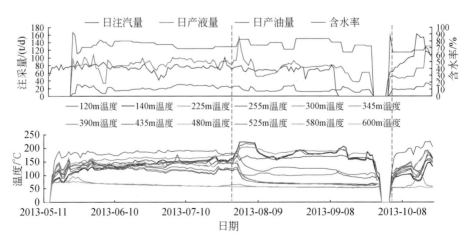

图 5-76　FHW116 井组生产阶段运行曲线

通过在 P 井泵下接入尾管后，将该井采液点位置向后移动（图 5-77），目的是动用水平井段的后段，经优化后该井水平井段动用程度由原先的 20% 提高到了 78%，日产液量由优化前的 60t 提高到了 130t，生产效果大幅改善（图 5-78）。

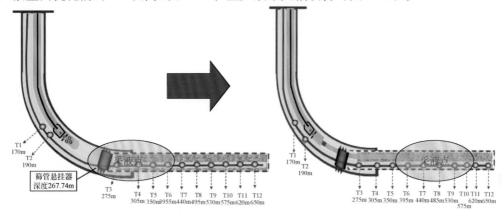

图 5-77　FHW116 井组优化注采点示意图

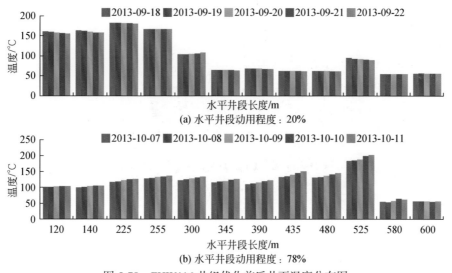

图 5-78　FHW116 井组优化前后井下温度分布图

（五）增汽提液优化

随着蒸汽腔的发育，蒸汽腔的规模不断增大，供液能力持续提高，若此时保持该注采参数进行生产，一方面会导致因注汽量不能满足蒸汽腔的需求，出现蒸汽腔发育迟缓的现象；另一方面则会因产液速度小于蒸汽腔泄油能力，出现汽液界面逐步提高，产生淹没注汽井的风险。但是若增汽提液时机掌握不正确，则会出现蒸汽腔压力过高，汽液界面降低，从而导致汽窜现象。因此，掌握合理的增汽和提液时机是非常重要的。

根据累积产油量确定蒸汽腔体积。SAGD 开发过程中，采出油量的孔隙体积被蒸汽占据，所以累积产油量 $M_{累产油量}$ 为

$$M_{累产油量} = V_{蒸汽腔}\left[\Phi\left(S_o - S_{o剩余}\right)\right] \qquad (5\text{-}5)$$

对式（5-4）进行变换得到蒸汽腔体积 $V_{蒸汽腔}$ 为

$$V_{蒸汽腔} = M_{累产油量}/\left[\Phi\left(S_o - S_{o剩余}\right)\right] \qquad (5\text{-}6)$$

式中，Φ 为孔隙度；S_o 为原油饱和度；$S_{o剩余}$ 为剩余油饱和度。

累积产油量和合理泄油速度已知，则本月蒸汽腔体积可用式（5-4）计算得出 $V_{1蒸汽腔}$ 和下个月累积产油量 $M_{累产油量}$，进而求取下一个月的蒸汽腔体积。一定时间内蒸汽腔形态具有相似性，所以前后两个月蒸汽腔与泄油水平的比值相同，以此建立方程，求解下个月合理泄油速度 $V_{2泄油速度}$：

$$V_{2泄油速度} = V_{2蒸汽腔}V_{2泄油速度}/V_{2蒸汽腔} \qquad (5\text{-}7)$$

计算出合理采注比、合理油汽比及注汽速度。以 FHW301 井组为例，累积产油量 M =15120t，Φ =30.6%，S_o=72.1%，假设剩余油饱和度为 20%，因此 $V_{蒸汽腔}$= 1.5120/[0.306×（0.721-0.2）]=9.48（万 m^3），产油水平为 15t/d。

预计下月累积产油量为 15570t，则

$$V_{蒸汽腔} = 1.5570/\left[0.306×（0.721-0.2）\right] = 9.77\ 万\ m^3$$

$$V_{2泄油速度} = 9.69×15/9.41 = 15.45\text{t/d}$$

$$V_{2注汽速度} = 49.7/0.20 = 248.5\text{t/d} \qquad (5\text{-}8)$$

$$V_{2产液速度} = 77×1.20 = 92.4\text{t/d}$$

现场采用增汽—稳定—提液—稳定的方式进行增汽提液，重 32 井区、重 37 井区、重 1 井区油汽比高，平均 30d 进行一次，每次增汽幅度为 5.0%；重 18 井区、重 45 井区油汽比低，蒸汽腔扩展速度慢，平均 60d 进行一次，每次增汽幅度为 3.0%（表 5-22）。

表 5-22　SAGD 生产阶段各区增汽提液表

区块	开发层系	增汽阶段 /d	稳定阶段 /d	提液阶段 /d	稳定阶段 /d	合计天数 /d	增汽提液幅度 /%
重 32 井区	$J_3q_2^{2\text{-}1} + J_3q_2^{2\text{-}2}$	3	5	10	12	30	5.0
重 37 井区		3	5	10	12	30	4.0
重 1 井区		3	5	10	12	30	5.0
重 18 井区		3	9	15	18	45	4.0
重 18 井区	J_3q_3	5	12	20	23	60	3.0
重 45 井区		5	12	20	23	60	3.0

五、均衡控液配套工艺控制技术

SAGD 均衡控液工艺机理及作用：①高温流体在环空向后流动加热水平井段后段低温油藏；②改变采油点位置调整水平井段生产压差分布均匀性；③流体在控液管内流动过程温度降低，有利于 SAGD 生产举升控制；④缓解水平井段前端局部汽窜，提高水平井段利用率。

（一）两种管柱方案

针对风城油田 SAGD 局部汽窜特征、汽窜程度及汽窜位置，设计悬挂衬管及泵下接尾管两种方式。

1. 水平井段下入泵下接尾管入举升方案

水平井段后段连通的井，直接转抽生产，水平井段不下入衬管，泵后接尾管进入水平井段转抽，管柱结构如图 5-79 所示。

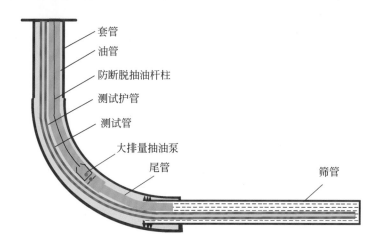

图 5-79　水平井段泵下接尾管管柱结构图

管柱结构：举升管柱采用双管结构，生产主管为 4.5in 油管＋抽油泵＋尾管＋尾管导向头，下入水平井段前段，管鞋位置依据连通情况设计；测试副管内预置温压监测系统至距水平井段后段。

特点：此种管柱结构相对简单，管柱下入可靠，但尾管进入水平井段长度有限，对改善水平井段动用程度所起效果可能不佳，而且在泵后直接加尾管，流体在尾管内易产生压降，降低入泵处流体的 sub-cool，易发生闪蒸，影响泵效，尾管在水平井段易出现砂埋情况。

2. 水平井段下入悬挂衬管举升方案

水平井段前段发生汽窜或连通性好的井，采用水平井段下入悬挂衬管的结构，使液流绕流至水平井段后段由悬挂衬管中采出，如图 5-80 所示。测试副管下至筛管悬挂器后，测试管下入水平井段末端。

根据国外 SAGD 资料调研，目前国外在长水平井段加入悬挂衬管已经越来越普遍，加入衬管后可避免泵抽时 A 点发生汽窜，同时增加井下 sub-cool，产出液沿悬挂衬管与筛管环空绕流至悬挂衬管管鞋的过程还可以加热井间水平井段，使井筒热量分布均匀。国外悬挂衬管一般下入 B 点附近，具体深度根据具体井况而定。

管柱结构：举升管柱采用 114.3mm 油管＋抽油泵，抽油泵位于稳斜段；测试副管内预置温压监测系统，下至筛管悬挂器后约 10m，测试连续油管或钢缆下至水平段末端；衬管用衬管悬挂器悬挂，自筛管悬挂器前一直进入水平井段。

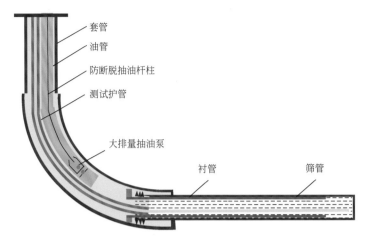

图 5-80　水平井段加入衬管管柱结构图

衬管：可选用114.3mm平式油管（油管接箍需倒角），内径较大，在出现砂埋情况下，便于下入小直径冲砂管柱冲砂或采用射孔枪作业，但有可能下入困难，无法到达预定深度，因此该工艺在普遍吞吐井试验时，下入114.3mm平式油管先进行下入可靠性评估，若该油管不能下入，则采用88.9mm内接箍油管，该油管外径与筛管间隙为72.8mm，便于下入，也可以顺利通过筛管悬挂器，且重37井区SAGD生产水平井在循环预热阶段均下入了88.9mm内接箍油管，可以重复使用。

测试副管：由于高温油流至水平井段后段进入衬管，不再需要对测试副管至水平井段末端注汽加热，水平井段不再下入测试副管，测试副管下至筛管悬挂器后10m即可，测试连续油管或钢缆一直下至水平井段末端。测试副管采用60.3mm内接箍油管。

特点：此种管柱结构相对复杂，未在井上使用过，存在风险，但在筛管中加入衬管以后，衬管长度较长，可以根据井况设定衬管长度，从而改变生产井水平井段压力分布，迫使水平井段两端的流体向内衬管排液点处流动，通过调整内衬管长度或者排液点的位置，可以达到调整生产井压力剖面和排液剖面的目的。采用此管柱，有可能存在井筒积砂，造成衬管砂埋。若出现砂埋情况，可下入连续油管冲砂。

（二）管柱优化设计

1.尾管尺寸优化设计

风城油田SAGD生产水平井采用224.5mm套管接177.8mm筛管完井，为了便于生产分析及控制，水平井段需要下入温压监测系统，受筛管悬挂器内径尺寸的限制，尾管选用管径为60.3mm或73mm内接箍油管。

泵下接尾管控液工艺适合用于水平井A点附近具有局部汽窜特征的SAGD井，控液尾管下至汽窜位置后一段距离，达到缓解汽窜、提高动用均匀性的目的。设计中需要考虑尾管内摩阻压降与温度的变化关系，根据两者变化规律设计合理尾管长度及相关生产控制参数。

采用井筒流动计算软件进行计算，计算流体在控液尾管管径分别为60.3mm和

73.0mm、长度分别为 200m 和 300m 两种条件下，控液尾管内温度、压力的变化规律，根据计算结果进行泵下接尾管控液工艺管柱结构优化设计，见表 5-23。

表 5-23　泵下接尾管设计计算表

管径 /mm	尾管长度 200m		尾管长度 300m	
	摩阻压降 /kPa	管内温度降 /℃	摩阻压降 /kPa	管内温度降 /℃
60.3	306	1.1	345	2.3
73.0	262	1.2	274	2.5

根据以上计算结果，设计 SAGD 水平井泵下接尾管工艺主要参数如下：

（1）通过对比分析不同管径油管内摩阻压降大小，优选管径为 73mm 油管；

（2）控液尾管长度对管内压降及温度降影响小，考虑到降低控液管砂埋风险，需要控制尾管长度，同时根据国外操作经验，设计控液管管鞋位置通常下至汽窜点后 100～150m 即可满足控液要求；

（3）斜直井段摩阻压降较大，而温度下降少，若井下 sub-cool 低于 10℃时，控液管内流体发生闪蒸的可能性较大，因此，生产过程井下 sub-cool 应大于 10℃。

2. 水平井段悬挂衬管优化设计

1）控液管尺寸优化设计

进行控液管尺寸优化设计时，主要需要掌握不同控液管尺寸条件流体在水平井段环空及控液管内温度、压力的变化规律。以风城油田 SAGD 试验区井身轨迹、油藏参数、生产情况为依据进行相关计算，计算结果见表 5-24。

表 5-24　控液管尺寸设计计算表

控液管尺寸 /mm	环空流动压降 /kPa	环空温度降 /℃	控液管内压降 /kPa	控液管内温度降 /℃
114.0	18.5	3.9	13.5	8.0
88.9	8.3	4.6	38.4	7.2
73.0	6.2	5.0	90.3	7.0
60.3	3.1	5.2	228.5	6.7

计算结果显示几种不同尺寸的油管，在相同产液速度条件下，环空流体温度、压力变化幅度较小，对生产及控液作用没有明显影响。而控液管内流体温度、压力差异较大，采用 73.0mm 或 60.3mm 控液管时，管内摩阻大，会增大管内流体闪蒸风险，不利于 sub-cool 的控制，且小尺寸控液管内温度降低幅度更小，因此，从温度角度比较不如选择大尺寸控液管；另外，一旦井下出砂，大尺寸控液管方便下入冲砂或射孔等配套管柱和工具。

从计算结果及以上分析认为在 177.8mm 筛管内下入 114.0mm 或 88.9mm 控液管均

能够满足水平井控液工艺优化设计要求。

2）控液管管鞋位置优化设计

在控液管尺寸确定的前提下，设计合理的控液管管鞋位置至关重要。计算不同控液管长度条件下井下流体流动过程温度、压力的变化规律，根据计算结果优化设计控液管管鞋位置，见表 5-25。

表 5-25 控液管管鞋位置设计计算表

控液管长度 /m	环空压降 /kPa	环空温度降 /℃	控液管内压降 /kPa	控液管内温度降 /℃
100	5.4	4.1	2.9	0.9
200	7.8	5.7	7.5	2.3
300	9.6	6.7	11.6	4.9
400	11.3	8.4	12.7	8.5

计算结果显示，环空和控液管内压降差异较小，对控液工艺作用及生产控制几乎没有影响。而温度变化差异较大，控液管越长，越有利于较均衡加热更长水平井段的油藏，在控液管内，控液管长度越长，井下流体温度降低得越多，越有利于井下 sub-cool 的控制。

因此，设计控液管管鞋位置时，应尽可能考虑增加控液管长度，另外单井设计时需要结合该井组连通特征、注汽井配汽位置及井下出砂情况进一步优化。

（三）现场应用效果

1. 均衡控液对 sub-cool 的控制作用及温度改善效果

实施 SAGD 均衡控液配套工艺控制技术后，产出液温度降低，sub-cool 的控制难度降低。针对前段汽窜的井组，高温流体在环空和控液管内流动过程温度下降，有利于增加水平井段前段 sub-cool 及降低产出液温度，如图 5-81 所示。

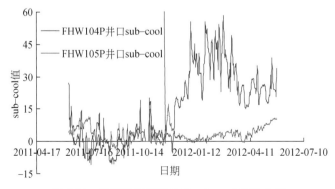

图 5-81 控液工艺前后井口 sub-cool 变化曲线

通过控液工艺既有利于有效缓解注采井井间汽窜，又有利于提高高温流体绕流过程中水平井段后段环境温度，逐渐改善后段连通，促进蒸汽腔均衡扩展，稳定生产，生产效果显著。通过实施控液工艺并结合稳定合理的生产参数控制，水平井段利用率逐渐提高，生产效果较实施前有显著提高，主要体现为井下温度增加，如图 5-82 所示。

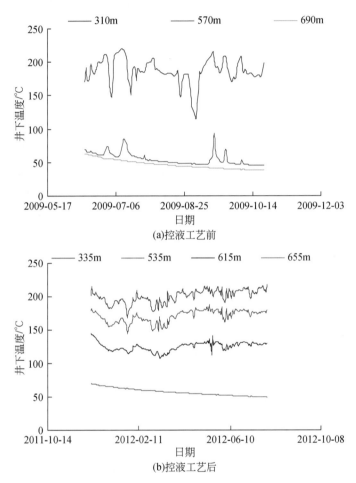

图 5-82 FHW104P 井控液工艺前后井下温度曲线

2. 泵下接尾管方式应用效果

控液工艺的另一种方式是泵下直接接尾管生产，截至 2013 年，风城油田 SAGD 先导试验区累积实施该工艺 4 井次，2012 年产能区实施 6 井次。

该工艺结构简单，但是受井筒尺寸限制及降低出砂砂埋管柱风险，管径较小（均采用 60.3mm 内接箍油管），管鞋位置位于中前部（普遍为 A 点后约 100m），应用效果次于悬挂衬管方式，效果统计见表 5-26。

表 5-26　泵下直接接尾管控液工艺应用效果统计表

井号	作业日期	作业前产油量/（t/d）	作业后产油量/（t/d）	生产时间/d	日均增油量/t	累积增油量/t
FHW209	2011-08-31	17	24	783	7	5481
FHW116	2013-10-02	19	27	35	8	280
FHW126	2013-09-27	10	11	40	1	40
FHW127	2013-09-28	11	15	40	4	160
FHW303	2013-10-02	19	21	36	2	72
FHW312	2013-09-30	12	13	37	1	37
FHW200	2011-09-26	13	15	748	2	1496
FHW201	2013-06-28	27	32	131	5	655
FHW106	2010-06-23	16	29	1192	13	15496

3. 悬挂衬管方式应用效果

针对水平井段前段局部汽窜井组，选取风城油田 SAGD 先导试验区井组开展 SAGD 水平井悬挂衬管和泵下挂尾管控液工艺现场试验研究。截至 2012 年 5 月，风城油田 SAGD 先导试验区累积实施悬挂衬管控液工艺试验 4 井次，效果统计见表 5-27。

表 5-27　悬挂衬管控液工艺应用效果统计表

井号	作业日期	作业前产油量/（t/d）	作业后产油量/（t/d）	生产时间/d	日均增油量/t	累积增油量/t
FHW104	2011-10-18	15	25	740	10	7400
FHW105	2011-10-22	19	56	742	37	27454
FHW202	2013-09-13	11	21	55	10	550
FHW203	2012-04-16	12	19	522	7	3654

六、浅层 SAGD 高温带压作业工艺技术

浅层双水平井 SAGD 开发过程中，蒸汽腔逐年扩大甚至连通，生产过程始终处于高温高压状态（温度 180℃，压力 3MPa），常规压井作业存在排液降压缓慢、浅井压井困难、蒸汽腔萎缩等不利因素。针对这一关键技术难题，创新集成了专用设备及工艺技术系列，解决了从井口到井下整体配套、井下封堵工具可靠性差等问题，首次形成了浅层 SAGD 水平井高温带压作业体系，避免了压井对蒸汽腔及储层的伤害，缩短了排液占生产时间的 88%，维护了正常生产与措施需要，成为 SAGD 开发的核心技术。

本书研究过程中，研制了浅层高温带压作业专用设备，形成了带压检泵、带压提下油管、带压提下连续测试管、冷冻暂堵带压更换井口及光杆、多功能光杆密封器带压更换光杆及盘根等完整的工艺系列。

（一）带压作业专用设备及配套装置

针对 SAGD 高温带压作业要求，设计了带压作业专用设备、注采水平井专用井口装置、带压杆式及管式泵、系列油管堵塞器等，实现了从井口到井下专用设备的配套。

1. 带压作业专用设备

新疆油田研制了带压作业专用设备 BYJ-E65-14FQXJ 型热采带压作业装置，如图 5-83、图 5-84 所示。该套装备由冷却系统、热采带压作业主机、隔热防喷器组成，最高工作压力为 14MPa，最高工作温度为 200℃，运行指标达到国内领先水平。其热采带压主机通径为 186mm，环形隔热防喷器、全封闸板防喷器通径为 280mm，起下管柱范围为 $\Phi73 \sim \Phi139.7$mm。

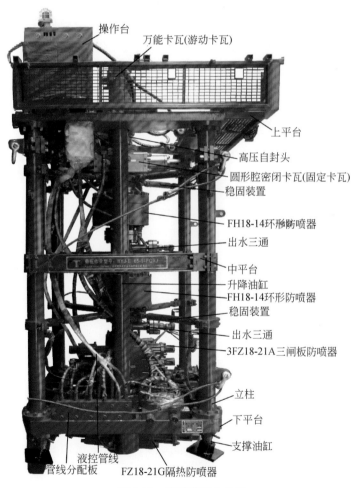

图 5-83　热采带压主机图

图 5-84　热采带压装备现场作业图

热采带压主机由 3FZ18-21A 安全防喷器和不压井作业主体两部分组成。除隔热防喷器外，3FZ18-21A 安全防喷器和其他带压作业执行元件组成带压作业装置主体，装置主体部分由下往上分别为：下平台—3FZ18-21A 三闸板防喷器—出水三通—FH18-14 环形防喷器—出水三通—FH18-14 环形防喷器—圆形腔密闭式卡瓦（固定卡瓦）—自封封井器—上平台—游动横梁—万能卡瓦。带压作业装置主体下部为 FZ18-21G 隔热防喷器。

各装置的主要作用及技术指标如下所示。

（1）装置主体下部 FZ18-21G 隔热防喷器将井内的高温井液隔离在此隔热防喷器以下，为上部管柱的冷却和作业提供了方便，不作为密封防喷器使用。

（2）3FZ18-21A 三闸板防喷器为安全防喷器，FH18-14 环形防喷器的球形胶芯可根据需要调整对管柱的挤压负荷。

（3）自封封井器内装高压自封头，接箍可以强行通过自封头，在井内压力小于 7MPa 时，可代替 FH18-14 环形防喷器。

（4）出水三通有两套，三通侧出口通过高压胶管与电动节流阀相连。出水三通和电动节流阀、柱塞泵、离心泵、散热器、储水罐、隔热防喷器等组成一个冷却循环系统，将高温管柱冷却至 60℃以下，便于现场管柱作业。

（5）圆形腔密闭卡瓦（固定卡瓦）与升降油缸及游动卡瓦配合使用，用于导出或导入油管，防止油管上窜或掉入井内；游动卡瓦与升降油缸及固定卡瓦配合使用，用于导出或导入油管，防止油管上窜或掉入井内。

（6）游动横梁两边连接升降油缸，升降油缸承重法兰与上平台相连。上平台把承重力通过 4 根立柱传至下平台，下平台中部与防喷器组密封相连，下平台下部安装 4 个液压支撑装置，可以调整整套装置的高度和平衡，支撑整套装置的质量。

2. 带压作业配套井口装置

双水平井 SAGD 开发中，为满足带压作业工艺要求，研制了系列专用井口装置，包括平行双管注采井口装置及同心双管井口装置。

1）平行双管注采井口装置

新疆油田研制了平行双管注采井口 KRS14-337-79×52-I/P，分别为注汽水平井井口装置和采油水平井井口装置。该井口装置可满足注汽、循环、测试、采油等工艺要求，采用平行式双芯轴油管悬挂和双独立采油树结构，可在后期管柱维护过程中实现可靠井控和带压作业，已成为新疆油田双水平井组 SAGD 的主体配套井口，与平行双管管柱结构配套应用（表 5-28、图 5-85）。

表 5-28 平行双管热采井口技术参数

产品型号		KRS14-337-79×52-I	KRS14-337-79×52-P
公称通径 /mm		79×52	79×52
最高工作压力 /MPa		14	14
最高工作温度 /℃		337	337
连接形式		法兰式	法兰式
连接油管 /mm	循环	114.3（隔热）×60.3（内接箍）	114.3（隔热）×60.3（内接箍）
	生产		114.3NU×60.3（内接箍）
适应套管 /mm		339.7	339.7

(a)注汽水平井井口装置　　　　　　　(b)采油水平井井口装置

图 5-85 平行双管注汽水平井、采油水平井井口装置

注汽水平井井口装置带压作业工艺实现流程：停止注汽、井口降温、油管投堵、采油树拆卸、过渡连接、带压设备连接。

生产水平井井口装置带压作业工艺实现流程：注汽井停止注汽、井口降温、泵底堵塞、采油树拆卸、过渡连接、带压设备连接。

2）同心双管井口装置

新疆油田研制了同心双管井口装置 KRT14-337-162×78，用于注汽水平井，配套同心双油管结构。该井口能够实现单管或双管同时注汽、循环等工艺要求，并在后期管柱维护过程中实现可靠井控和带压作业（表 5-29）。

表 5-29　同心双管热采井口技术参数

| 产品型号 | 公称通径 /mm | 最高工作压力 /MPa | 最高工作温度 /℃ | 连接形式 | 连接油管 /mm | | 适应套管 /mm |
					循环	生产	
KRT14-337-162×78	162×78	14	337	法兰式	139.1（平式）×730.2（内接箍）		339.7

该井口装置带压作业工艺实现流程：停止注汽、井口降温、油管投堵、采油树拆卸、过渡连接、带压设备连接。

3. 油管堵塞器系列

根据新疆油田双水平井组 SAGD 不同管柱结构，研制了不同尺寸、不同规格的油管投堵器，实现可靠堵塞，配套进行油管带压提下。

油管内堵塞技术是实现油、水、气井安全带压作业的保证，同时也是制约带压作业技术推广应用的瓶颈。对于各类油、水、气井带压作业时的管柱内密封，国内外使用的油管堵塞器普遍存在结构复杂、成本较高、可靠性差、使用不便的缺点，针对以上问题，研制了锥形丢手式油管堵塞器、投灰式油管堵塞器、卡瓦锚定式高温封隔器、自膨胀堵塞装置等油管堵塞器系列。

（二）SAGD 带压作业系列工艺

为了与带压专用设备及装置配套应用，新疆油田研制了 SAGD 注、采水平井带压提下油管工艺、生产水平井带压检泵作业工艺、冷冻暂堵带压更换井口及光杆作业工艺、多功能光杆密封器带压作业工艺、测试连续油管带压提下作业工艺等，形成了完整的高温带压作业工艺系列。

1. 注、采水平井带压提下油管工艺

带压提下油管时，热采带压作业主机与修井机、连续油管车、油管投堵装置、双管井口装置等配合作业。

作业流程：利用连续油管进行堵塞作业，堵塞作业完成后观察 40min，若井口无溢流则该作业合格，确保管内和环空已得到有效密封，方可拆井口，及时安装好防喷器组，上部连接热采带压作业装置主机；热采带压作业装置主机连接液压管线等，调试动力源、带压作业主机；油管短节与油管挂连接，关闭上环形防喷器，循环降温装置开启，起油管。

2. 生产水平井带压检泵作业工艺

研制了泵下带封堵总成及脱接器的杆式泵、管式泵，将杆式泵及管式泵下入生产水平井 SAGD 中正常生产，需进行检泵作业时，上提泵或柱塞，关闭封堵器，封隔井下压力，下泵时通过脱接器对接，推动封堵器下移实现解封，打开油流通道再次生产，最终实现带压检泵，封堵方式简单可靠。

以带压作业杆式泵为例。带压作业杆式泵由杆式泵、脱接器、封堵总成 3 部分组成。脱接器由弹性脱接爪、脱接器杆体、高温密封短节、高温密封皮碗 4 部分构成，脱接器解脱力为 350kgf[①]，接合力为 100kgf，密封皮碗长期耐温 370℃。封堵总成由封堵器和外工作筒两部分组成。封堵总成封堵状态内外试压 23MPa 不渗漏，密封可靠。封堵器由定位短节、封堵本体、打孔管、丢手接头、高温密封皮碗 5 部分组成。外工作筒由工作筒管体、加厚接箍、过流孔 3 部分组成，如图 5-86 ～图 5-89 所示。

图 5-86　带压作业杆式泵设备结构组成

图 5-87　脱接器实物图

图 5-88　封堵器实物图

图 5-89　封堵总成外工作筒实物图

带压检泵作业采用以下流程。

带压检泵上提过程：上提抽油杆，带动杆式泵上移，杆式泵连动脱接器，待脱接器上提至限定位置后，实现油流通道封堵、泄压，抬井口三通，坐防喷器（全封），继续上提抽油杆，实现脱接器解脱丢手，起出管内抽油杆柱及杆式泵。

---

① 1kgf=9.8N。

带压检泵下放过程：将脱接器与杆式泵下端相接，杆式泵与抽油杆连接，下放抽油杆，到达预定位置后与脱接器实现对接，拆防喷器，坐井口三通、盘根盒，缓慢下放光杆，实现杆式泵坐封。坐封过程中，杆式泵推动封堵器下移，打开油流通道恢复生产。

3. 冷冻暂堵带压更换井口及光杆作业工艺

冷冻暂堵带压更换井口及光杆作业工艺是一种利用冷冻段塞封隔井下压力，并悬挂井下杆、管柱，从而实现带压作业的工艺技术。冷冻暂堵带压更换井口及光杆作业时不需要排液降压，不使用压井液，作业中不仅有效减小了排液占产时间，而且同时保护了蒸汽腔和储层，提高了热能利用率，作业中全程井控可靠，安全系数高。

冷冻暂堵带压更换井口及光杆作业流程如图 5-90 所示，具体流程如下：安装短节并悬挂→切割大四通→切割副管短节→拆卸原井六通→连接悬挂器→装入垫环和密封圈→连接密封圈→座双管六通完善井口。

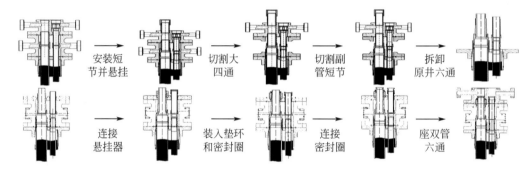

图 5-90　冷冻暂堵带压更换井口及光杆作业流程图

4. 多功能光杆密封器带压作业工艺

单闸板及双闸板多功能光杆密封器利用闸板封堵井下压力，实现带压更换盘根和光杆。

2FZDR8.0-21 双闸板多功能光杆密封器由壳体、上部密封闸板、下部密封闸板、注脂孔等 17 个部分构成。密封器主体承压件均采用锻钢件，经热处理后抗拉强度、冲击韧性均达到 API 标准。型腔为扁圆形结构，受力状态合理、承压高、高度低、质量轻、体积小，表面进行镀镍磷处理，防腐性能好。最高工作压力为 4MPa，最高工作温度为 220℃。

更换盘根时只需关闭上部闸板封隔井下压力，与注脂盘根盒带压更换盘根相比减少了注脂的用量，从而降低了过多注脂掉入井内造成油嘴堵塞及卡泵的风险。

更换光杆时，上提光杆至防喷短节内，当光杆接箍进入盘根盒下接头上限位时，关闭上、下两级闸板，下级闸板注脂，井下压力进行井下封堵，待封堵成功后，拆卸盘根盒，实施带压更换光杆作业。与冷冻暂堵带压更换光杆相比，利用多功能光杆密封器更换光杆不需要向井内注入冻胶封堵，也不需要大量干冰做冷源降温，有效降低了作业成本。

5.测试连续油管带压提下作业工艺

连续油管在井下高温及含硫环境下长期使用，当发生损坏时，需要提出更换新的测试连续油管。连续油管带压提下工艺利用连续油管悬挂密封装置对连续油管进行动、静密封，以实施可靠井控，最终实现带压更换损坏测试连续油管。

该工艺配套工具包括升高工字法兰、控制闸阀、连续油管密封悬挂装置等（图5-91）。需要对井带压下入测试连续管时，连接注入头，打开控制闸阀，下入测试连续管进行温压测试作业。需要带压上提测试管时，提出连续测试管，拆卸注入头，关闭控制闸阀，拆卸密封悬挂装置，对耐高温密封件进行更换维护。工作温度为240℃，工作压力为10MPa，测试管规格为Φ18mm、Φ32mm。

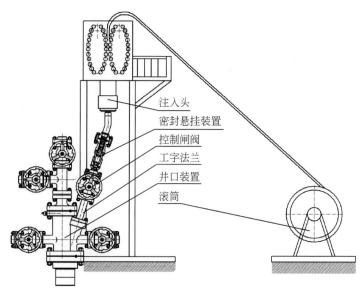

图 5-91　测试连续油管带压提下工艺示意图

6.现场应用情况

浅层高温 SAGD 井带压作业工艺已现场应用129井次，应用成功率达90%以上，显著缩短了排液占产时间88%（图5-92），带压井作业方式保护了蒸汽腔及储层，维护了正常生产与措施需要，解决了工业化开发过程中日益增多的修井作业问题，成为 SAGD 开发的核心技术。

七、自主研发智能油藏动态分析系统

1.系统功能结构设计

智能油藏动态分析系统以作业区现有的数据模型为基础，基于油水井生产数据采集的日数据及自动化数据，实现在线地质分析、生产动态分析、油藏建模、生产优化的一体化综合应用，建成 SAGD 油藏动态分析系统平台，为作业区 SAGD 科学高效生产管理提供了技术支持。

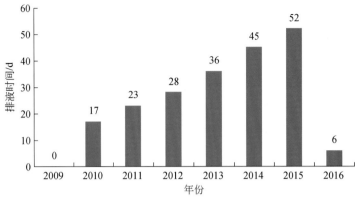

图 5-92　SAGD 修井排液降压时间对比图

智能油藏动态分析系统功能结构如图 5-93 所示,系统功能模块包括:储层综合研究、生产动态分析、成果管理、系统管理 4 个功能模块。

（1）储层综合研究：实现单井解释、地层对比、砂层对比、随钻跟踪等。

（2）生产动态分析：实现生产数据自动统计分析功能,分阶段按作业区、区块、采油站 3 种级别进行动态分析,满足各类业务人员的应用需求。

（3）成果管理：CMG、IPM、Petrel 软件成果共享管理。

（4）系统管理：包括用户权限的管理和用户日志记录和查询的管理功能。

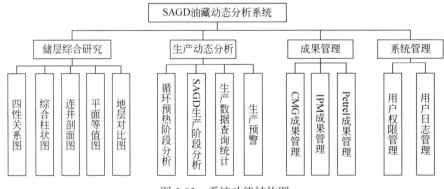

图 5-93　系统功能结构图

2. 业务数据流程图

根据不同功能模块,通过数据接口调用相应的业务数据,进行数据转换、检索、修正,展示生成的成果。为保证生产数据的一致性,保证源点数据一次采集,多系统应用的要求,总体建库原则为：系统只对专用数据项进行采集,不对任何原始生产数据项进行重复采集,保证所有数据都在源点录入,而不再开设其他数据入口,系统只进行相关生产数据的引用,数据处理流程如图 5-94 所示。

3. 关键技术

1）研究 SAGD 动态分析方法,建立 SAGD 动态分析系统平台

SAGD 开发与蒸汽吞吐、蒸汽驱采油方式有很大差异,因此 SAGD 动态分析方法

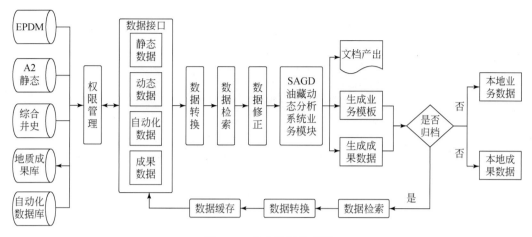

图 5-94 业务数据流程图

与常规稠油热采完全不同。SAGD 开技术特别适合开采原油黏度非常高的特稠油和超稠油油藏，通过物理模拟和现场试验，采收率可达到 60%～80%，但影响开发效果的因素较多，所以动态分析研究的对象也很多。其中包括：油层厚度、油层渗透率、含油饱和度、原油黏度、油藏深度、隔夹层的影响等。

根据循环预热和 SAGD 生产两个阶段不同的动态分析流程，研究动态分析方法，实现从井组、注汽站、管汇、区块、采油站、作业区等不同分析单元，层层展开动态分析及统计工作，以满足各个业务部门的日常工作需要。循环预热阶段又分为 4 个阶段：井筒预热阶段、稳压循环阶段、均衡提压阶段、微压差泄油阶段。SAGD 生产阶段根据注采调控流程，确定影响生产效果因素及调控方向（图 5-95）。

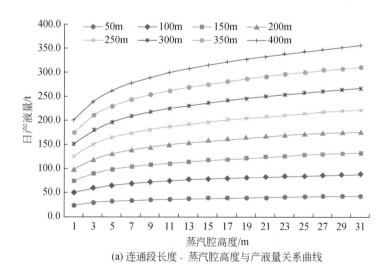

(a) 连通段长度、蒸汽腔高度与产液量关系曲线

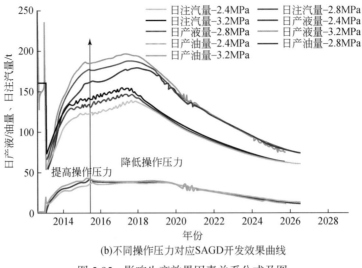

(b)不同操作压力对应SAGD开发效果曲线

图 5-95 影响生产效果因素关系公式及图

2）采用数据库穿透查询技术，实现勘探、开发、成果专业数据综合应用

研发数据库后台数据接口，实现勘探、开发、钻、录、测、试各类专业动静态数据的集成应用。提取地层、岩性、射孔、成果解释、井位地理坐标等静态数据，结合 A2、A11 动静态数据、油藏精描解释成果，进行多维互动，对地质体进行表征与建模，精细刻画构型单元体空间展布及相互叠置关系，并将其在平台上进行统一展示和综合应用，为科研人员提供直观分析依据（表 5-30、图 5-96）。

表 5-30 引用相关专业数据库表

序号	数据库名	数据库表
1	勘探数据库	NEW_KTSJK.AJZH06（井位表）
2	开发静态	CYCKFJTSJK.DAA09（射孔数据）
3	开发静态	CYCKFJTSJK.DAA091（射孔井段数据）
4	开发静态	CYCKFJTSJK.DAA05（单井小层数据）
5	井下作业	CYCJXZY_SCK.DDCA05（井身数据）
6	钻井数据库	ZJSJK.ADZJ01（钻井工程基础数据）
7	测井数据库	CJSJK.AJCJ01（解释成果数据）
8	录井数据库	LJSJK.AJLJ02（岩性数据）
9	录井数据库	LJSJKAJLJ25（地层数据）

3）采用模型数据解析中间件技术，实现成果数据统一集中管理

通过模型数据解析中间件的研发，解析不同专业软件输出格式，将 CMG、IPM、Petrel 专业软件集成到平台上，实现对各类专业软件成果统一集中共享管理。在井位图上能与单井、区块关联，成果应用更加方便快捷（图 5-97、图 5-98）。

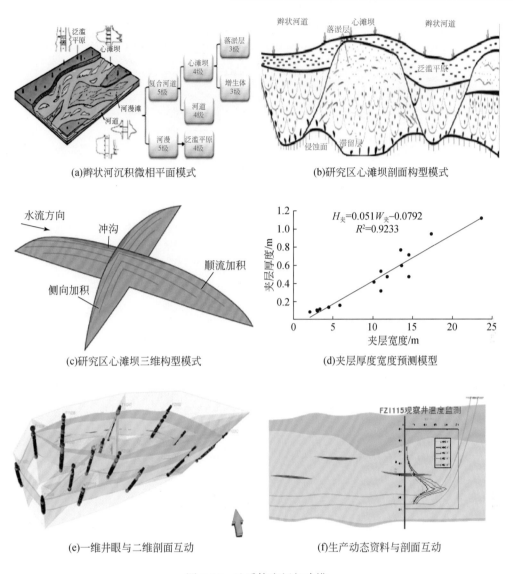

(a)辫状河沉积微相平面模式

(b)研究区心滩坝剖面构型模式

(c)研究区心滩坝三维构型模式

$$H_{夹}=0.051W_{夹}-0.0792$$
$$R^2=0.9233$$

(d)夹层厚度宽度预测模型

(e)一维井眼与二维剖面互动

(f)生产动态资料与剖面互动

图 5-96 地质体表征与建模

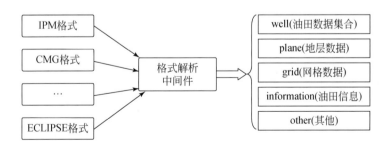

图 5-97 模型数据解析中间件

	成果名称	成果预览	本地查看	模拟终端	关联区块	关联井	成果大小	成果类型	应用程序名称	成果描述	上传人
1	FHW207数模成果图	①	本地查看	模拟终端	莫37SAGD;	FHW207I;FHW207F;	792.7KB	数值模拟成果	NumericSimulation	FHW207数模成果图	admin
2	FHW312数模成果图	①	本地查看	模拟终端	莫1SAGD;	FHW312I;FHW312F;	673.9KB	数值模拟成果	NumericSimulation	FHW312数模成果图	admin
3	FHW311数模成果图	①	本地查看	模拟终端	莫1SAGD;	FHW311I;FHW311F;	1000.3KB	数值模拟成果	NumericSimulation	FHW311数模成果图	admin
4	FHW330数模成果图	①	本地查看	模拟终端	莫1SAGD;	FHW330I;FHW330F;	871.3KB	数值模拟成果	NumericSimulation	FHW330数模成果图	admin
5	莫1IPM成果	①	本地查看	模拟终端	莫1SAGD;		219.9MB	Petroleun Experts IPM 7.5	GAP	莫1IPM成果	admin
6	IPM成果	①	本地查看	模拟终端	莫18SAGD;		219.9MB	Petroleun Experts IPM 7.5	GAP	IPM成果	admin
7	FHW308模型图	①	本地查看	模拟终端	莫1SAGD;	FHW308I;FHW308F;	896.1KB	模型图	WellModelDiagram	FHW308模型图	admin
8	IPM成果2	①	本地查看	模拟终端	莫18SAGD;		3.6MB	Petroleun Experts IPM 7.5	MBAL	IPM成果2	admin

图 5-98　专业软件成果统一集中管理

4）图层与动态数据结合技术，实现图层任意动态叠加

应用底图加载技术和图层分离技术，支持地质数据动态成图，实现动静态生产数据和图层数据的分离，简化复杂图件的绘制过程，实现各类地质图层的任意叠加。

系统引用了动态成图技术，各类图形绘制组件采用插件化设计，实现数据层与功能层分离，极大地扩展了平台的可视化绘图功能，方便快速定制统计图件，为后续业务推广应用奠定基础。图形绘制组件研发，采用微软的 Microsoft Visual Studio.net 2010，开发语言采用完全面向对象的 C++，利用开源图形绘制组件 GDI+ 和 SlimDX，将其分别作为二维、三维图形的绘制引擎（5-99）。

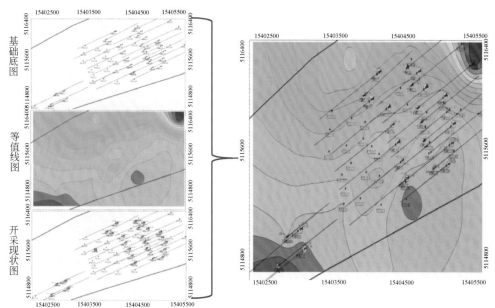

图 5-99　图层动态叠加

第三节 钻井轨迹精细控制技术

SAGD 技术采用一对上下平行的水平井，其中两口平行水平井水平井段之间的间距要求控制严格，应用磁导向仪器导向钻井等技术，实现 SAGD 成对水平井井眼轨迹精确控制。核心技术 SAGD 成对水平井磁定位技术尚未国产化，导致作业成本较高，影响开发的综合效益，因此，有必要进行 SAGD 水平井磁定位技术研究，形成配套技术，降低钻完井施工综合成本。

一、钻井施工程序

施工过程中，先钻位于下方的生产水平井，然后再钻上部的注汽水平井，注汽水平井（I）造斜段采用 RMRS-I（旋转磁测距系统）或 MGT（magnetic guidance tool，磁导向工具）磁导向技术进行着陆精细控制，水平井段采用 RMRS-I 或 MGT 磁导向技术引导注汽水平井与已钻生产水平井（P）平行钻进。

1. P 井着陆和水平井段控制程序

（1）根据稠油埋深浅的地质特点，选择大弯角单弯螺杆造斜，确保造斜率满足设计要求。

（2）使用进口仪器保证测量的精确性和仪器使用的可靠性；每次入井前均做好地面及井口测试，确保下入井底正常工作。

（3）钻至靶窗 A 点，实钻井斜大于设计入靶井斜，以弥补下入技术套管后的降井斜，确保水平井段轨迹平稳控制。

（4）合理选择钻具组合和钻进方式，及时调整钻井参数，精细控制轨迹，确保水平井段平稳钻进。

2. I 井造斜段控制

在造斜段引入磁导向技术，提高 I 井的入靶精度及井眼轨迹入靶精度。不受套管屏蔽的影响，在套管内可以实现磁导向测量。

在造斜段入靶前 80m，用磁导向系统引导钻进，避免入靶前因 MWD（随钻测量系统）测量受已钻 P 井套管的影响，使入靶轨迹偏移误差大，水平井段钻进中需要用大段井段调整，影响轨迹控制精度。

3. I 井水平井段控制

以 P 井水平井段实钻井眼轨迹数据校正 I 井水平井段设计轨道。

采用磁导向系统，引导水平井段钻进。I 井水平井段下入磁源，P 井下入磁源接收器，I 井水平井段依据设计轨道和 P 井水平井段实钻轨迹控制井眼轨迹，确保两水平井段的平行。

依据磁导向系统测量数据和 MWD（随钻测量系统）测量数据，准确预测井底轨迹参数，确保轨迹两水平井段保持垂向平行，将空间距离控制在 5m±0.5m 以内。

二、精确磁场源发生器研制

精确磁场源发生器连接在近钻头处，随钻头一起旋转，在区域内产生强度方向满足要求的旋转磁场，其结构如图 5-100 所示，精确磁场源发生器本体由无磁材料构成，24 个稀土永磁体在其表面对称分布。

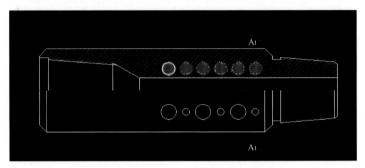

图 5-100　精确磁场源发生器结构图

1. 规格与性能参数

目前精确磁场源发生器共有两种规格，详细情况见表 5-31。

表 5-31　精确磁场源发生器性能参数

磁场强度 /nT	外径 /mm	内径 /mm	长度 /mm
5.59×10^8	$\Phi172$	$\Phi80$	550
5.59×10^8	$\Phi203$	$\Phi80$	410

2. 有限元及磁场分布分析

1）精确磁场源发生器有限元分析

通过有限元分析软件对精确磁场源发生器进行分析，如图 5-101 所示，应力集中区域主要在螺纹、螺纹根部及打孔区域，精确磁场源发生器整体结构设计合理，应力分布在设计范围内。

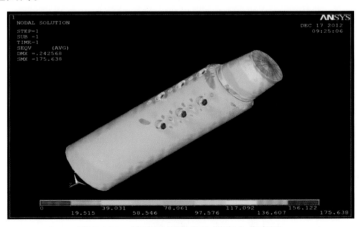

图 5-101　精确磁场源发生器应力分布图

2）精确磁场源发生器的磁场分布分析

精确磁场源发生器的磁场分布会对测量结果产生直接影响，如果磁场强度过强将会导致仪器损坏；磁场强度过小将会导致测量误差超出设计要求，测量范围减小（图 5-102）。

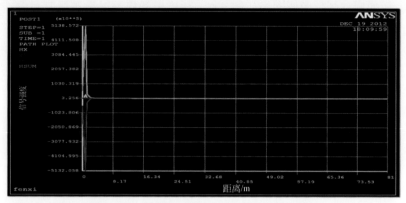

图 5-102　精确磁场源发生器磁场强度分布图

三、三轴磁场探测仪研制

1. 三轴磁场探测仪工作原理

三轴磁场探测仪本体采用非磁材料，磁场探管位于本体内部，上部通过单芯高压插针与 485 数据线连接。

三轴磁场探测仪作为关键部件，首先通过模数转换器对采集到的数据进行模数转化；其次进行编码，形成数据帧，将其发送至 DSP（digital signal processor）数字信号处理器，DSP 数字信号处理器将数据进行编码，以 50～100 帧/s 的速度，通过 RS485 端口与电缆连接，发送至地面。三轴磁场探测仪形成了基于 DSP 架构的采集、测量系统，具有测量精度高、数据处理速度快，性能稳定的特点，测量误差小于 2.5nT（图 5-103）。

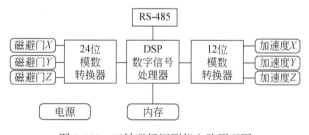

图 5-103　三轴磁场探测仪电路原理图

2. 三轴磁场探测仪标定

试验目的：通过对比分析测量数据与实际数据，标定仪器测量精度。

试验条件：试验温度为常温，试验压力为常压。

试验设备：三轴磁场探测仪、精确磁场源发生器、四芯屏蔽电缆 20m、稳压电源 1

台、磁源车 1 辆、三轴磁场探测仪支架 1 个及激光测距仪 1 个。

试验步骤如下。

（1）在空旷环境下选择 30m×25m 的地面测试空间，用激光测距仪测距，按如图 5-104 所示的尺寸画好测试网格，按如图 5-105 所示将测试设备摆放到位。

（2）将三轴磁场探测仪固定在支架的顶端，并将支架放置在测试网格的左侧线 15m 位置处，将精确磁场源发生器放置在磁源车上，并将磁源车放置在测试网格的 5m 点初始测试位置处。

（3）连接四芯屏蔽电缆，开启稳压电源及磁定位软件，准备测试。

（4）使磁源车沿图 5-104 所示箭头所指测试线方向按 4～5m/min 的速度匀速前进，并按转速为 60～80r/min 的速度旋转精确磁场源发生器，此时三轴磁场探测仪采集磁场信号并通过四芯屏蔽电缆将信号传输至磁定位软件，由磁定位软件计算出精确磁场源发生器与三轴磁场探测仪之间的距离和偏移角。

（5）测试过程中磁源车每前进 1m，由专人将数据报知给磁定位软件操作人员，直至磁源车到达 30m 网格线为止，并记录数据。

（6）保持三轴磁场探测仪位置不变，依次将磁源车移至测试网格的 6～25m 测试线初始测试位置处，重复上述测试过程，并记录数据。

（7）将三轴磁场探测仪放置在筛管内中心位置，依次将磁源车连同精确磁场源发生器移至如图 5-104 所示 5～25m 测试线的初始测试位置，重复上述（3）～（5）测试过程，并记录数据。

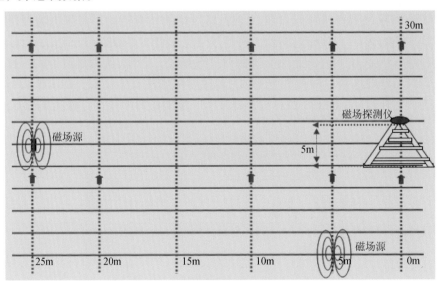

图 5-104　三轴磁场探测仪室内标定平面图

3. 三轴磁场探测仪冲击和振动试验

试验目的：测试三轴磁场探测仪能否承受设计抗冲击和抗振动值。

试验条件：试验温度为常温。

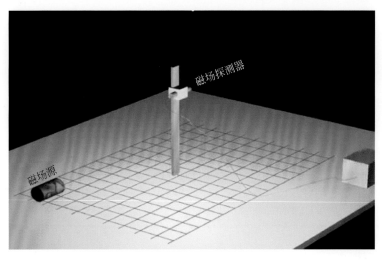

图 5-105 三轴磁场探测仪室内标定立体图

冲击试验设备：SS-003 型冲击试验系统。

振动试验设备：AFG3252 型任意波形发生器、YE7858 型功率放大器、JZK100 型电动激振器、LC159 型加速度传感器、DPO7105 型数字示波器及 CM3504 型动态信号输入模块。

冲击试验流程如下所示（图 5-106 ）。

（1）连接冲击试验设备。

（2）将三轴磁场探测仪放置于试验设备上并固定。

（3）接通电源，开启试验设备，进行冲击试验。

（4）设置冲击试验值为 200g，记录试验数据。

（5）逐渐增加至冲击试验值为 500g，记录试验数据及峰值。

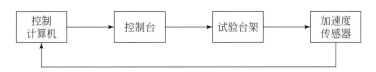

图 5-106 冲击试验流程图

振动试验流程如下所示（图 5-107 ）。

（1）连接振动试验设备。

（2）将三轴磁场探测仪放置于振动试验设备上并固定。

（3）接通电源，开启试验设备，进行振动试验。

（4）进行 10g 振动值的离线测试，记录试验数据。

（5）进行 200Hz 固定频率、100ms 扫描周期（加速度为 15g；峰值为 22g）的在线频率测试，并记录试验数据。

（6）进行 20 ～ 200Hz、100ms 扫描周期（最大值为 15.63 ～ 22g；峰峰值为 22.8g）的在线扫描测试，并记录测试数据。

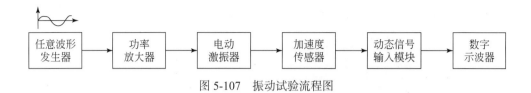

图 5-107　振动试验流程图

4. 三轴磁场探测仪技术参数

三轴磁场探测仪具体参数见表 5-32。

表 5-32　三轴磁场探测仪技术参数表

磁场分辨率 /nT	磁场测量范围	采样率 /Hz	波特率 /（bit/s）	工作温度 /℃	承压 /MPa	抗冲击 /g	抗震动 /g
0.2	$-1 \times 10^5 \sim 1 \times 10^5$	50	9600	$-40 \sim 125$	100	500	20

四、三维空间磁场定位系统软件设计

三维空间磁场定位系统软件首先将磁场探测传来的数据进行滤波、地磁信号分离，获得永久磁场发生器产生的交变信号，将信号波形显示在软件界面上；其次计算相对方位角 Ψ_0、偏移角 θ_0 和空间距离 P；最后将计算结果显示在软件界面中。数据采集过程中，同时对采集的数据进行井深线性化、B_z 包络等处理。数据采集完成后对数据进行峰值识别、最小空间距离计算和偏移角提取处理（图 5-108）。

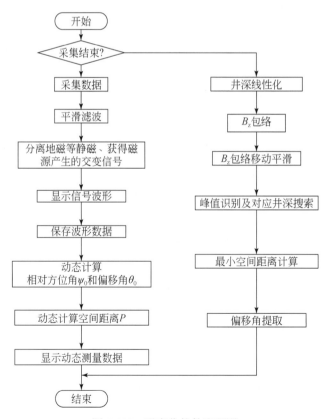

图 5-108　磁定位软件流程图

三维空间磁场定位系统软件界面如图 5-109 所示。

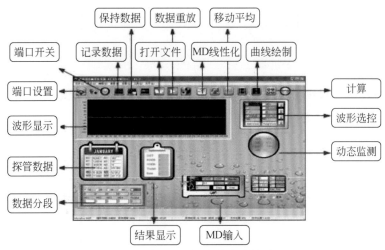

图 5-109　三维空间磁场定位系统软件界面图

五、现场试验与推广应用情况

2008 ～ 2015 年，在新疆油田风城稠油区块推广应用 SAGD 成对水平井磁定位轨迹控制技术 171 对，实现了 SAGD 双水平井钻井轨迹精细控制，两井水平井段垂向距离控制在 5±0.5m，横向误差不超过 ±1m，平均垂向间距误差为 0.29m，满足厚度小于 15m 薄稠油层 SAGD 成对水平井钻井轨迹控制要求。

1. FHW3014 井组应用情况

FHW3014I 井位于准噶尔盆地风城油田重 18 井区南部 SAGD 开发区。设计井深：斜深为 697.69m，垂深为 281.20m。该井由中国石油集团西部钻探工程有限公司钻井工程技术研究院井下作业公司 20947 队承钻，中国石油集团西部钻探工程钻探有限公司定向井技术服务公司提供轨迹控制技术服务，磁导向仪器采用西部钻探钻井工程技术研究院 RMRS-Ⅰ型磁导向系统。该井首次实现了套管内磁定位测量与轨迹引导。造斜段磁导向井段为 324.09 ～ 371.76m，进尺 47.67m，仪器工作时间 26h。

该井井眼轨道设计数据见表 5-33。

表 5-33　FHW3014I 井井眼轨道设计表

井段	井深 /m	段长 /m	井斜 /(°)	方位 /(°)	垂深 /m	南北距离 /m	东西距离 /m	视位移 /m	造斜率 / [(°)/30m]
直井段	104.4	104.4	0.00	0.00	104.4	0.00	0.00	0.00	0.00
增斜段	295.8	191.4	59.9	103.7	262.7	−21.76	88.77	91.39	9.40
A 点	367.9	72.06	90.0	103.0	281.2	−37.67	155.7	160.19	12.50
B 点	697.6	329.7	90.0	103.0	281.2	−112.0	476.9	489.97	0.00

1）垂距分析

水平井段磁导向井段进尺 294.12m，两井垂距最大为 5.95m，最小为 4.73m（图 5-110）。

超稠油油藏开发关键技术

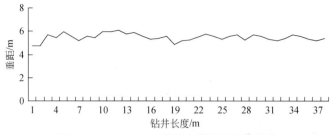

图 5-110 FHW3104 井组水平井段垂距曲线

2）偏移距分析

水平井段磁导向井段进尺 294.12m，两井偏移距最大为 1.05m（图 5-111）。

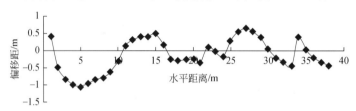

图 5-111 FHW3104 井组水平井段偏移距曲线

2. FHW3122 井组应用情况

FHW3122I 井位于准噶尔盆地风城油田重 45 井区 SAGD 开发区。设计井深为 1473.73m，斜深为 673.72m，垂深为 462.38m。该井由中国石油西部钻探克拉玛依钻井公司 50597 队承钻，中国石油集团西部钻探工程钻探有限公司定向井技术服务公司提供轨迹控制技术服务，磁导向仪器采用西部钻探钻井工程技术研究院 RMRS-I 型磁导向系统。

该井井眼轨道设计数据见表 5-34。

表 5-34 FHW3122I 井井眼轨道设计表

井段	井深 /m	段长 /m	井斜 /(°)	方位 /(°)	垂深 /m	视位移 /m	南北距离 /m	东西距离 /m	造斜率 /[(°)/30m]
直井段	92.45	92.45	0	0.00	92.45	0.00	0.00	0.00	0.00
A 点	673.72	581.27	90	266.1	462.5	370.05	-24.91	-369.2	4.64
B 点	1473.7	800.01	90	266.1	462.5	1170.06	-78.77	-1167	0.00

1）垂距分析

水平井段磁导向井段进尺 782.58m，两井垂距最大为 5.41m，最小为 4.35m（图 5-112）。

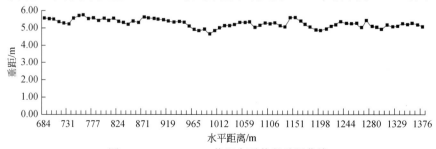

图 5-112 FHW3122 井组水平井段垂距曲线

2）偏移距分析

水平段磁导向井段进尺 782.58m，两井偏移距最大 0.78m（图 5-113）。

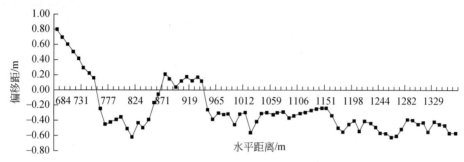

图 5-113　FHW3122 井组水平井段偏移距曲线

第四节　双水平井 SAGD 地面工程技术

双水平井 SAGD 技术在新疆油田推广应用后，常规稠油开发注汽、集输、油水处理和热能利用等工艺技术已不能满足生产需要，主要体现在以下几个方面。

（1）注汽：常规稠油开发多采用湿蒸汽锅炉，锅炉出口蒸汽干度为 80%，不能满足 SAGD 开发需要；同时，SAGD 开发对计量分配精度也有更高的要求。

（2）集输：油、汽、水、砂多相流共存的高温饱和流体对集输系统冲击明显，计量、换热、机泵等设备选型困难，集输系统压力不易调控。

（3）原油脱水：SAGD 采出液和常规吞吐开发采出液相比，基本物性、油水乳化特性和脱水机理都存在较大差异，常规脱水工艺无法处理 SAGD 采出液。同时国外公司始终对该项技术实施技术封锁。

（4）采出水处理：超稠油采出水具有高温（90～110℃）、高硅（350mg/L）、高矿化度（5000mg/L）等特点，锅炉回用难度大，直接外排不符合环保标准。

（5）节能环保：吞吐开发的开发流程伴随大量蒸汽、伴生气的无序排放，给安全生产和环境保护带来很大困难；SAGD 采出液温度高达 180～200℃，携汽量在 20%～30%，常规脱水工艺不配套，易造成热能损失大、环境污染严重等问题。

对于超稠油开发而言，油藏、采油及地面是一个有机结合的整体。若以上关键技术及配套设备不能在较短的时间内得到有效解决，将成为制约风城油田大规模工业化开发的因素之一。

为了填补国内超稠油开发地面配套技术的空白，加快风城油田超稠油工业化应用进程，2009 年，新疆油田联合新疆石油勘察设计研究院（有限公司）开展了《风城超稠油开发地面配套技术研究》项目，共设置了 6 个专项课题进行研究攻关。

经过近 5 年的科研攻关和若干先导试验区工业化试验，在超稠油开发地面注汽系统、密闭集输、密闭脱水、采出水处理、超稠油长距离输送等方面形成了一系列技术成果，并在风城油田产能建设过程中进行了推广应用，该系列技术的先进性已达到国内领先、国际先进水平，打破了加拿大等国对超稠油开发地面工程配套技术的封锁。

一、超稠油密闭集输技术

通过"超稠油开发集输系统工艺研究"课题的攻关，形成了以"双线集输、集中换热"为特点的 SAGD 开发密闭集输工艺技术；同时，完成了密闭集输核心设备的研制，为高温集输和热能利用奠定了基础，形成的创新成果如下所述。

1. SAGD 开发密闭集输工艺技术

SAGD 采出液具有温度高（160～220℃）、携汽量大（5%～30%）、携砂量大（1%～5%）、携砂粒径小（$D_{90} \leq 10\mu m$）等特点，给集输工艺的确定和配套设备的选型带来很大困难，具体表现在以下几方面。

（1）SAGD 采出液高温携汽，集输温度远高于水在常温下的饱和蒸汽压。在输送工况下，通常为汽、液两相共存的饱和状态。当系统压力波动时，高温饱和流体会发生明显的相态转换，给集输系统的稳定性带来很大的冲击。

（2）SAGD 采出液携砂严重，当介质流速偏快时，会造成集输系统设备和管道发生磨蚀。尤其在降压输送过程中，大量的蒸汽从采出液中闪蒸出来，而蒸汽流速远高于液相流速，此时砂对管道的磨蚀过程会显著加剧。

（3）介质在管道中呈油、汽、水、砂多相流共存的饱和状态，在地形起伏或高差较大时，极易形成段塞流，严重影响集输系统的平稳、安全运行。

（4）SAGD 开发周期可分为循环预热阶段和生产阶段，两阶段采出液的基本物性和脱水机理存在较大差异，混合处理效果不理想，会大幅度增加脱水药剂用量，严重影响油水处理指标，造成系统瘫痪。因此，SAGD 循环液需要单独处理。而 SAGD 循环预热阶段持续时间为 3～12 个月，井组间个性化差异明显，采用一套集输管网不能实现两阶段采出液分开处理，采用两套管网则存在重复投资问题。

（5）SAGD 开采原油黏度高，黏温反应敏感，集输系统在防止高温闪蒸的同时，还应考虑管道低温凝堵和停输再启动问题。

基于以上原因，几种常规稠油集输工艺均不能满足 SAGD 采出液高温密闭集输的要求，集输工艺的确定和配套设备的选型尤为困难。新疆油田研发了以"双线集输、集中换热"为特点的高温密闭集输工艺，解决了 SAGD 开发不同阶段采出液物性差异大的问题，提高了集输管网的利用率，便于热能的综合利用；同时，充分利用井底采油泵举升能量，尽可能减少中间接转环节，系统密闭率达到100%。SAGD 采出液集输系统工艺流程示意图如图 5-114 所示。该集输工艺具有如下特点。

（1）根据 SAGD 采出液特点，采用 4 级布站密闭集输流程，即采油井场→计量管汇站→接转站→原油集中处理站。其中，接转站根据具体工况可有如下变化。

①正常工况下，接转站包括汽液分离和液相增压提升功能。

②针对集输半径较小的区块（≤ 3.5km），接转站功能可简化为汽液分输站，取消站内液相增压设备，充分利用井底采油泵举升能量，将采出液自压汽液分输至集中处理站。

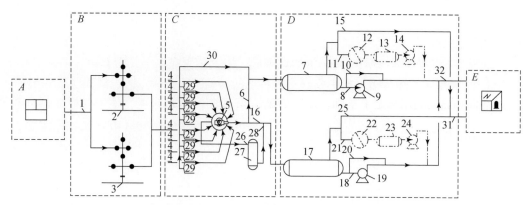

图 5-114　SAGD 采出液集输系统工艺流程示意图

A- 注汽站；B-SAGD 注采井场；C- 计量管汇站；D- 接转站；E- 原油集中处理站；1- 注汽管道；2-SAGD 采油井；3-SAGD 注汽井；4- 单井集油管道；5- 多通阀；6- 循环预热集油汇管；7- 循环预热超稠油蒸汽处理器；8- 循环预热超稠油蒸汽处理器出液管道；9- 循环预热采出液提升泵；10- 循环预热越提升泵管道；11- 循环预热出蒸汽管道；12- 循环预热换热器；13- 循环预热冷凝水缓冲罐；14- 循环预热冷凝水提升泵；15- 循环预热蒸汽越换热器管道；16- 正常生产集油汇管；17- 正常生产超稠油蒸汽处理器；18- 正常生产超稠油蒸汽处理器出液管道；19- 正常生产采出液提升泵；20- 正常生产越提升泵管道；21- 正常生产出蒸汽管道；22- 正常生产换热器；23- 正常生产冷凝水缓冲罐；24- 正常生产冷凝液提升泵；25- 正常生产蒸汽越换热器管道；26- 单井计量管线；27- 单井计量装置；28- 计量装置出油管道；29- 单井旁通管道；30- 旁通汇管；31- 集汽管道；32- 集油管道

③针对接转站周边有冷源的区块，在接转站内增设蒸汽换热单元，蒸汽消除相变后，和采出液一起泵输至集中处理站。

（2）为满足 SAGD 不同生产阶段采出液集输、处理需要，集输管网均采用双线设计。

①投产初期，区域内所有井组均处于循环预热阶段，该阶段采出液携汽严重，管输能力下降，双线均用于循环液集输。

②由于地层条件差异，随着井底蒸汽腔的发育，一部分油井转入生产阶段，另一部分油井仍处于循环预热阶段，由于两阶段采出液基本物性和脱水机理差异明显，需分开处理。此时，一根集输管道用于循环液集输，另一根集输管道用于正常生产液集输。

③当所有井组进入生产阶段后，单井产液量不断上升，可达到投产初期的 3～4 倍，此时双级输管道均用于生产阶段采出液集输。

从以上过程可以看出，集输管网虽采用双线设计，但整体利用率并不比单线低，同时大幅度提高了管网的灵活性，可以满足 SAGD 开发不同阶段采出液集输和分开处理的需要。

（3）根据 SAGD 采出液集输特点，流程前半段（采油井场→计量管汇站→接转站）集输压力较高，不易发生闪蒸，介质流速可以得到控制，因此采用汽液混输流程，以提高管网利用率；流程后半段（接转站→原油集中处理站）集输压力相对较低，在降压输送过程中，大量的蒸汽从采出液中闪蒸出来，而蒸汽流速远高于液相流速，此时砂对管道的磨蚀作用会显著加剧，此时采用汽液分输流程，以确保脱汽采出液保持较低流速，同时可有效防止段塞流的发生。

（4）全线采用高温集输，便于热能在原油集中处理站集中回收和梯级利用，为实现油田热能综合利用奠定了基础。

该集输工艺解决了 SAGD 采出液集输难题，主要体现在以下几个方面。

（1）采用"双线集输、集中换热"为特点的高温密闭集输工艺，解决了 SAGD 开发不同阶段采出液物性差异大的问题，提高了集输管网的利用率，便于热能的综合利用；同时，充分利用井底采油泵举升能量，尽可能减少中间接转环节，系统密闭率达到 100%。

（2）双线的合理配置，大幅度提高了流程的灵活性，可以满足 SAGD 开发不同阶段采出液集输和分开处理的需要。

（3）混输、分输工艺灵活搭配，即简化了管网，提高了集输管网的利用率，同时解决了流程后端磨蚀严重和易产生段塞流的问题。

（4）全线采用高温集输（≥160℃），便于热能在原油集中处理站集中回收和梯级利用，为实现油田热能综合利用奠定了基础。

该流程目前在风城油田得到了推广应用，取得了很好的效果。

2. SAGD 高温携汽采出液计量技术

针对 SAGD 开发不同生产阶段的特点，形成了成熟的 SAGD 高温携汽采出液计量技术。根据不同生产阶段计量精度的要求，形成了满足各类工况的计量设备系列：在试验区开发阶段，对计量精度要求较高，自主研发了《管式多相流计量橇》，采用管式分离＋分相计量＋在线含水计量的方式，计量误差可控制在 5% 以内；在工业化开发阶段，采用容积式计量，自主研发了《稠油单罐自动计量装置》和《自平衡双罐稠油计量装置》，可实现 SAGD 采出液在高温条件下直接计量，计量误差可控制在 8% 以内。

同时，为进一步提高 SAGD 单井产液计量精度，追溯系统误差，研发了"高温携汽饱和流体计量标定装置"，装置计量精度误差可控制在 2% 以内，可实现对各类计量设备误差进行溯源和修正。

3. 集输系统关键设备研发

针对 SAGD 采出液温度高、携汽严重、热能富余量大的特点，研发出蒸汽捕集处理一体化装置、闪蒸分离塔、可拆式螺旋板换热器、热管式换热器等一系列集输系统核心设备，为下阶段热能综合利用奠定了基础。形成的主要创新成果如下所述。

（1）蒸汽捕集处理一体化装置。SAGD 循环预热阶段采出液携汽严重，集输过程中遇到地形起伏的区域会产生段塞流，考虑在采出液进段塞蒸汽分离器前配套使用段塞流捕集器，可有效消除段塞流对分离设备的冲击，并可起到一定的汽液预分离作用；后段采用段塞蒸汽分离器，分离器内部结构设计考虑破泡、缓冲、除汽、分离、段塞流冲击等，有效保证了段塞蒸汽分离器的汽液分离效果。

工作原理：SAGD 循环预热阶段采出液携汽严重，集输过程中遇到地形起伏的区域会产生段塞流，考虑在采出液进段塞蒸汽分离器前配套使用段塞流捕集器，可有效消除段塞流对分离设备的冲击，并可起到一定的汽液预分离作用，有效保证了蒸汽处理器的汽液分离效果。段塞流捕集器是基于气液界面起伏的原理，前端为一定长度的高含汽混合区，其余为边界层充分发展区。边界层充分发展区中的小气泡趋于管顶方向运动；段塞流捕集器的上倾角度对液塞持液率的影响很大，角度越大，液塞持液率越低；段塞流具有间歇性的基本特征。

（2）SAGD 采出液闪蒸分离装置。该装置一次性解决了 SAGD 采出液缓冲、分离、破泡等生产难题，大幅度提高了集输处理系统的稳定性和抗波动能力。同时，将选型困难的液液换热系统负荷，通过闪蒸的方式，转向更加平稳高效的汽气液换热系统，换热效率变得更高，节约了工程投资和运行维护成本。

（3）通过大量实践探索，确定了油、汽、水等各类物料换热器的定型。通过油、汽、水分离和高效换热，锅炉给水温度由 31℃升高至 118℃，燃气单耗由 81m³/t 降低至 60m³/t，降低了 26%，实现了热能的综合利用。针对介质复杂的采出液换热，研发了基于热管换热原理的原油换热器。

通过以上设备的应用，大幅度提高了热能回收利用率。以风城油田为例，截至 2014 年 12 月，平均日节约能耗 1.6×10^7MJ，相当于每天节约近 40×10^4Nm³ 天然气，为实现风城地区的热能综合利用奠定了基础。

（4）针对 SAGD 采出液携砂特点（粒径 $D_{90} \leq 10\mu m$），在传统旋流除砂技术的基础上进行了优化创新，研发了单旋流除砂——旋流子除泥装置。该装置在风城油田 SAGD 采出液高温密闭脱水试验站中得到了工业化应用，取得了很好的效果。

二、SAGD 采出液高温密闭脱水工艺技术

SAGD 采出液和常规吞吐开发采出液相比，基本物性、油水乳化特性和脱水机理都存在较大差异，常规脱水工艺无法处理 SAGD 采出液。同时国外公司始终对该项技术实施技术封锁。研究 SAGD 采出液高效处理工艺技术和药剂体系，是亟须解决的生产难题。

确定了 SAGD 采出液高温密闭脱水工艺流程和边界条件，完成了高温脱水药剂的研制和高效脱水设备的研发，研究成果得到了工业化应用，填补了国内超稠油高温密闭处理领域的空白，打破了加拿大等国对该项技术的垄断，标志着新疆油田 SAGD 采出液处理技术已经处于国内领先、国际先进水平。

1. SAGD 高温采出液基本物性分析和脱水机理研究

SAGD 采出液和常规吞吐开发采出液相比存在较大差异，且 SAGD 开发在不同阶段，原油物性和脱水机理变化较大。因此，本书进行了 SAGD 采出液跟踪分析研究工作，同时开展了大量室内试验研究，掌握了 SAGD 采出液基本物性及脱水机理随开发时间的变化规律，为后续的工艺研究奠定了基础。

通过上述室内试验，确定了 SAGD 高温密闭脱水思路：前端除砂、预脱水，在线排砂、掺柴油，热、电化学联合脱水，同时根据试验确定了高温密闭脱水流程中各节点的边界条件。具体取得的认识如下所述。

（1）SAGD采出液具有胶体和乳液的双重稳定特性。

（2）剪切面电位绝对值的大小代表了采出液胶体稳定性的强弱，绝对值越高稳定性越强。通过电位法分析研究，SAGD采出液剪切面电位绝对值均≥40mV，最高可达70mV，远高于吞吐开发区的电位（0～10mV），具有较强的胶体稳定特性，致使采出液处理难度增大。

（3）SAGD采出液静置一段时间后，不会出现相态分离现象，通过显微照相发现，微观上存在W/O、O/W多重乳化状态。该状态下，常规正、反相破乳剂均不能起到破乳效果，油水分离难度大。

（4）通过采出液失稳机理研究，确立了先破胶再破乳的油水分离方法，即SAGD采出液加入预处理剂，进行电中和破胶，油滴迅速从水中分离聚集，形成连续相，实现油水初步分离；对初步分离的低含水原油，加入耐温破乳剂，破坏沥青质、胶质等在乳液中的稳定作用，降低泥砂黏土颗粒的表面活性，使内相的水滴"破笼"而出；微小水珠在高温下做剧烈的布朗运动碰撞，聚结成大颗粒水滴，最后沉降下来，从而实现了油水分离。

（5）通过试验，确定了SAGD采出液脱水温度为140～160℃，分离压力≥0.8MPa，该状态下脱水效果最佳，便于采出液热能综合利用。

（6）掺合适比例的柴油能够降黏，并大幅度提高超稠油热化学脱水效果。

（7）在低含水率情况下，电场对超稠油采出液脱水具有一定的促进作用。

（8）原油中含砂量超过0.1%时，就严重影响了油水自然分离和热化学脱水效果。

2. 超稠油高温动态模拟中试试验

在室内试验的基础上，为了进一步验证超稠油热电化学联合脱水的可行性，开展了现场超稠油高温动态模拟中试试验。

冷却降温后再升温的过程会对SAGD采出液脱水效果造成很大的影响，导致原油脱水试验数据失真，无法真实反映出原油的脱水机理。为了进一步提高试验数据的准确性，研发了超稠油热、电化学脱水动态模拟试验装置。该装置具有如下特点：①能够动态模拟超稠油热、电化学脱水全过程；②设置蒸汽发生器及换热设备，可满足不同温度条件试验要求；③通过4座沉降脱水设备灵活组合，可仿真模拟各类原油处理工艺；④两座电脱水罐分别采用交流、交直流两种电场形式，可模拟不同电场强度、不同电极悬挂方式下的油水分离效果。

超稠油高温动态模拟装置流程如图5-115所示。利用该装置，在风城油田重32井区集中换热站开展了共6个阶段的现场工业化试验，分析、化验、处理现场试验数据1200余组。通过该阶段的中试试验，进一步验证了室内试验结果，优化了最佳脱水温度、沉降时间、掺稀量等关键节点参数，为下一步计划开展的SAGD高温密闭脱水工业化试验奠定了基础。

3. 高温脱水药剂和核心设备的研发

在室内试验和现场动态试验的基础上，成功研制了耐高温药剂体系。预处理剂采

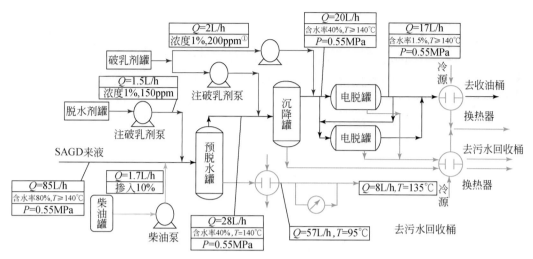

图 5-115 超稠油高温动态模拟装置流程图

1ppm=10^{-6}

用改性聚醚复配高聚物,具有耐高温性能,能使多重稳定乳液体系脱稳转相为单一的
W/O(油包水)型乳液,且不影响破乳脱水;耐温破乳剂采用改性聚酯复配沥青质分
散剂和泥砂清洗剂,并引入耐温基团,最高耐温可达 220℃。"预处理剂+耐温破乳剂"
药剂体系通过室内试验评价,可满足交油含水和污水含油要求。

4. 高温密闭脱水工业化试验

新疆油田完成了 $30×10^4$t/a 规模的 SAGD 采出液高温密闭脱水试验站设计和建设
工作,并依托该试验站完成了 SAGD 采出液高温密闭脱水技术工业化验证。

该试验站原油处理能力为 $30×10^4$t/a,占地面积 $11000m^2$(110m×100m),采用"旋
流除砂+预处理(180℃,脱汽、除砂脱游离水)+换热(180℃→140℃)+热化学脱
水(140℃)+电脱水(135℃)"流程,确保 SAGD 采出液在"低黏度、高密度差"
的最佳脱水条件下进行油水分离。该试验站流程示意图及物料平衡如图 5-116 所示。

该试验站于 2012 年 12 月投运。投运正常后,依托该试验站开展了 SAGD 采出液
高温密闭脱水工业化试验。工业化试验主要包括 9 个阶段的试验,具体试验内容如下
所述。

第一阶段:预脱水剂加药量优化试验。

第二阶段:正相破乳剂加药量优化试验。

第三阶段:柴油用量及加入点优化试验。

第四阶段:预脱水剂、正相破乳剂加药点优化试验。

第五阶段:脱水温度优化试验。

第六阶段:装置处理能力试验。

第七阶段:系统工艺流程优选。

第八阶段:新井投产相关试验。

第九阶段:电脱水试验。

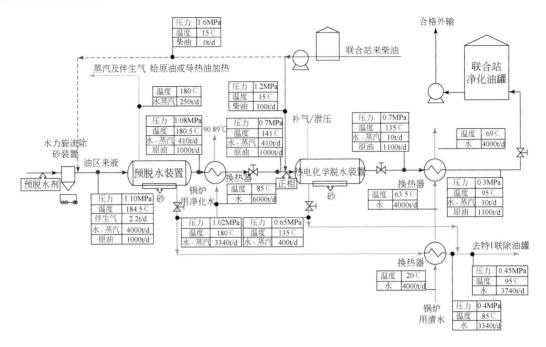

图 5-116　SAGD 采出液高温密闭脱水试验站流程及物科平衡示意图

　　工业化试验历时 6 个月，共分析检验各类试验数据 6627 组。通过工业化试验，进一步完善了 SAGD 采出液处理工艺，确定了高温预脱水药剂和耐温正相破乳剂的配方，完成了关键脱水设备的优化和定型，为下一步风城 2 号稠油联合站的 $250×10^4$t/a 密闭处理站的建设积累了经验和提供了可靠的基础数据支持。

　　截至 2013 年，SAGD 采出液高温密闭脱水试验站处理风城油田重 32 井区、重 18 井区和重 1 井区共计 60 对 SAGD 井组液量（4000 ～ 5600m³/d，含水率为 75%），混合原油黏度在 50000mPa·s 左右，在各类药剂加药量≤ 300mg/L 的情况下，可以满足交油含水率≤ 0.5%，采出水含油≤ 300mg/L 的指标。

　　工业化试验站的投运成功，填补了国内超稠油高温密闭处理领域的空白，打破了加拿大等国对该项技术的垄断，标志着 SAGD 采出液处理技术已经处于国内领先、国际先进水平。

三、过热蒸汽注汽技术

　　随着过热蒸汽吞吐和 SAGD 开发技术的应用，原有的湿蒸汽注汽系统在蒸汽品质、输送分配、计量控制等方面均满足不了生产需求。为此，新疆油田紧密围绕 SAGD 开发的生产实际，对过热注汽锅炉设备、稠油净化水回用、过热注汽锅炉水质标准、过热蒸汽输送、计量控制等注汽系统全流程进行了系统研究，形成了一整套过热蒸汽注汽技术，研究成果在风城油田产能建设过程中得到了规模化应用，可以满足过热蒸汽吞吐和 SAGD 开发的需求。

1. 过热注汽锅炉应用

通过 4 种过热（高干度）蒸汽发生方式比选，完成适合新疆油田超稠油开发的过热锅炉定型。

现阶段有 4 种方式可以产生高干度或过热蒸汽。

方式 1：在现有注汽锅炉炉外增设汽－水分离器，可获得干度为 95% 的蒸汽。分离出的饱和水及热量通过锅炉给水预热器回收，分离出的约 20% 的水尚无有效利用途径。

方式 2：将锅炉给水进行除盐处理，采用常规注汽锅炉产生干度为 95% 的蒸汽。该高干度蒸汽发生方式为新疆油田首创。

方式 3：常规注汽锅炉增设过热器，炉外增设汽－水分离器和汽水掺混器。湿蒸汽经过分离后返回过热器加热为过热蒸汽，汽－水分离器分离出的凝结水与蒸汽在汽水掺混器混合，可获得低过热蒸汽。

方式 4：现有注汽锅炉不变，另外增设过热蒸汽加热成套装置（包括分离、过热、掺混 3 种功能），工作原理为将常规注汽锅炉所产干度 ≤ 80% 的湿蒸汽送至过热蒸汽加热成套装置，经分离、过热、掺混，成为低过热蒸汽送至井口。

通过对比 4 种过热（高干度）蒸汽发生方式，推荐出方式 3 作为 SAGD 开发的注汽锅炉。

2. 过热注汽锅炉水质标准的研究

目前风城油田净化水矿化度为 3000mg/L，杂质主要有 HCO_3^-、SiO_2、O_2、Cl^-、残余硬度等。通过完成以下研究，制定了过热注汽锅炉水质标准。取得的成果及认识如下所述。

（1）直流注汽锅炉与电站锅炉的差异：直流锅炉与电站锅炉在结构及运行条件方面差异很大，直流锅炉对水质要求更高。

（2）注汽锅炉与直流电站锅炉的差别：直流电站锅炉蒸汽质量远高于注汽锅炉，蒸汽参数也高于注汽锅炉，直流电站锅炉水质要求高。

（3）完成了 HCO_3^-、SiO_2、O_2、Cl^-、残余硬度对锅炉的腐蚀机理及试验研究。

（4）完成了过热注汽锅炉回用净化水对注汽系统的影响及预防措施研究。

（5）编制完成了净化水回用过热注汽锅炉试验方案。

（6）完成了净化水回用过热注汽锅炉试验跟踪。

（7）制定了过热注汽锅炉水质标准。

对比近几年重 18 井区同一区块常规锅炉与过热注汽锅炉的开发效果，注过热蒸汽生产效果明显高于注湿蒸汽，油汽比高，产油量大。直井的过热蒸汽周期产油量、油汽比分别是普通蒸汽的 1.2 倍、2.3 倍；水平井的过热蒸汽周期产油量、油汽比分别是普通蒸汽的 1.2 倍、1.5 倍，说明对同一地层，过热蒸汽吞吐经济效益好于普通蒸汽。

3. 大型燃煤注汽锅炉研发

新疆油田稠油注汽以天然气为燃料，随着天然气价格的上涨，风城稠油开发面临很大的经济压力；新疆的煤炭资源极其丰富，质优价廉，以煤代气是降低稠油开发成本的有效途径。同时，注汽锅炉蒸汽参数和汽水循环方式的特殊性，使现有燃煤锅炉系列产品不适用于油田注汽，难以实现油田净化污水回用要求，需开发油田注汽专用的燃煤注汽锅炉产品及制定相应的标准。

针对以上难题，新疆石油勘察设计研究院（有限公司）与新疆油田、清华大学、太原锅炉集团有限公司合作，立项研发可回用油田净化污水的大型燃煤过热注汽锅炉。通过研究，攻关了分段蒸发技术、低床压降循环流化床燃烧技术等技术瓶颈，实现了利用油田净化污水生产过热蒸汽，填补了国内外大型燃煤注汽锅炉在油田开发过程中应用的空白。

1）锅炉水动力循环技术研究

采用高排污率和分段蒸发的方式来保证锅炉水品质，并在原有的自然循环汽包锅炉技术和分段蒸发技术的基础上，进行了改进和创新，提出了一种以高含盐软化水为给水的自然循环注汽锅炉及水循环方法。该方法可在原有方法的基础上进一步降低锅水含盐量，具体方案如图 5-117 所示。

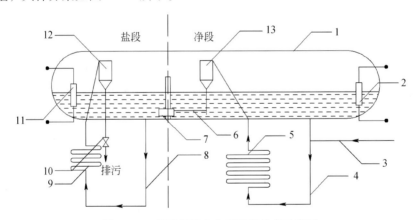

图 5-117　新型锅炉水分段蒸发技术示意图

1-汽包；2-净段液位计；3-自省煤器给水；4-净段下降管；5-锅炉炉膛上升管；6-净段排污；7-净段-盐段隔板和连通阀；8-盐段下降管；9-盐段蒸发受热面；10-盐段排污阀；11-盐段液位计；12-盐段汽水分离装置；13-净段汽水分离装置

相比较传统的自然循环汽包锅炉技术和分段蒸发技术，该技术分别在控制净段、盐段循环锅水质量、排污水技术和受热面布置方面做了改进，此时净段蒸发管（S_j）、净段（S_{j1}）、盐段（S_{y1}）和排污水（S_{pw}）的含盐量分别为

$$S_j = \frac{100 + P}{m_{II} + P} S_g$$

$$S_{j1} = \frac{100 + P}{m_{II} + P} \frac{n_j - 1}{n_i} S_g$$

$$S_{yl} = S_y = \frac{100 + P}{P} \frac{n_y - 1}{n_y} S_g$$

$$S_{pw} = \frac{100 + P}{P} S_g$$

式中，m_{II} 为盐段蒸发量占总蒸发量的百分比；n_j 为净段的循环倍率；n_y 为盐段的循环倍率，S_g 为含气饱和度。明显可见，相对传统技术，该技术中，净段和盐段受热面中的含盐量进一步降低，其具有以下 3 个优点。

（1）采用改进的分段蒸发技术将给水直接引入汽包净段下降管，使净段蒸发受热面中的锅水含盐量进一步降低，给水的引射作用使水循环更加顺畅，保证自然循环的安全；

（2）盐段排污设置在锅水最高含盐段，使在相同的排污率下，盐段锅水含盐量进一步降低，最大程度上保证了锅炉盐段的水动力安全；

（3）盐段蒸发受热面布置在锅炉尾部烟道的对流受热段，使盐段蒸发受热面便于维修和更换，大大降低了盐段蒸发受热面发生爆管事故时带来的危害，降低了注汽锅炉的运行成本。

因此，该方法更适于采用高含盐软化水为锅炉给水的稠油热采注汽锅炉。

2）高盐给水过热蒸汽产生方法研究

对于稠油热采，一方面，采用高参数过热蒸汽能够大大提高稠油开采效率，降低能源消耗；另一方面，水资源的限制又迫使注汽锅炉必须采用高含盐的软化水作为锅炉给水。在这种情况下，迫切需要一种提高含盐饱和蒸汽品质的蒸汽过热系统及方法，既能有效去除过热器管中的盐分，保证锅炉安全运行，又能产生高温过热蒸汽，提高稠油开发效率。

3）自然循环锅炉高盐给水过热蒸汽产生方法

双水质水循环系统如图 5-118 所示。该方法采用双水质给水，稠油污水回用水率不低于 60%，剩下部分由清水软化水提供。若直接将两种水质混合供水，既不利于蒸汽品质的提高，也没有充分利用清水软化水低盐的特性。该方法的特点是：锅炉给水分为两路，高盐软化水锅炉给水经省煤器加热后直接进入汽包参与循环；低盐锅炉给水引入汽包内的蒸汽清洗装置对高盐汽水混合物进行蒸汽清洗，除去蒸汽和蒸汽中水分中的盐分。蒸汽经过清洗后，含盐量大大降低。蒸汽含盐量降低，一方面可以减少后续输汽管道的积盐和腐蚀，降低维修成本；另一方面，为提高蒸汽品质，对蒸汽进行过热，有助于进一步提高稠油热采效率。此时，蒸汽在汽包引出后进入过热器即可产生过热蒸汽。

4）基于分段蒸发的高盐锅炉给水过热蒸汽产生方法

分段蒸发可有效降低锅水的含盐量，同时形成含盐量相差较大的两段锅水，因而产生的蒸汽的含盐量也不同。净段蒸汽的含盐量比盐段蒸汽的含盐量要低，从而在一些情况下，净段蒸汽的含盐量符合生产过热蒸汽的含盐量要求，同时净段的蒸汽量要

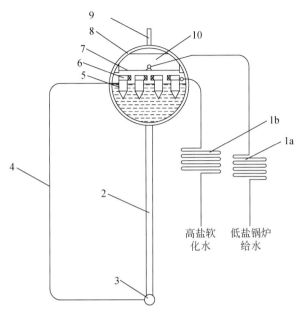

图 5-118 双水质水循环系统示意图

1a- 高盐软化水省煤器；1b- 低盐锅炉给水省煤器；2- 下降管；3- 分配联箱；4- 上升管受热面；5- 汽水分离装置；
6- 波纹板；7- 蒸汽清洗装置；8- 汽包波纹板；9- 蒸汽出口；10- 汽包

远大于盐段的蒸汽量。若将盐段外置，则可对净段蒸汽进行过热，提高蒸汽的品质，从而提高稠油热采效率。净段蒸汽过热系统示意图如图 5-119 所示。

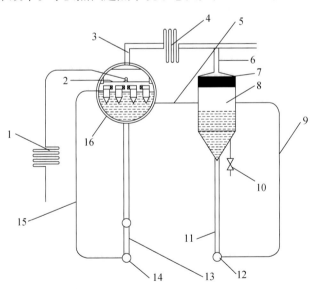

图 5-119 净段蒸汽过热系统示意图

1- 省煤器；2- 蒸汽清洗装置；3- 汽包引出管；4- 过热器；5- 连通管；6- 盐段蒸汽出口；7- 波纹板；
8- 盐段旋风筒；9- 盐段上升管；10- 盐段排污；11- 盐段下降管；12- 盐段分配联箱；13- 净段下降管；
14- 净段分配联箱；15- 净段上升管；16- 净段汽包

汽包分为净段和盐段，盐段采用外置方式。锅炉给水进入净段并参与净段循环和蒸发，净段排污水作为盐段给水，并参与盐段循环和蒸发。其特征为：净段蒸汽经蒸汽清洗，除去蒸汽和蒸汽中水分中的盐分后，从汽包引出进入过热器产生过热蒸汽；盐段蒸汽经盐段旋风筒出口波形板进行汽水分离后同过热器引出的过热蒸汽混合，产生过热蒸汽。

5）提高含盐饱和蒸汽品质的蒸汽过热系统及方法

含盐饱和蒸汽的蒸汽过热系统示意图如图 5-120 所示。

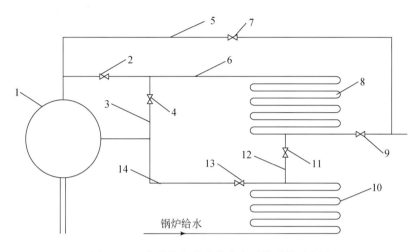

图 5-120　含盐饱和蒸汽的蒸汽过热系统示意图

1- 汽包；2- 主蒸汽阀门；3- 过热器入口支路；4- 支路蒸汽阀门；5- 蒸汽旁路；6- 主蒸汽管；7- 蒸汽旁路阀门；8- 过热器；9- 过热器出口阀门；10- 省煤器；11- 连通阀门；12- 连通管路；13- 省煤器出口阀门；14- 给水管道

该方法中，高温过热蒸汽的产生过程为间歇运行，可在锅炉正常运行时，利用从省煤器出来的低含盐锅炉给水对过热器进行清洗。清洗过热器时，汽包蒸汽从蒸汽旁路引出，送至过热器出口管道；而锅炉给水则经省煤器后进入过热器对过热器进行除盐，然后引入汽包参与循环。运用该方法，可以正常生产过热蒸汽，提高蒸汽品质，从而提高热采效率；同时利用锅炉给水在锅炉正常运行下对过热器进行清洗，可避免锅炉频繁停启，节约燃料，降低运行成本。

6）130t/h 燃煤过热注汽锅炉研发

（1）根据新疆的煤质热值高、挥发分高、含硫低的特点，选定了锅炉采用循环流化床燃烧技术，降低锅炉的污染物排放量。

（2）基于稠油回用软化水的给水品质要求，蒸汽干度要求，锅炉岛整体投资，运行成本，运行的安全性、灵活性、操作性等方面的考虑，通过对直流锅炉和自然循环汽包锅炉的对比分析，推荐采用自然循环汽包锅炉。

（3）对锅炉汽水循环方式及防腐技术进行了研究，锅炉采用分段蒸发技术，解决了稠油采出水回用汽包注汽锅炉的问题。锅炉给水矿化度为 2000mg/L，远超电站锅炉给水标准的 0.18mg/L。

（4）锅炉采用了低床压降技术，比传统锅炉节电 40%。为了降低能耗，提高了旋风分离器的效率，降低了床料层厚度及锅炉一、二次风机的压头，风机电耗下降，减少了循环流床锅炉的磨损，同时提高了锅炉燃烧效率。

（5）研发了 130t/h 循环流化床注汽锅炉，完成了锅炉图纸设计。

（6）为了实现按需注汽，注汽管道采用蒸汽分配计量装置。主干线管径为DN300，输送能力为 130t/h，通过分配计量装置分成 4 路 DN150 支线，每路输送能力为 45t/h。在主干线安装了蒸汽流量计，在每路支线安装流量计及电动调节阀，根据需要调节各支路流量。

（7）形成了成熟的过热蒸汽注汽管网技术，注汽管道直径为 DN100 ～ DN800，每千米干度损失小于 1.0%，压力损失小于 0.5MPa，可满足不同工况下过热蒸汽输送要求。注汽管道采用旋转补偿器代替传统的方形补偿器，减少弯头 50% 以上，降低了系统阻力，降低了水击的风险。

（8）研发了筒仓储煤技术，降低了粉尘污染。为了减少环境污染，在注汽站应用了两座筒仓储煤，每座可储存 1000m³，可满足锅炉 5d 的耗煤量。采用气力输灰、密闭除渣技术，防止灰渣粉尘污染。

7）工业化试验情况

工业化试验站设计工作于 2010 年启动，同年 8 月完成了《风城稠油开发燃煤注汽锅炉试验工程》可行性研究报告并通过了股份公司审查。2010 年 11 月完成了《风城稠油开发燃煤注汽锅炉试验工程》初步设计并通过了股份公司审查。2011 年 3 ～ 5 月，完成了施工图设计，2011 年 4 月试验工程开工建设，2012 年 4 月建成投产。

2011 年 4 月开始运行，至 2013 年已安全运行 15 个月，各项指标达到或优于设计值。

2012 年 6 月，进行了稠油采出水回用锅炉试验，稠油采出水掺混比例为 60%，锅炉给水矿化度达到 2200mg/L，锅炉运行 3 个月后检查锅筒及炉管未发现异常。

2012 年 8 月，中国石油天然气集团公司西北油田节能监测中心对锅炉热效率进行了测试，结果如下：锅炉净效率为 92.2%，扣除锅炉排污后平均热效率为 90.9%，超过设计值 90.5%；平均吨汽煤耗 105.6kg/t（汽），优于设计值 138kg/t（汽）；平均吨汽电耗 15.62（kw·h）/t（汽），优于设计值 16.33（kw·h）/t（汽）；SO_2、NO_x 最大排放浓度分别是 54mg/m³、203mg/m³，优于设计值 304mg/m³、400mg/m³；烟尘排放浓度 5mg/m³，优于设计值 50mg/m³。

2013 年进行了加装过热器试验，加装过热器后蒸汽过热度稳定在 10 ～ 20℃，检查锅炉未发现异常，达到试验目的。

4. 蒸汽地面输送系统技术

1）单井注汽计量及控制技术研究

采用 PIPEPHASE 9.1 软件对注汽系统进行分析，认为造成目前注汽管线压力损失较大的主要原因是注汽管线管径偏小。完成了相同流量下不同管径的比摩阻计算；完成了各种管径在压力损失为 1MPa/km、2MPa/km 条件下的蒸汽输送流量范围计算；完成了注汽管道安装大样图标准化设计；编制了《优化注汽管网布置技术研究阶段性报告及试验项目建议》。

2）注汽管网蒸汽分配技术研究

研究发现不同流量计测量湿蒸汽的测量结果不同，而不同流量计的测量结果互为修正，可准确测量湿蒸汽干度及流量。完成了涡街流量计、文丘里喷嘴串联组成蒸汽计量装置的理论计算；成功研制了湿蒸汽计量装置完成了高干度蒸汽计量控制装置的研发。

3）注汽管线新型热补偿技术研究

完成了传统Ⅱ形补偿器对注汽输送系统的影响分析；完成了传统Ⅱ形补偿器与新型旋转补偿器的技术对比；完成了新型旋转补偿器应用方案。

四、SAGD 采出水处理技术

（一）稠油污水回用锅炉标准药剂的研究

稠油污水性质与稀油污水性质相比有较大差异，具有以下6个方面的特性：油水密度差甚小；具有特别大的黏滞性；油粒表面呈现较高的负电性；温度高；成分复杂、物理化学性质不稳定；乳化严重。新疆油田风城作业区、六区及九区稠油污水水质分析见表5-35、表5-36（与注汽锅炉给水标准比较），可以看出，六区、九区稠油污水仅pH、可溶固体和SiO₂ 3项指标基本达到要求外，其余6项均超标。需要研究出针对油、悬浮物、总硬度、含氧量处理的工艺与药剂。

表5-35　稠油污水水质与注水标准

	项目	硫化物 /（mg/L）	O₂/（mg/L）	SS/（mg/L）	总铁 /（mg/L）	SRB/（个/mL）	TGB/（个/mL）	石油 /（mg/L）	腐蚀速度 /（mm/a）
	指标	≤ 2.0	≤ 1.0	≤ 5.0	≤ 0.5	≤ 10²	≤ 10³	≤ 30.0	≤ 0.10
稠油污水	风城作业区	4.5	0.7	超标测不出	0.3	6.0	25	1000.0	
	九区	0.1	0.5	145.0	0.0			828.0	
	六区	2.3	0.2	21.5	0.0			322.5	

注：SS 为悬浮物；SRB 为硫酸盐还原菌；TGB 为腐生菌。

表5-36　稠油污水水质与热采锅炉水质要求

序号	项目	单位	SYJ 0027-1994	稠油污水 风城作业区	九区	六区	备注
1	总硬度	mg/L	≤ 0.1	5.60	6.12	8.77	CaCO₃
2	悬浮物	mg/L	≤ 2.0	超标测不出	145.00	21.50	
3	总铁	mg/L	≤ 0.05	0.30	0.00	0.00	
4	溶解氧	mg/L	≤ 0.05	0.7	0.5	0.2	
5	可溶固体	mg/L	≤ 7000	3576.1	3833.3	2881.7	
6	总碱度	mg/L	≤ 2000				
7	pH		7.5 ～ 11	8.10	8.67		
8	油*	mg/L	≤ 2.0	1000.0	828.0	322.5	
9	SiO₂	mg/L	≤ 50	91	86	120	

1. 药剂的处理效果评价

对常规污水处理药剂的处理效果进行评价，认为常规污水处理药剂在使用效果方面存在加药量较大、处理效果不理想、处理成本偏高的缺点。为此，我们研制出了离子调整剂系列组分。

1) 各组分药剂对污水浊度、透光率的影响

试验温度为95℃，加入各组分药剂后，上层清液测定浊度与透光率，详见下表5-37。

表5-37　助沉剂组分对浊度及透光率的影响

助沉剂/(mg/L)	催化剂/(mg/L)	净水剂/(mg/L)	助凝剂/(mg/L)	矾花颗粒大小	沉降速度	沉降一段时间，上清液浊度 NTU				15min 透光率/%
						15min	30min	45min	60min	
0	3	0	0	细小	不沉降	320.0	315.0	315.0	310.2	21.5
50	3	75	10	细小	缓慢	36.8	34.5	25.8	19.6	65.5
100	3	75	10	较小	较慢	24.0	18.0	18.0	16.0	78.9
150	3	75	10	较大	较快	9.1	6.5	6.1	4.8	88.6
200	3	75	10	大	快	12.0	7.4	6.1	5.8	88.5
250	3	75	10	大	快	7.4	4.5	3.9	3.5	94.5
300	3	75	10	大	快	4.0	3.0	2.4	2.0	96.0

分析表明助沉剂最低加药量为150mg/L时，能够使污水浊度在15min时由320降至9.1，透光率由21.5%增加至88.6%，其净化效果明显。

2) 各组分药剂除油、除固体悬浮物效果评价

试验温度为95℃，加各组分药剂，上层清液按标准《碎屑岩油藏注水水质推荐指标及分析方法》（SY/T 5329—1994）测定含油量与固体悬浮物含量。

表5-38中的数据反映了离子调整剂组分除油和除悬浮物颗粒的优越性能，处理后含油接近0mg/L，SS小于5.1mg/L。

表5-38　各组分除油、除SS效果　　　　（单位：mg/L）

助沉剂	催化剂	净水剂	助凝剂	油		SS	
来水	3			243.2	305.8	67.3	98.5
50	3	100	10	23.5	45.8	59.1	30.2
100	3	100	10	20.2	10.6	37.4	25.9
150	3	100	10	5.6	3.5	14.9	11.2
200	3	100	10	1.2	0	7.8	3.6
250	3	100	10	0	0	7.4	5.2
300	3	100	10	0	0	5.1	4.7

2. 药剂对处理后水稳定性的评价

与其他常用净水剂比较，稠油污水回用锅炉标准药剂不仅具有净化污水的性能，

还具备调整污水中的离子含量、消除污水中的结垢因子与腐蚀因子、稳定水性的作用。因此我们对离子调整剂对污水的结垢与腐蚀的影响进行了评价。

试验时取风城稠油混合污水,温度为95℃,加入各组分药剂加药量分别为150mg/L、75mg/L、8mg/L,每种组分加入时需间隔一定时间并按一定的强度进行混合,反应彻底后沉降静置一定时间后过滤,测定来水和滤后水的腐蚀与结垢倾向(表5-39、表5-40)。

表 5-39　处理前后腐蚀倾向评价

项目		腐蚀率 *
标准		≤ 0.1mm/a
风城稠油污水	来水	0.038 ～ 0.087
	处理后	0.0057 ～ 0.011

＊采用静态挂片。

表 5-40　处理前后水的结垢倾向

项目水样	Ca^{2+}、Mg^{2+}/(mg/L)		下降率 /%	现象
	恒温前	恒温后		
处理后的风城稠油污水	39.31	39.33	-0.05	澄清透明

上述数据表明:处理后的水其腐蚀与结垢倾向降低。所以"重核助沉技术"的核心是采用离子调整的方法,向污水中加入特定的重核助沉调整剂,调整水中有关离子的量,除掉或减少某些引起腐蚀、结垢的离子,增加某些促进稳定的离子,并利用配套工艺技术,来实现破乳除油、除悬浮物、控制腐蚀结垢、抑制细菌生长、净化和稳定水质的目的。

(二)高温高含硅采出水处理技术

超稠油采出水具有高温、高含硅的特点,若不除硅直接回用过热锅炉,会因为过热蒸汽无法携带盐分,造成注汽管道和井筒结垢、结盐严重,生产中存在安全隐患。

国内外稠油采出水除硅常常是在混凝沉降后单独设置除硅设施,混凝沉降＋除硅工艺技术存在所投加的药剂种类多、成本高、除硅反应时间长,需要建造大体积的澄清池等问题,除硅设施排出污泥轻且不易沉降,污泥脱水设备不能与混凝沉降合用,总产泥量是混凝沉降的近3倍以上。

通过研究,针对超稠油采出水高温、高含硅特点,在"重核-催化强化絮凝净水技术"的基础上优化创新,研发了"一体化除硅"工艺,将水质净化与化学除硅紧密结合,解决了传统化学除硅加药量大、成本高、污泥量大等问题,实现了净化水回用注汽锅炉。

1. 采出水除硅机理研究和除硅药剂筛选

在本节研究过程中,进行了采出水跟踪分析研究工作,同时开展了大量室内试验研究，掌握了采出水除硅机理、筛选除硅药剂，对除硅后的水质进行分析，为后续的工艺研究奠定了基础。

通过上述室内试验，确定了采出水一体化除硅思路：反相破乳＋自然沉降除油→旋流反应化学除硅→旋流反应、混凝沉降净水→过滤→软化。同时，根据室内试验结果，优选出两套药剂投加方案，确定了各类药剂的药剂投加量、反应时间和温度对其产水的影响。

采出水经自然沉降后，在净水剂和除硅剂的共同作用下，可同时去除硅、油及悬浮物；除硅后净化水的含硅量可稳定小于 100mg/L。

2. 在室内试验的基础上，开展了现场中试试验

依托风城 2 号稠油联合站已建采出水处理系统，开展除硅试验。利用未投运的 5#、6# 反应罐作为除硅反应器。调储罐出水进入 5# 反应罐，投加 1# 除硅剂、2# 除硅剂，除硅反应后出水由提升泵提升进入 6# 反应罐，投加净水剂、助凝剂，6# 反应罐出水自流进入 3000m³ 的混凝沉降罐，再进入后续采出水处理流程。

中试试验期间分析、化验、处理现场试验数据 300 余组。通过中试试验，进一步验证了室内试验结果，确定了加药方案，优化了加药量、加药时间等关键节点参数，为下一步计划开展的采出水一体化除硅工业化推广奠定了基础。取得的主要认识如下所述。

（1）试验期间出水悬浮物上升，将净水剂加药浓度提高 1 倍后，出水水质好转。

（2）除硅后反应罐污泥量较不除硅前增加 50%。

（3）浓水实际 SiO_2 含量均在 80mg/L 左右，净水效果未受影响。

（4）在流量调整试验过程中，单组反应器处理流量从 200m³/h 提升至 350m³/h 的过程中除硅效果、净水效果及硬度均未受影响。

3. 采出水一体化除硅主体工艺及核心设备的研发

在室内试验和现场动态试验的基础上，新疆油田自主研发了采出水一体化除硅主体工艺及核心设备—《稠油采出水的除硅方法及采出水除硅反应器》，完成样机图纸 1 套。

4. 完成了 $5 \times 10^4 m^3/a$ 规模的采出水一体化除硅装置的设计和建设工作，形成了采出水一体化除硅工艺技术

采用"重核 - 催化强化絮凝净水技术"分别在风城油田 1 号、2 号稠油联合站建成 20000m³/d 和 30000m³/d 的采出水处理系统，在此流程的基础上增加了采出水一体化除硅装置，同时完成了水质净化和化学除硅。

同时，在试运行期间进一步对药剂体系进行优化，取消原净化药剂体系中助沉剂的投加，将一体化除硅药剂种类由 5 种降为 4 种。采用一体化除硅后，加药成本增加约 2.35 元 /m³ 水，除硅成本远低于国内同行业，达到了国内先进水平。

（三）采出水 MVC 蒸发处理技术

风城油田 SAGD 开发采用过热蒸汽注汽，与普通湿蒸汽相比，过热蒸汽吨水携带热量高，可提高采收率。但采出水含盐较高，过热蒸汽无法携带盐分，造成注汽管道和井筒结垢、结盐严重。运行中，需要定期在不饱和情况下运行 3 ～ 5d 时间来冲洗注汽管线上的盐垢，严重影响了 SAGD 开发注汽效果，影响原油产量。

同时，燃煤锅炉生产过程中约产生 8% 的高含盐水，采用常规处理工艺无法处理，只能进行排放，造成环境污染、水资源及热能浪费。高含盐水能否有效处理，将直接影响到风城油田燃煤注汽锅炉的推广应用。

此外，风城油田的采出水及清水是经过钠离子交换器软化后回用注气锅炉，钠离子交换器运行一段时间后，需要用盐水对逐渐失效的交换树脂进行再生，再生过程中将会排放约 5% 的高低含盐水。这部分高含盐水中 COD（化学需氧量）、挥发酚、石油类超标，不能满足国家污水综合排放标准的要求，污水长期外排，将会引起环境污染，破坏原自然生态环境。

基于以上原因，新疆油田自主研发了"高含盐采出水 MVC 蒸发除盐技术"，将常规水处理技术无法处理的高温、高含盐、高含硅采出水进行蒸发处理，改善了锅炉给水品质，水回收率达 98%，盐、碴等以固态形式回收，具有良好的经济和环保效益。

1）高含盐水基本物性分析和腐蚀结垢机理研究

新疆油田开展了室内试验研究，完成测试、化验、分析、试验数据点 1020 个。掌握了高含盐水的基本物性及腐蚀、结垢机理，绘制完成了沸点 - 浓度关系曲线，为后续的工艺研究奠定了基础。

2）高含盐水处理主体工艺及核心设备的研发

新疆油田通过室内试验和前期技术的论证，提出了高温高含盐水处理采用蒸发除盐工艺。通过对机械蒸汽再压缩（MVR）、热力蒸汽压缩（TVR）、多效蒸发技术的对比分析，确定蒸发技术采用 MVR 技术，通过对强制循环结晶技术和自然风力除湿技术的对比分析，确定结晶工艺采用强制循环结晶技术，回收冷凝水回用注汽锅炉。

自主研发了"高含盐水的处理方法及处理装置""高含盐水回收装置""高含盐水回收装置和蒸发处理高含盐稠油采出水的方法"等具有独立知识产权的处理方法和设备。

3）完成了 240t/d 规模的高含盐水处理中试试验站设计和建设工作，形成了高含盐、高含硅采出水 MVC 蒸发处理技术

完成了高含盐水现场中试试验方案、初设和施工图设计工作，各类设计图纸共计 87 目，折合 1 号图纸 126.25 张。开展了高含盐水现场中试试验，现场运行时间累积分析、化验、处理现场试验数据 7200 余组。

通过中试试验，进一步完善了高含盐水处理工艺，完成了工艺优化和关键设备的定型，为下一步风城燃煤注汽锅炉排放高含盐水和采出水除盐工程的建设积累了经验

及提供了可靠的基础数据支持。形成的高含盐水处理技术的主要特点如下所述。

根据油田注汽锅炉排放的高含盐水的水质特点（高含盐、高含硅、高 COD，但硬度低的特点），采用了不加药蒸发工艺，并通过控制蒸发器浓缩液浓度，有效避免了蒸发器结垢、蒸汽起沫等问题。保证了装置的平稳运行，同时降低了运行成本。

常规蒸发工程在处理高含盐时，为防止蒸发器降膜管（板）腐蚀，通常使用钛或双相钢等昂贵的材料，本节通过对高含盐水蒸发工艺原理及工况参数的研究发现，蒸发过程中由于 CO_2 的脱除，水中碱度上升，腐蚀大幅度减缓，降膜管（板）可选择普通的耐腐蚀材料，如 316L 不锈钢等。

提出"母液分离干燥"技术，解决了蒸发结晶系统有机物不断累积后无法形成结晶盐的问题。即在结晶工艺中采用喷雾干燥工艺，排放部分脱水机母液进行干燥处理，避免了高含盐水中有机物等物质不断累积，影响结晶盐出料浓度及密度，解决了结晶系统非稳态运行的问题。

首次在油田高含盐水蒸发处理工艺中使用蒸发效率更高的板式降膜蒸发器，降低运行成本。

五、超稠油长距离输送技术

风城油田稳产期原油产量达到 400×10^4t/a，距离克拉玛依炼油厂约 100km，净化油外输问题突出。其解决了特超稠油长距离输送的问题，确定了风城超稠油长输方案，并于 2012 年建成国内输送距离最长、管输规模最大的超稠油管道。该管道总长度为 102.2km，采用一泵到底的输送方式，使管输能耗和运行成本大大降低，综合能耗仅为传统加热输送工艺的 15.3%，解决了首站稠油脱水罐容要求大、沉降时间长、药剂损耗多等难题。

六、超稠油开发热能梯级利用技术

SAGD 开发采出液温度高、携汽量大、热能富余严重。如何充分利用采出液热量是实现 SAGD 高效开发、节能降耗的关键，也是风城油田可持续开发的关键。针对这一影响油田开发的关键问题，新疆油田做了大量的跟踪分析研究工作，取得的成果如下所述。

结合风城油田"过热蒸汽吞吐"和"SAGD"开发特点，完成了热能变化规律研究，制定了以"锅炉给水提温、净化污水回注、多效蒸发除盐、有机朗肯循环"4 项技术为核心的热能梯级利用方案，可以从根本上解决风城油田热能平衡问题。

完成了新型 SAGD 特种高效换热器研发，该换热器采用分离热管传热技术，换热效率高，解决了传统换热器积砂、冷热源相互污染等问题。

形成了成熟的"过热蒸汽吞吐"和"双水平井 SAGD 开发"地面工程配套技术，实现了对风城油田"规模、低碳、效益、可持续"开发。

稠油注蒸汽开采后期转高温火烧驱油技术

火驱即火烧油层，是目前热效率最高、最能体现节能减排的一项采油技术，有利于提高原油采收率和原油商品率。本章通过开展室内研究和模拟试验，明确了实现高温燃烧的关键因素，研制了大功率系列电点火装置及作业技术，建立了点火过程中油层燃烧状态的监测技术，研制了（火线前缘动态监测与调控技术，形成了火驱全生命周期安全生产作业技术）。

目前，世界范围内有 40 多个国家开展了火驱项目，在 300 多个区块进行了包括稠油、稀油等不同油藏特点的火驱实践，原油采收率普遍可达 55% 以上。我国从 20 世纪 50 年代末开始，先后在新疆油田、玉门油田、辽河油田、胜利油田、吉林油田进行了火驱试验。新疆油田在 20 世纪 60 年代自行研制了点火设备及工艺技术，在黑油山开展火驱试验 6 个井组，成功点燃油层，试验了"移风接火"技术，并形成了线性火驱。但由于油藏条件和技术水平等原因，未能见到满意的效果，最终终止试验。

目前，新疆浅层稠油已陆续进入注蒸汽开发中后期，近 2.5 亿 t 储量尚无有效的深度开发接替技术，综合分析认为，稠油老区继续使用注蒸汽开发，提高采收率幅度小，能耗大，经济效益差，濒临停产废弃的状态。通过采用新的技术，挖掘稠油老区的潜力，减缓稠油老区产油量递减是新疆油田稠油稳产的新思路。因此必须攻关稠油火烧驱油这项战略接替技术，实现注蒸汽开发后期油藏继续大幅度提高采收率。

对于蒸汽开采末期濒临废弃的油藏，由于蒸汽开发后油层平面及纵向动用不均、高渗通道和次生水体并存，井间剩余油饱和度低等问题，给火驱点火方式、动态监测技术、火线前缘监测与调控、安全作业等方面带来了很大挑战，需要攻关研究。

第一节 试验区概况

为考察稠油油藏注蒸汽开发后期经济有效接替开发方式的可行性，落实火驱增油量、提高采收率幅度和油汽比等技术经济指标，形成浅层稠油火驱配套工艺技术，为大规模工业化开发积累经验、储备技术。通过综合研究，选择新疆油田红浅 1 井区侏罗系八道湾组油藏开展火驱试验。该油藏构造形态为由西北向东南缓倾的单斜，地层倾角为 5°，油藏类型为受构造、岩性控制的浅层稠油油藏（图 6-1），八道湾组纵向上自上而下分为 J_1b_1、J_1b_2、J_1b_3、J_1b_4 4 个砂层组，其中 J_1b_4 为本试验目的层，岩性主要为砂岩、砂砾岩，油藏平均埋深 580m；油层厚度为 4～14.5m，平均厚度为 9.6m；孔隙度为 25.4%；渗透率为 $760 \times 10^{-3} \mu m^2$；原始地层压力为 6.41MPa，原始油层温度为 23.9℃，原始含油饱和度为 67%；原油密度为 0.938g/cm³，50℃时脱气原油黏度为 1000mPa·s，酸值为 6.23mgKOH/g，凝固点为 -22.5～8℃，含蜡量为 0.91%，地层水水型为 NaHCO₃ 型，矿化度为 8529.9mg/L。

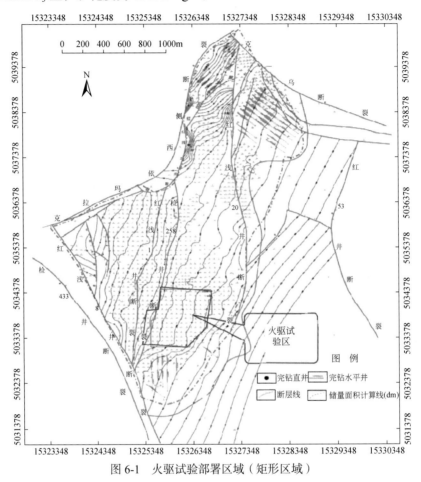

图 6-1　火驱试验部署区域（矩形区域）

　　该油藏于 1991 年开始蒸汽吞吐开发，1997 年开展了 12 个 100m×140m 反九点井组蒸汽驱，总体分析，转蒸汽驱时机过晚，油层中含水率高，影响了蒸汽驱开发效果。转蒸汽驱前吞吐轮次较高（均在 5 轮以上），最高为 9 轮，吞吐末期平均含水率为 86%，最高达到 98%，转蒸汽驱后，油井排水时间长达 5 个月以上，而且产油量低，含水率高，末期平均含水率为 89%，最高达到 99%（图 6-2）。大部分生产井于 1997 年上返齐古组。火驱前试验区综合含水率为 96.8%，采出程度为 28.9%，蒸汽驱开采无效，处于停产待废弃状态。

　　目前火驱试验部署区域八道湾组注蒸汽开发单井采出程度为 15.4%～73.4%，平均为 28.9%，中部和西南大部分地区采出程度在 30% 以下。单井剩余油饱和度在 40% 以上（图 6-3），剩余油较丰富，资源潜力大。

　　整体来看，火驱试验部署区以中弱水淹为主，厚度占比为 77.2%，其中弱水淹厚度占比为 42.3%，中水淹厚度占比为 34.9%（图 6-4、表 6-1）。整体看，弱水淹油层主要分布在上倾方向，中水淹油层主要分布在下倾方向。

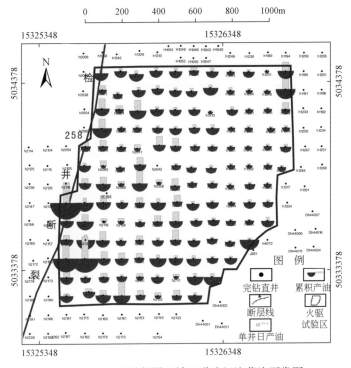

图 6-2　火驱试验部署区域八道湾组注蒸汽开发图

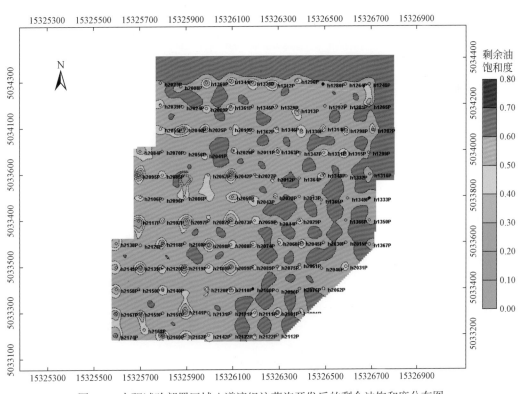

图 6-3　火驱试验部署区域八道湾组注蒸汽开发后的剩余油饱和度分布图

表 6-1 火驱试验区水淹测井解释厚度统计表

水淹级别	未水淹	弱水淹	中水淹	强水淹	合计
厚度 /m	42.3	129.8	107	27.4	306.5
所占比例 /%	13.8	42.3	34.9	8.9	100.0

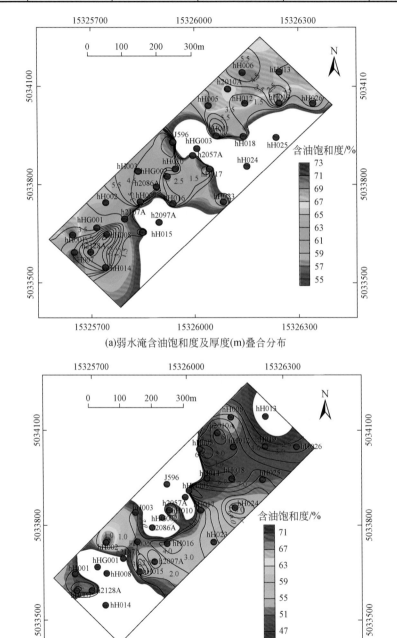

(a)弱水淹含油饱和度及厚度(m)叠合分布

(b)中水淹含油饱和度及厚度(m)叠合分布

图 6-4 火驱试验部署区水淹含油饱和度及厚度叠合分布图

从储层物性特征方面来看，试验区非均质性比较强，孔渗分布具有一致性，呈条带状分布，这和试验区前期生产认识一致，符合试验区目前的生产情况。众所周知，隔夹层对火驱试验效果有着重要影响，总体来看，火驱试验区上下部隔层发育稳定，内部泥岩夹层或物性夹层不发育。通过地质条件、剩余油分布和开发现状分析，火驱试验区八道湾组油藏还具有一定的资源潜力，但依靠现有的注蒸汽开发方式很难进一步提高采收率。

通过前期室内物理模拟试验和油藏工程优化设计，确定试验区部署方案：动用面积为 0.28km^2，地质储量为 42.5 万 t。共部署井数 55 口，其中一期注气井 3 口，采用正方形五点 + 斜七点面积井网，注气速度为 40000m^3/d；二期点注气井 4 口，线性井网，注气速度为 20000m^3/d。预计生产 10 年，累积产油 15.4×10^{4}t，平均空气 / 油比为 2343Nm^3/t，平均采油速度为 4.4%，火驱采出程度为 36.2%，最终采收率为 65.1%。火驱试验区井位图如图 6-5 所述。

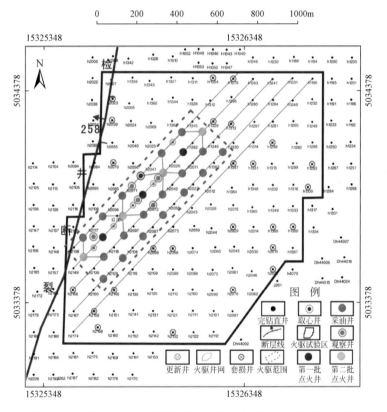

图 6-5　红浅 1 井区八道湾组稠油油藏聚火驱先导试验区井位图

新疆油田红浅 1 井区先导试验为中石油重大开发试验项目，于 2008 年启动，2009 年进入现场试验。经过三期点火（为加快线性井网的形成，2013 年实施了第三期 6 口井的点火），形成 13 注 38 采的线性井网。通过 8 年的实施运行，试验取得了阶段性成果，濒临废弃的油藏重新产油，截至 2016 年底，累积产油 11.4×10^{4}t，阶段采出程度为 21%。通过室内攻关研究和现场验证，注蒸汽后期油藏转火驱开发的配套工程技术体系基本形成，具备了工业化推广试验条件。

第二节　低含油饱和度油藏高效点火技术

火烧油层技术成功的关键是实现油层成功点火，目前所采用的点火方式主要有自燃点火、化学点火和电点火 3 种。自燃点火方式需要原油具有良好的氧化特性，一般比较少见。目前国内外火驱项目采用的点火技术按热源的不同主要有电（加热）点火、井下高温气（液）体燃烧器点火及化学点火 3 种。其中，电点火技术的优点是点火过程较为可靠，点火温度可实现精确调控，是应用较多的点火技术。

对于注蒸汽后期油藏存在高含水率、低含油饱和度的特性，通过开展室内研究和模拟试验，明确了实现高温燃烧的关键因素，自主研制了高效电热点火装置及作业技术，创新建立了点火过程中油层燃烧状态的监测技术，满足了矿场点火需求。

一、高效电热点火装置

研究结果表明，在矿场点火过程中，除了受点火温度、通风强度等因素影响外，原油的主要成分构成对实现高温点火也有较大的影响。即点火的初始燃料主要是低分子烷烃。随着火驱时间的推进，胶质和沥青质将很快接替低分子烷烃成为火驱的主要燃料并维持火线的正常推进。而对于高含水率和低含油饱和度的油藏，在井筒升温过程中，大量的水体吸热汽化后会产生驱扫作用，在降低含油饱和度的同时会减缓升温速率。此外，原油在 350℃以下将会通过蒸馏和裂化作用进一步降低含油饱和度，造成点火困难。因此，在矿场操作过程中，需要先降低井筒附近的含水饱和度。在点火过程中，应通过提高升温速率的方式，缩短低温氧化向高温氧化的过渡时间，达到现场快速点火的目的。

新疆油田借鉴并总结了国内外火驱点火经验，先后自主研制了固定式、小直径移动式、连续管一体式等系列点火器和配套车载点火装置，具有功率密度高、安全可靠、参数调控灵活的特点。实现了点火设备的"自动化、模块化、标准化、系列化"，可满足不同井型、深度的点火需求。

新疆油田自主研制的固定式电点火装置点火工艺原理如图 6-6 所示。其主要技术参数为：加热功率为 45kW，耐压为 10MPa，短时耐温 1000℃，长期耐温 600℃，适应井深为 700m。在自 2009 年开始的红浅火驱先导试验中，成功实施了十多井次的点火作业，确保了先导试验的成功实施。其点火工艺是用油管柱将电热点火器下至油层位置，点火器的测温电缆和动力电缆捆扎在点火管柱外壁上，经油套环空分别与地面监测系统和控制系统连接，实现多场所监控点火参数和模拟监测油层的升温动态，压缩空气从油管和套管注入，经电热点火器加热后进入油层，使油层快速升温，达到燃点后即被点燃。该点火设备性能可靠、工艺配套，但是不能带压提下，在点火后，电热点火器和点火电缆均留在井内，不能重复使用，因此成本较高。

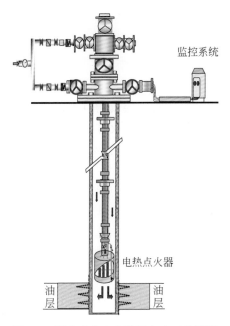

图 6-6 固定式电点火装置点火工艺原理

在此基础上，新疆油田又研制了如图 6-7 所示的车载移动式火驱点火装置，整套装置主要包括运载底盘车、电缆滚筒、连续管电缆、电缆注入头、防喷管、电热点火器及点火控制系统等几个部分。相关设备全部集成在一辆车上，结构紧凑、机动性好。

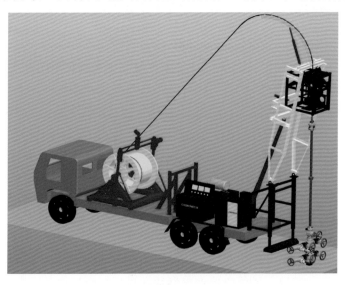

图 6-7 车载移动式火驱点火装置

其基本工作原理如下所述：非工作状态时井架放倒，鹅颈架折叠于井架下方，注入头平置于井架内，电点火器预先内置于防喷管内，并与连续钢管电缆连接和密封好；工作时打开鹅颈架、升起井架，因注入头铰接在井架顶部，应用注入头水平推缸将其推至竖直位置，对好井口，安装好防喷管，打开井口主阀即可将电点火器带压下入井中；

电点火器下到预定位置后，地面注气系统向井中注气，同时给电点火器供电，电点火器发热，将空气温度加热到原油燃点以上，大量的高温空气进入油层即可将原油点燃；点火结束后将电点火器提至防喷管中，关闭井口主阀即可拆卸防喷管，结束作业。因此，应用本装置可进行点火设施的带压提、下作业，实现了电点火器的重复利用。

与车载移动式火驱点火装置配套的电点火器和电缆有两种型号：800型小型大功率电点火器＋复合铠装点火电缆组合方式，以及2000型一体化连续管电点火器。

新疆油田自主设计的800型小型大功率电点火器采用新型发热材质，优化了换热结构，体积缩减为相同功率固定式电点火器的1/10，可从油管内带压提下。表面热负荷为$7.7W/cm^2$，功率为50kW，长度＜4m，功率密度为12.5kW/m，工作温度≤600℃。配套的复合铠装点火电缆利用"电磁屏蔽＋热补偿"技术和先进的铠装成型及充填工艺，使得点火电缆在实现了强弱电混输的同时兼具连续油管的性能，解决了带压提下点火设备的瓶颈问题。电缆耐压10MPa，长期耐温200℃，短时耐温330℃。发明的电缆连接器，可实现电点火器与点火电缆的快速拆接。

图6-8为800型小型大功率电点火器关键部件示意图。该型号的电点火器具有体积小、可带压提下、模块可快速更换、点火成本低的优点，但也存在只能用于埋深在800m以内的直井点火，且电缆不耐高温易损坏的不足之处。

(a)小型大功率点火器　　　　　(b)电缆连接器　　　　　(c)复合铠装点火电缆

图6-8　800型小型大功率电点火器及配套点火电缆

图6-9为新疆油田自主研制的2000型一体化连续管电点火器。该电点火器发热元件与动力传输导线采用特种一次成型工艺，绝缘材质由无机氧化镁填充，外护套为全金属等外径结构，机械性能及外观与同尺寸的连续油管一致，表面热负荷为$9.87W/cm^2$，加热功率为150kW，耐压50MPa，整体耐温900℃，可适应2000m以内的直井和水平井点火。

新疆油田自主发明的系列点火装置，功率密度最高可达12.5kW/m，工作温度为600～900℃。在新疆油田红浅、风城火驱先导试验及工业化推广区块累积点火167井组，点火时间在5d以内，一次性点火成功率达100%，整体达到国际先进水平。申报发明专利8项，规模应用100余井次。为火驱技术的推广应用提供了重要的技术装备。

二、点火过程中油层燃烧状态的监测技术

火烧油层的工艺过程非常复杂，尤其是在点火过程中，实时了解油层温度分布及其各种参数的变化是判断成功点火的关键，而油层是由岩石组成的孔隙结构，充满原油和水等，在高温气体进入油层的热交换过程中会发生组分和相态的变化，油层升温过程中同时向上、下盖层发生传导等热交换过程，所以气体加热油层是非常复杂的过程。加热过程中油层内的温度、压力组分等参数是点火过程的基本参数，其对点火工艺的

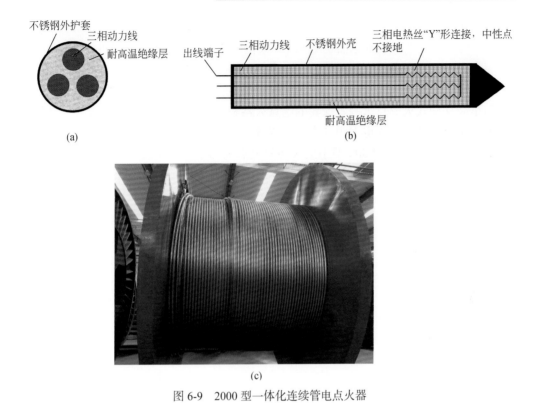

图 6-9　2000 型一体化连续管电点火器

调控至关重要，而这些参数无法在油层中布设测量装置进行直接监测。目前分析近井地带燃烧温度及判断点火是否成功的方法都属于间接监测手段，井筒测温容易受到传感器测量误差的影响，产出井气体组分受取样间隔、油井间地层连通性，以及 CO_2 溶解于地层水中等多种因素的影响，当地层中已存在前期点火井的燃烧烟气时，采出气体组分受干扰，无法较准确地反映新点火井的实际燃烧特征。

本节提供了一种模拟监测的方法，该方法通过实时采集点火过程中注气流量、压力、点火功率、井下热空气温度等参数，利用自建的井筒与地层之间的耦合传热模型，模拟计算高温热空气由井筒进入油层后，近井地带中的油、水、岩石被加热的温度、压力、含油（水）饱和度等参数的实时变化情况，为分析点火过程中加热半径分布、判断燃烧状态提供参考依据。

井筒到地层的耦合流体传质、传热模型及热工过程模型的建立，火驱电加热模拟监测系统的计算模型如图 6-10 所示，其基于流体力学、传热学的理论，以现场采集到的注气速度、压力、温度，井下点火器出口温度、点火功率等点火参数为基本输入，在井筒中分别考虑了注入气体的流动过程、注入气体的加热过程及通过井筒壁向地层传热的计算模型，在油层中分别考虑了热空气与水、油的混合过程及油层径向、油层加热带与上下岩层的传热过程的计算模型。通过求解建立的计算模型即可得到距离井筒轴心不同半径，如 R_1、R_2 处注入热空气与原油和水混合后的温度 T_1、T_2，压力 P_1、P_2 及相应的含油（水）饱和度等点火关键参数。

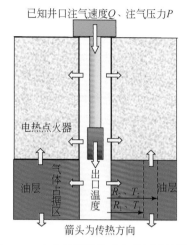

图 6-10　点火过程燃烧动态分析计算模型

　　火驱点火过程燃烧监测系统构成如图 6-11 所示，该系统将点火井口的注气量、注气压力、注气温度，井下点火器的出口端空气温度及点火功率等现场数据通过采集模块转换为数字信号，再通过无线传输模块远程传输至中控室的监控计算机，由监控计算机上的组态软件实时显示现场注气和点火参数，以便于监控和调节点火井的参数。同时，组态软件将这些数据存入数据库中供模拟监测软件提取数据做运算分析，计算出近井地带油层被加热后的温度、压力、含油（水）饱和度等参数的变化情况，可为分析点火过程中近井地带加热半径分布、判断燃烧状态提供参考依据。该系统已申请国家发明专利两项。

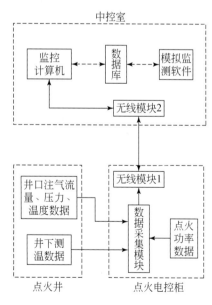

图 6-11　火驱点火过程燃烧监测系统构成

　　新疆油田设计的模拟监测软件获得国家软件著作权登记。该软件具有在线模拟和离线模拟监测功能：在线模拟监测的主要功能是采集点火实时数据，计算并实时显示点火过程中近井地带油层被加热后的温度、压力、含油（水）饱和度等参数的变化情况；离线模拟监测的功能是从数据库中提取点火历史数据，在模拟软件中根据计算模型离线计算点火过程中油层加热参数的变化情况，便于研究人员对已点火井进行深入研究分析（图6-12）。图6-13中给出了加热器热端出口温度传感器实测值与燃烧监测软件计算值的温度值曲线，平均相对误差在3%以内。

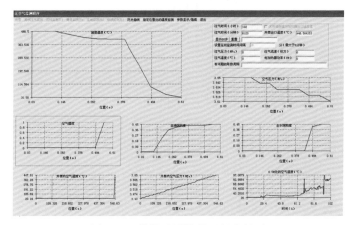

图 6-12 模拟监测软件运行主界面

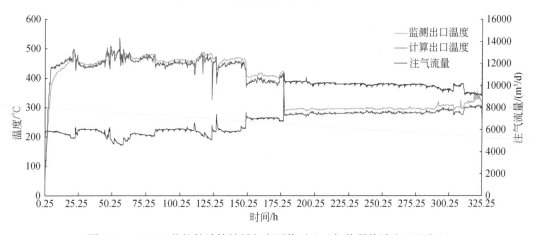

图 6-13 hH010 井软件计算结果与实测值对比（加热器热端出口温度）

通过模型计算发现，由于空气所携带的热焓值较低，其对油层的有效加热半径不超过1m，对于新疆油田浅层稠油油藏，井筒周边超过原油燃点的加热半径达到0.4m就可使油层稳定燃烧。

第三节 火驱前缘动态监测与调控技术

火烧驱油机理及开采过程复杂，在火驱过程中伴随着复杂的传热、传质过程和物理化学变化，油层燃烧产生大量的热和CO、CO_2、水蒸气等气体。及时有效地掌握火驱过程中地层燃烧状况、燃烧前缘推进方向、火线波及范围、产出气体组分等资料，对火驱生产动态调控及开发调整，乃至提高火驱最终采收率都具有至关重要的意义。国内外普遍处于火驱矿场试验阶段，配套技术尚处于完善阶段，直观的地层燃烧动态监测技术尚未形成。在开展矿场生产调控工作时有很大的局限性。因此，迫切需要一种新的动态监测技术，监测火线前缘位置、推进速度和推进方向，以适应稠油火驱开发调整需要。

一、火驱前缘动态监测技术

1. 常规火驱燃烧动态监测技术

常规火驱燃烧动态监测手段主要有井下温度、压力监测和产出气体组分监测。井下温度是判断燃烧状态最直接也是最有力的证据。

由于在火驱过程中，传热、传质和物理化学变化复杂，存在高温、腐蚀、干扰等诸多问题，为满足火驱生产监测要求，本书自主研制了井下密封装置、悬挂装置和电缆预制工艺、数据采集等多种配套工艺技术，实现了现场多点测温、定点测压。

井下温压监测工艺（图 6-14）为电子压力计、热电偶组合多点测温、定点测压，测压量程上限为 15MPa，测量精度为 0.1%，仪表测试温度范围为 0 ~ 800℃，温度测试误差为 ±0.5℃；温度测试根据产层需求布设了 3 个点，可连续监测油层纵向上的温度剖面。温度测试缆采用氧化镁绝缘的热电偶，长期耐温 700℃，短期耐温可达1000℃。为保护特殊组合电缆，防止井液腐蚀侵入井下测试仪器和测试缆及井下压力

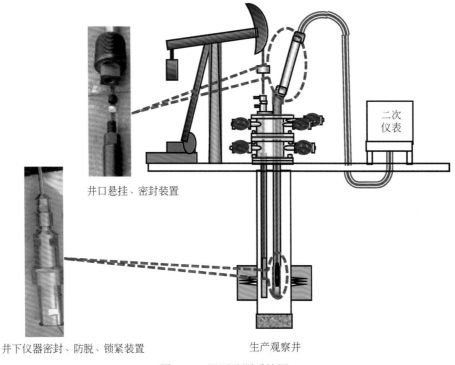

井口悬挂、密封装置

井下仪器密封、防脱、锁紧装置　　　　　生产观察井

图 6-14　温压监测系统图

计脱落,研制了井下仪器密封、防脱、锁紧装置。为了解决不压井提下测试缆及测试仪器在井下长期监测的稳定性和可靠性,专门设计制作了组合式测试缆井口防喷密封装置及毛细管悬挂装置,可实现不压井提下测试电缆作业。该项技术共研发装置4套,实用新型专利授权4项,发表论文5篇。

截至2015年,井下温压监测现场应用26口井,输出2500万个数据点,掌握了不同时期的井下温度、压力状况。图6-15为红浅先导试验区的一口生产观察井监测到的739℃的高温,这也是在矿场试验中首次在井下监测到燃烧前缘的温度。

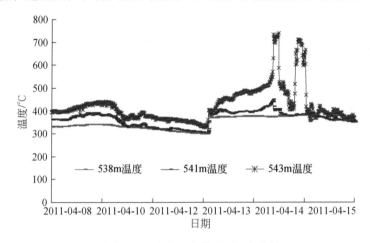

图6-15 生产观察井监测温度曲线

火驱过程中,为了使燃烧尽量充分,要不断向地层注入大量空气。因此,火驱产出气的组成复杂,主要成分是N_2和CO_2,以及一定量的O_2、CH_4、CO、H_2、Ar及微量的H_2S、硫氧化物,且组分间存在相互干扰。火驱产出气体组分分析结果的准确性直接影响到火驱项目的参数调控和对燃烧状态的掌握。

为了进一步掌握火驱燃烧状况,建立了针对火驱采出复杂气体灵敏度高、抗干扰能力强的气相色谱分析方法,实现了火驱气体的O_2、CO_2、CO、N_2、CH_4、H_2全组分分析,为进一步研究火驱机理和油藏模拟分析提供了参数。其核心技术是建立了H_2分析方法;用双检测器关联,实现了对CH_4的准确定量,研究了Ar作载气,消除干扰,实现O_2的准确测定。图6-16为分别用He和Ar作载气对标气进行分析的色谱图。如图6-16所示,采用He作载气可以较好地测出CO_2、CH_4、N_2及CO,但是难以准确检测出O_2、H_2含量;用Ar作载气,可以消除He的影响,准确测定O_2含量,CO_2、CH_4、N_2、CO组分的含量测定误差较小,同时该方法可以分析火驱产出气中的H_2组分,且灵敏度很高。

火驱产出气气相色谱分析方法已成功应用到火驱点火前后及日常生产管理过程中,现场快速监测18500样次,室内分析5900样次。

2. 井间电位法监测火驱前缘技术

从调研资料分析,对于火驱燃烧前缘展布的监测,理论可行的监测技术有四维地震、

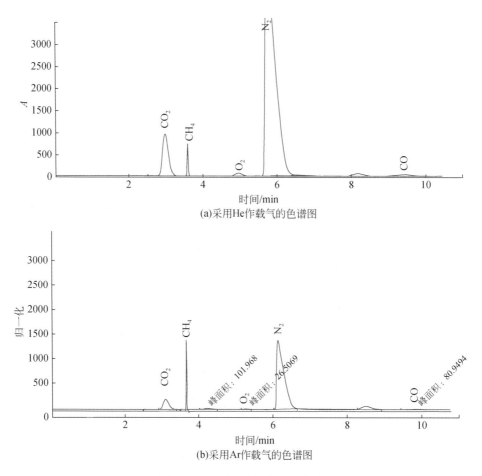

图 6-16　载气对色谱分析的影响

微地震、电位法等；国内外成熟的火驱前缘直观的动态监测技术未见报道。电位法利用地层电阻率变化驱替前缘，在蒸汽驱、水驱前缘监测领域都有成功应用的先例。表 6-2 为红浅火驱先导试验区 4 口取心井岩心的电阻率实测值。其中 H2071 井与 h2071A 井，H2118 井与 h2118A 井在同一区域。可以看出，火驱前后的地层电阻率变化剧烈，理论上电位法更适合用于监测燃烧前缘的变化。

表 6-2　火驱前后岩心电阻率对比

井号	电阻率平均值 /（Ω·m）	电阻率最大值 /（Ω·m）
H2071 井（火驱前）	35	83
h2071A 井（火驱后取心井）	389	1000
H2118 井（火驱前）	41	85
h2118A 井（火驱后取心井）	924	6653

　　火驱过程中油层燃烧形成温度场差异，随着温度的变化，油层内部各种物性发生改变，引起目标地层电阻率的变化，导致地表电位分布发生变化。井间电位法是以电

磁场基本理论为依据，测量由火烧产生的热量和气体所引起的地面电磁场的变化，根据这些变化反演出目的层的电性参数变化，来达到解释推断目的层段火线前缘位置和推进速度及推进方向的目的。

井间电位法监测原理图（图6-17），A点为点火井，为被测井，B点为电流返回井，M点、N点代表地面电位监测点。由发送机向A井套管发射电流，通过射孔段，形成由A井和B井两口井构成的馈电回路，当火驱过程中发生电阻率异常时，地面接收机接收地表电位异常响应。该技术研究思路为：以火驱过程中各区带油层物性、电性为研究对象，基于火驱过程中油层电阻率变化为理论模型，以现场采集的地面电位数据为基础，通过数据处理，利用泊松方程、剖分计算反演火驱各区带的真电阻率变化，从而确定火驱前缘位置和推进方向。

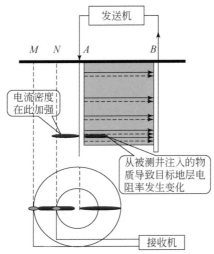

图 6-17　井间电位法监测原理图

A点、B点代表被测井和电流返回井；M点、N点代表地面电位

3. 火驱各区带电阻率模型的建立

火烧后，各区带由于油层介质的物理性质变化及引起的电阻率变化特征描述如下（图6-18）所述。

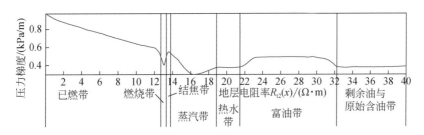

图 6-18　完整火驱各区带电阻率模型（路径曲线）

（1）已燃带。在燃烧带后面已经燃烧过的区域，岩心中几乎看不到原油，岩心孔隙被注入空气充填饱和。空气在多孔介质中的渗流阻力非常小，因此该区域空气腔

中的压力基本与注气井底压力保持一致，压力梯度很小。在该区域 O_2 浓度为注入浓度，已类似于干层。地层电阻率为骨架岩石（由造岩矿物组成，离子导电，如石英砂）的电阻率，常温下电阻率达 $10^6 \Omega \cdot m$。从注入井至燃烧带，温度由 250℃ 逐步上升到 550℃。离子导电岩石的电阻率随温度的增高而降低。假设设降幅为 1/10，仍可达 $10^5 \Omega \cdot m$。因此已燃区为高电阻率区域。

（2）燃烧带。燃烧带也可以称为火墙，是发生高温氧化反应（燃烧）的主要区域。在该区域内氧化反应最为剧烈，O_2 饱和度迅速下降。岩心孔隙被重质烃、注入的空气（含氧气）和燃烧产生的废气（均为高电阻率）充填饱和，只存在气相和固相。该区域平均温度最高，区域边界温度变化最为剧烈，温度梯度最大。最高温度可超过 600℃（局部瞬间可达 700℃），平均温度为 450～550℃。由于温度最高，电阻率比燃烧带要低，比结焦带也要低。由此可知，燃烧带为高电阻率区域中夹持的相对低电阻率区域。

（3）结焦带。在燃烧带前缘一个小范围内有结焦现象。这部分原油被蒸馏、裂化，轻质油和蒸汽向前流动，残留的重质油则变成焦炭（高阻），为火驱过程提供燃料。结焦带温度仅次于燃烧带，只存在气相和固相。固相是表面有固态焦化物黏附的岩石颗粒；气相由空气中的 N_2、原油高温裂解生成的烃类气体、束缚水蒸发形成的水蒸气、燃烧生成的水蒸气、CO 及 CO_2 组成。由于没有液相存在，该部分在火烧驱油过程中不形成明显压降，温度比燃烧带低。由此可知，相对燃烧带的结焦带电阻率略高，为高阻区域。

（4）蒸汽带（高温凝结水带）。温度相对于结焦带有大幅度下降（300℃ 以下）；原油主要被蒸馏，有固相、气相和液相。含有由结焦带传导过来的水蒸气和气相轻质馏分。也含有原地层的束缚水、油层水、剩余油（重质烃）、蒸馏形成的轻质烃。以蒸汽驱油机制为主，蒸汽和温度两种因素影响地层电阻率。地层电阻率相对于正常情况（原始含油区）变大；但由于温度较高，地层电阻率降低。综合来看，地层电阻率降低。由此可知，蒸汽带为相对低电阻率区域。

（5）富油带。主要成分为高温裂解生成的轻质原油，蒸汽带蒸馏驱替形成的轻质烃和剩余油在此汇聚并冷凝，混合着未发生明显化学变化的原始地层原油，也包含燃烧生成的水、CO_2 及空气中的 N_2，使这个区域含油饱和度高，含气、含水饱和度相对较低，具有较大的渗流阻力。有 3 种因素影响电阻率：含油饱和度高，地层电阻率高；地层水电阻率接近原生地层水电阻率，地层电阻率低；温度不太高，地层电阻率略有降低。综合来看，地层电阻率相对较高。由此可知，富油带为相对高电阻率区域。

（6）剩余油与原始含油带。在富油带的前面就是剩余油区，是受蒸汽和烟道气驱扫形成的。因此，其含油饱和度甚至明显低于原始含油饱和度。可以理解为含水饱和度不变，含油饱和度变小。由此可知，剩余油区与原始含油区电阻率相同。

由以上讨论，并参照常用的阿尔奇公式，可以得到在火烧以后，地层电阻率 R_{t2} 与蒸汽电阻率 R_{wj}、温度 T 及孔隙度 Φ 的关系式：

$$R_{t2}(x) = \frac{aR_{wi}R_{wj}}{\Phi^m S_{wt}^{n-1}(x)[R_{wi}R_{wj} + (S_{wt}(x) - S_{wi})R_{wi}]} \left(\frac{T_1 + 21.5}{T_2(x) + 21.5} \right) \qquad (6\text{-}1)$$

式中，R_{t2} 为火驱后地层电阻率；R_{wj} 为形成的蒸汽电阻率（取 $500 \Omega \cdot m$）；m 为地

层胶结因子，对砂岩，$m \approx 2.15$；n 为饱和指数，$n \approx 2$；对砂岩，$a \approx 0.62$；T_1 为原生地层温度，$T_1 \approx 23.9℃$；S_{wi} 原生地层总的含水饱和度，$S_{wi} \approx 50\%$；Φ 为孔隙度，$\Phi \approx 26.3\%$；R_{wi} 地层原生水电阻率，$R_{wi} \approx 0.02\Omega \cdot m$；$T_2(x)$ 为火驱后地层温度，与位置 x 有关；$S_{wt}(x)$ 为火驱后地层总的含水饱和度，与位置 x 有关；x 为距离点火井的空间位置。该式将作为对电磁资料进行定性解释的依据。

定性地看，火驱后地层电阻率 R_{t2} 与蒸汽电阻率 R_{wj} 近似成正比；蒸汽为高阻，火驱后地层电阻率升高。火驱后地层电阻率 R_{t2} 与温度 T_2 成反比。火驱后地层电阻率 R_{t2} 与地层总的含水饱和度 S_{wt} 成反比。从不同区带的电阻率变化情况来看，已燃区的电阻率由高值向低值下降较快的拐点位置对应已燃区边界，现场易识别。在已燃带外围会出现电阻率最低区域，对应的是高温凝结水带（宽度为 10 ~ 20m）的中点区域，现场易于识别。而燃烧带和结焦带的电阻率虽然变化较大，但由于分布较窄，现场不易识别。

基于以上的研究认识，新疆油田建立了现场资料录取及解释方法，于 2013 年在世界上首次开展了现场电位法监测试验，图 6-19 为监测解释结果。解释出的燃烧带边界（黑色线）和高温凝结水带中点（蓝色线），通过与临近监测井温度及生产状况验证，结果符合率＞ 75%，显示出了良好的应用前景。

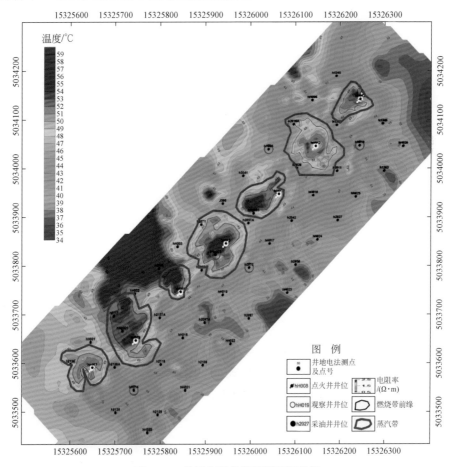

图 6-19 现场火驱前缘监测解释结果

二、火驱前缘跟踪调控技术

对火驱生产进行调控，需要准确地掌握燃烧前缘的位置和展布形态，同时也要考虑地层非均质性的影响，对地下不同区域、井组的高温燃烧和驱替状态进行客观评价。在此基础上，通过各种综合调控手段，控制注采平衡，形成预期燃烧带和富油带，避免火线指进和圈闭。

1. 火线燃烧半径预测方法

目前创新提出的电位法火驱前缘监测技术在矿场试验中得到了成功应用。若仅采用此种单一的监测手段，将存在监测点位密集、成本偏高的不足之处。对于大规模的工业应用，需要与火线燃烧半径预测方法相结合使用，即对于火线推进较为均匀的区域和井组，以数值预测手段为主；而非均质较强，火线发育较复杂的井组，宜采用电位法监测为主的方式。目前主要应用以下 3 种方法进行火线前缘半径预测。

1）根据燃烧釜实验和注气数据计算推导得出火线前缘半径

$$R = \sqrt{\frac{Q}{\pi h \left(\dfrac{A_0}{\eta} + \dfrac{Z_P P}{P_i} \right)}} \qquad (6-2)$$

式中，R 为火线半径，m；h 为各方向油层平均厚度，m；A_0 为燃烧效率，m³/m³；η 为氧气利用率；P 为地层压力，MPa；P_i 为大气压，MPa；Z_P 为某温度压力下的空气压缩因子，小数；Q 为累积注气量，m³。

2）利用生产井产气量数据计算火线前缘半径

由于油层的各向异性，油层燃烧过程中火线的径向距离也各异，需按某一油井方向的动态资料分别计算（图 6-20）。

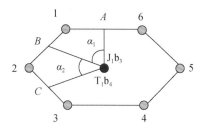

图 6-20　火线计算示意图

按燃烧反应的物质平衡关系推导，某一油井方向的火线位置方程为

$$R_i = \sqrt{\frac{360 Q_i \eta}{\alpha_i \pi h A_0}} \qquad (6-3)$$

式中，R_i 为某油井火线半径，m；Q_i 为各油井方向的累积产气量，m³；η 为氧气利用率；α_i 为各油井方向的分配角，（°）；h 为各方向油层平均厚度，m；A_0 为燃烧效率，m³/m³。

按此方法对红浅火驱先导试验区单个井组进行了剖面上划分为 15 个小层火线推进半径（图 6-21）的计算，计算结果与现场生产情况符合度较高。

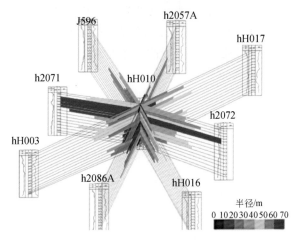

图 6-21　hH010 井组火线燃烧半径计算

3）数值模拟方法预测火线前缘半径

在精细地质建模及动态数据相结合的基础上，实时进行火驱前缘推进特征的预测（图 6-22）。

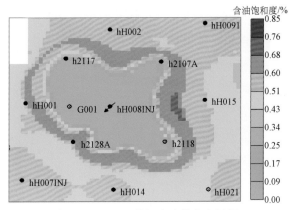

图 6-22　hH008 井组含油饱和度场图

2. 火驱生产过程燃烧状态评价方法

根据火驱生产特点，建立了直接和间接两种火驱生产过程燃烧状态评价方法。这两种方法相互补充、验证，可以对火驱生产过程的燃烧状态进行评价研究。

1）直接评价方法

井下温度监测的方法可以直接反映地层处于高温还是低温燃烧状态；原油化验分析法主要检测原油组分、黏度等物性变化情况，用于判断原油高温改质作用的强弱；气体组分监测法主要研究产出气体燃烧特征和各组分含量及其变化，反映燃烧状态的好坏。

2）间接评价方法

O_2 利用率法根据产出气体各组分含量，计算 O_2 利用情况，利用率高低用来评价燃烧状态；视氢碳原子比法是根据计算的视 H/C 原子比值确定燃烧类型，比值在 3.0 以上为低温燃烧类型，在 2.0～3.0 为低温燃烧向高温燃烧过渡类型，在 2.0 以下为高温燃烧类型。采用视 H/C 原子比值判断火驱地下燃烧状态具有较大误差。火驱地下燃烧模式识别应以温度作为第一标准。

3. 火驱前缘调控机制及原则

红浅火驱油藏的非均质较严重，该试验区先期进行过蒸汽吞吐和蒸汽驱，火驱试验充分利用了原有的蒸汽驱老井井网，并投产了一批新井，最终形成了如图 6-23 所示的火驱试验井网。该井网可以看成内部是一个正方形五点井网（图中虚线所示的中心注气井加上 2、5、6、9 井），外围是一个斜七点井网（中心注气井加上 1、3、4、7、8、9、10 井）。五点井网注采井距为 70m，斜七点井网中注采井距分别为 100m 和 140m。通过油藏工程研究并结合国外成功的火驱开发实例，确定宜采用线性排列的几个面积井网，待以注气井为中心的几个面积井网火驱燃烧带连通成为一个细长的条带后，再转入线性井网火驱模式，这样可以消除注气井间的死油区，实现燃烧带前缘火线完整、平行推进。油藏工程优化后最终火线的形状呈如图 6-23 所示的椭圆形，且火线接近内切于 1-3-7-10-8-4 几口井所组成的六边形。即面积火驱结算阶段使椭圆形火线的长轴 a 和短轴 b 分别接近 130m 和 60m；长轴方向生产井累积产气量要达到短轴方向生产井累积产气量的 4～5 倍，才能使火线形成预期的椭圆形，最终实现线性火驱的模式。

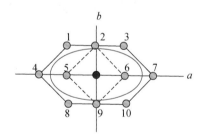

图 6-23　火驱试验井网及预期火线位置

在火驱前缘预测与监测技术确定火驱火线前缘位置、推进方向和速度的基础上，结合红浅火驱油藏的强非均质性的特性，建立了火驱前缘调控机制及原则。在现场试验过程中，以此原则控制各生产井的产气量，对生产井调控的方法主要包括"控"（通过油嘴等限制产气量）、"关"（强制关井）、"引"（蒸汽吞吐强制引效）等。通常控制时机选择越早，火线调整的效果越好。火驱前缘调控机制及原则的核心内容主要有以下几个方面。

1）火驱前缘调控预警机制

根据测井水淹特征刻画高渗条带；数值模拟跟踪监测火驱前缘变化情况；火驱监测系统实时监测燃烧前缘展布特征；根据生产变化情况进行印证。

2）火驱前缘调控原则

结合室内物理模拟实验和现场监测、生产数据及数值模拟手段建立了火线前缘预测方法，以及地层燃烧状态评价及火驱前缘推进特征分析方法，掌握了火线前缘发育特征，制定了调控原则和方法，形成"控、关、堵、引"等系列开发调控技术。主要调控原则如下所述。

依据产量变化，确定需要控关的井：单井产气量超过5000m³/d且产液量低于5t/d的井；单纯产气的一线井；产液温度变化剧烈的生产井。

依据产量-压力关系进行调控：油层压力小于0.2MPa、套管压力在0.5～0.8MPa时，油井低产、汽大，控制套管气，避免汽窜；油层压力为0.2～0.6MPa、套管压力在0.5～0.8MPa时，油井高产、稳产，通过套管气调节生产；油层压力大于0.6MPa、套管压力大于0.8MPa时，降低套管压力，释放产能。

火线监测及前缘调控技术在红浅火驱试验区实现了成功应用，整个试验区可以按面积火驱和线性火驱两个阶段，分为3个区域、7个井组分别进行燃烧状态和开发效果评价。根据监测结果，结合数值模拟跟踪和生产动态，红浅火驱先导试验区生产7年来生产调控10轮次，促进了预期燃烧带和富油带的形成，避免火线指进和圈闭，实现了火线稳定推进，取心结果表明，火线波及体积达80%以上（图6-24）。

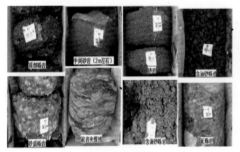 

(a)火烧前岩心照片　　　　　　　　　　(b)火烧后岩心照片

图6-24　火驱前后岩心对比图

第四节　火驱全生命周期安全生产作业技术

火驱开发过程存在有毒有害气体、高温酸性环境的安全风险，需要明确火驱生产材质的腐蚀规律，安全生产的边界条件，以及必要的修井作业安全防护手段和配套工艺，为油套管经济合理选材、井筒安全评价及安全作业提供指导依据。

一、火驱复杂工况下 O_2、CO_2、H_2S 共存的腐蚀机理和规律

1. 火驱油套管室内腐蚀行为研究

从火烧驱油工艺及腐蚀环境分析来看，火烧驱油过程中生产井普遍存在酸腐蚀及氧腐蚀。生产井在高温、高矿化度地层条件下，原油燃烧生成的 CO_2、SO_2 与地层内部的水发生化学反应形成碳酸、亚硫酸、硫酸及氧气，对井下套管、油管、生产泵及地

面阀门、管件产生严重的电化学腐蚀，局部产生不同程度的腐蚀坑、腐蚀麻点、甚至腐蚀穿孔。由于产液温度较高，原油中硫醇、硫醚等有机硫化物和地层中含硫矿物在高温下均会反应生成 H_2S，地层水中硫酸盐还原菌在油层条件下也会将硫酸盐还原成 H_2S。H_2S 将导致井下套管、油管、生产泵及地面阀门、管件等产生不同程度的均匀及局部腐蚀，更为严重者将造成 H_2S 应力腐蚀开裂（SSC）。

本节选取了新疆油田火驱生产过程的典型工况，采用磁力驱动反应釜开展相关试片的室内模拟实验，研究 P110、BG90H-9Cr，BG80-3Cr、BG90H-13Cr、N80、BG90H 等油套管材料的 $O_2+CO_2+H_2S$ 腐蚀行为。表 6-3 为不同温度条件下 N80、BG80-3Cr、P110、BG90H、BG90H-9Cr 和 BG90H-13Cr 油套管材的 $CO_2+H_2S+O_2$ 均匀腐蚀速率汇总表，图 6-25 为 6 种材料均匀腐蚀速率对比图。从表 6-3 和图 6-25 中可以得出如下结果。

表 6-3　均匀腐蚀速率汇总表

材质	均匀腐蚀速率 / （mm/a）		
	50℃	150℃	250℃
N80	0.3371	0.3177	0.1285
BG80-3Cr	0.3239	0.3788	0.0728
P110	0.2928	0.3572	0.0661
BG90H	0.2996	0.4552	0.0652
BG90H-9Cr	0.0584	0.1580	0.0270
BG90H-13Cr	0.0145	0.0549	0.0129

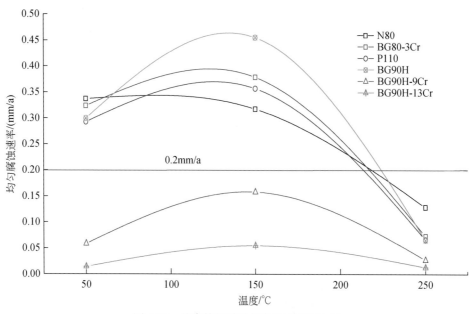

图 6-25　油套管材质均匀腐蚀速率对比图

（1）碳钢及低合金钢 N80、BG80-3Cr、P110、BG90H 的均匀腐蚀速率明显高于高合金钢 BG90H-9Cr 和马氏体不锈钢 BG90H-13Cr。

（2）N80、BG80-3Cr、P110、BG90H 四种材料的均匀腐蚀速率在 50℃及 150℃腐蚀条件下，均要高于 0.2mm/a，在使用过程中需采取一定的防护措施。

（3）Cr 元素的添加并没有明显改善 BG80-3Cr 的抗 $CO_2+H_2S+O_2$ 均匀腐蚀能力，50℃及 150℃腐蚀条件下，其均匀腐蚀速率分别为 0.3239mm/a 及 0.3788mm/a，显著高于 0.2mm/a。

（4）BG90H-9Cr 和 BG90H-13Cr 在实验温度范围内，均匀腐蚀速率都低于 0.2mm/a，具有良好的抗 $CO_2+H_2S+O_2$ 均匀腐蚀能力。

温度对 N80、BG80-3Cr、P110、BG90H、BG90H-9Cr 和 BG90H-13Cr 油套管材质的 $CO_2+H_2S+O_2$ 均匀腐蚀的影响较为显著。可见，6 种材料的均匀腐蚀速率在 150℃最大，在 250℃时最小。

N80、BG80-3Cr、P110、BG90H 在实验温度范围出现不同程度的局部腐蚀。其中在 50℃时，N80、BG80-3Cr 局部腐蚀轻微，P110、BG90H 表面有明显的局部腐蚀；在 150℃时，N80、BG80-3Cr、P110、BG90H 存在局部腐蚀；而在 250℃时，N80、P110 两种材料试样表面出现较为明显的局部腐蚀。

高合金钢 BG90H-9Cr 和不锈钢 BG90H-13Cr 在实验温度范围内局部有轻微腐蚀，具有良好的抗 $CO_2+H_2S+O_2$ 局部腐蚀能力。

（1）在较低温度腐蚀条件下（50℃），金属材料为 O_2+CO_2 的腐蚀，腐蚀产物为 $FeCO_3$，腐蚀产物膜保护性较差，腐蚀速率较高；在较高温度腐蚀条件下（150℃），由于 pH 升高，H^+ 浓度显著下降，O_2 腐蚀越来越占主导作用，并且含 Fe_3O_4 的 $FeCO_3$ 腐蚀产物膜的保护性下降，均匀腐蚀速率增大；在高温腐蚀条件下（250℃），腐蚀介质的 pH 显著升高，腐蚀介质呈弱碱性，腐蚀机制转为氧腐蚀控制，阴极反应减速，阳极溶解速度下降，加之高温碱性介质中 Fe_3O_4 水化物膜的保护性较强，腐蚀速率显著降低。

（2）油管用钢 N80、BG80-3Cr、P110、BG90H 四种材料的均匀腐蚀速率在 50℃及 150℃腐蚀条件下，均高于 0.2mm/a，在使用过程中需采取一定的防护措施；但由于腐蚀介质 pH 较高，腐蚀速率较小，局部腐蚀程度较轻。高合金钢 BG90H-9Cr 和不锈钢 BG90H-13Cr 在实验温度范围内具有良好的抗 $CO_2+H_2S+O_2$ 均匀及局部腐蚀能力。

2. 火驱油套管安全服役年限评价

油管在井下主要承受拉伸应力。在介质腐蚀的影响下，随着使用时间的增加，油管的抗拉强度逐渐降低。因此，在计算油管的使用寿命时需要同时考虑拉伸应力和腐蚀这两种因素。

由于每口井的腐蚀状况不同，油管在其中的使用寿命也不尽相同。本节选择新疆油田腐蚀相对比较严重的一口井，根据其实际油管柱配置情况，对油管的使用寿命进行评估。所选井油管采用 N80 钢级，外径 Φ73mm，壁厚 5.51mm，每米重 9.41kg（带接箍）。油管底部连接抽油泵，油管和抽油泵下深分别为 540m 和 200m。新疆油田所用的抽油泵有两种规格，分别是 1.8m 冲程 Φ57/38mm 抽油泵，重 128kg；3m 冲程 Φ57/38mm 抽油泵，重 152kg。为了计算最大受力，选择 3m 冲程 Φ57/38mm、152kg

的抽油泵进行计算。

油管在井口部位受到的拉伸应力最大，因此整个油管柱上井口部位是受力最苛刻的部位。根据强度预测原则，在油套管使用寿命评估时，选取井口部位进行评估：油管总重为 9.41kg/m×540m+152kg=5233.4kg，即井口部位油管管柱所承受的拉伸应力为 51287.32N。

依据套管和油管规范，已知管体外径、壁厚、钢级，油套管管体连接强度可用式（6-4）计算出来：

$$P_Y=0.7854(D^2-d^2)Y_p \qquad (6-4)$$

式中，P_Y 为管体屈服强度，MPa；Y_p 为管体的最小屈服强度，MPa；D 为外径，mm；d 为内径，mm。反过来，已知井口部位油管管体连接强度、某钢级管体的最小屈服强度、管体外径，通过式（6-4）也可以计算出此钢级油管不发生屈服的最小剩余壁厚，此壁厚就是在承受油管总重的拉伸应力时，井口油管不发生屈服的最小剩余壁厚。在式（6-4）中，代入井口部位管柱所承受的拉伸应力、N80 钢级油管管体的最小屈服强度为 551.58MPa，管体外径为 73mm，可得管体不发生屈服时的最小剩余壁厚为 0.4077mm。那么，对于壁厚 5.51mm 的油管，可被腐蚀的壁厚为 5.51mm-0.4077mm=5.1023mm。

按照腐蚀速率寿命预测原则，由于 N80 油管在 120℃时的均匀腐蚀速率最大，局部腐蚀较为严重（表6-4），其 $CO_2+H_2S+O_2$ 环境下的使用寿命为 14.7 年，在 CO_2+H_2S 环境中的使用寿命为 15 年（未考虑强度因素）；如考虑局部腐蚀影响，N80 油管在 $CO_2+H_2S+O_2$ 环境中不发生穿孔的使用寿命为 4 年，在 CO_2+H_2S 环境中不发生穿孔的使用寿命为 6.7 年（未考虑局部腐蚀的酸化自催化效应）。

表6-4　油管均匀腐蚀速率及使用寿命汇总表

预测依据		腐蚀环境	
		$CO_2+H_2S+O_2$	CO_2+H_2S
强度原则	均匀腐蚀速率/（mm/a）	0.3371	0.2217
	使用寿命/a	15.1	23.0
腐蚀速率原则	均匀腐蚀速率/（mm/a）	0.3464	0.3395
	使用寿命/a	14.7	15
	均匀+局部腐蚀速率（穿孔）/（mm/a）	1.2850	0.7566
	使用寿命/a	4	6.7

套管在井下同时承受内压、外压及拉伸应力。在介质腐蚀的影响下，随着使用时间的增加，油管的抗拉强度、抗内压能力及抗外挤能力均会逐渐降低。与油管类似，由于每口井的腐蚀状况不同，套管的使用寿命也不相同。本节选择新疆油田火驱试验过程中腐蚀相对比较严重的几口生产井，根据其实际套管柱配置情况，对套管的使用寿命进行了评估。

生产井的套管参数如下：井深 600m，现场使用的 N80、TP90H-3Cr、TP90H-9Cr 三种不同钢级套管，规格为 Φ177.8mm，壁厚 9.19mm，每米重 38.89kg（带接箍）；

地层压力为 3.9MPa，生产井井底压力为 3.2MPa。

　　根据前面所述的腐蚀评价结果，套管在 120℃条件下腐蚀速率较大，因此按照 120℃条件下的腐蚀速率进行评估。为了方便计算，把腐蚀评价试验所得各钢级套管的腐蚀速率结果列出见表 6-5。

表 6-5　腐蚀速率汇总表　　　　　　（单位：mm/a）

材质	$CO_2+H_2S+O_2$	CO_2+H_2S
N80	0.3464	0.3395
BG90H	0.2519	0.2329
BG90H-3Cr	0.1826	0.1784
BG90H-9Cr	0.0986	0.0740

　　基于套管在腐蚀＋内压、腐蚀＋外压、腐蚀＋拉伸应力、腐蚀＋拉伸应力＋外压四种情况下的剩余强度进行分析，其在腐蚀＋拉伸应力＋外压条件下挤毁压力下降趋势最为严重。套管在承受拉伸应力时的等效外挤压力用式（6-5）计算。

$$P_e=P_o-[1-2/(D/h)]P_i \qquad (6-5)$$

式中，P_e 为等效外挤压力，MPa；P_o 为外压力，MPa；P_i 为内压力，MPa；h 为名义壁厚，mm；D 为名义外径，mm。

　　把套管的名义外径 177.8mm、名义壁厚 9.19mm、套管的内压力 3.2MPa 和外压力 3.9MPa 代入式（6-5）中，可得等效外压力为 1.0308MPa。

　　根据套管塑性挤毁压力公式［式（6-6）］，计算不同钢级套管管体不发生挤毁时的最小剩余壁厚：

$$P_e=Y_{pa}[A/(D/h)-B]-C \qquad (6-6)$$

式中，Y_{pa} 为轴向应力等效值的屈服强度，MPa；系数 A、B、C 的数值见表 6-6，钢级不同，系数 A、B、C 的数值也不同。计算得到 80 钢级的剩余壁厚为 6.3570mm，90 钢级的剩余壁厚为 5.7026mm。根据式（6-7）可计算腐蚀年限：

$$R_{life}=h_i/C_{平均} \qquad (6-7)$$

式中，R_{life} 为可腐蚀年限，年；h_i 为可腐蚀壁厚，mm；$C_{平均}$ 为平均腐蚀速率，mm/a。

表 6-6　塑性挤毁压力公式系数

钢级	系数		
	A	B	C/psi^*
N80	3.071	0.0667	1955
C90	3.106	0.0718	2254

＊1psi=6.89476×10³Pa。

　　计算出的不同钢级、不同材质套管受轴向拉伸、挤毁和腐蚀共同作用下的可腐蚀年限见表 6-7。套管柱在完井后主要用于对井壁的支撑，以保证整个油井的正常运行，因此，套管柱的抗挤毁性应为其结构完整性的主要指标。由表 6-7 可知，在较为苛刻的 $CO_2+H_2S+O_2$ 腐蚀条件下，N80、BG90H、BG90-3Cr、BG90H-9Cr 可腐蚀年限分别为 10.8 年、13.8 年、19.1 年和 36.3 年，BG90H-9Cr 耐蚀性最好，可腐蚀年限最长。

表 6-7　根据强度原则得出的套管可腐蚀年限

材质与钢级	最小剩余壁厚 /mm	CO₂+H₂S		CO₂+H₂S+O₂	
		均匀腐蚀速率 / (mm/a)	可腐蚀年限 /a	均匀腐蚀速率 / (mm/a)	可腐蚀年限 /a
N80	6.3570	0.3395	11.00	0.3464	10.8
BG90H	5.7026	0.2329	14.97	0.2519	13.8
BG90-3Cr		0.1784	19.55	0.1826	19.1
BG90H-9Cr		0.0740	47.12	0.0986	36.3

二、火驱采出气体安全性评价技术

在火驱开采过程中，生产井的产出物除了油水混合物外，还有大量的气体。在这些气体成分中，既有易燃易爆气体如 CO、CH_4、H_2S，也有有毒有害气体如 CO、H_2S、SO_2 等，同时还含有助燃气体 O_2 及惰性气体 N_2 和 CO_2。这些多元混合气体的组分和含量随着火驱的不同阶段和油层燃烧状况的变化随时发生变化，如果处置不当就有可能发生爆炸、人员中毒等安全事故，给火驱的安全生产运行和现场管理带来了很大的困难。

目前公开发表的文献中，只能查询到单一可燃气体和空气的混合爆炸极限，对于成分复杂的混合气体的混合爆炸极限，没有见到公开的研究文献。同时，查阅公开的火驱工艺方案和相关研究文献可以看出，对于生产井产出的 O_2 安全浓度基本上都采用 5% 这一数据。低于 5%，可以安全开井；高于 5%，要求立即关井。对于氧气浓度为 5% 的取值依据，没有给出合理的解释和令人信服的实验数据。

1. 火驱多元混合气体爆炸极限的确定方法

爆炸极限实验装置主要由爆炸容器、配气装置、点火装置、控温控压及安全控制系统 4 部分组成（图 6-26）。爆炸容器由耐压不锈钢制造，圆柱形，内有活塞，有效容积最大为 2.3L，最大耐压可达 70MPa。配气装置由 CO_2、CH_4、O_2、N_2 等混合可燃气和真空泵组成，采用分压比来配置混合气体。点火装置采用 GDH-10 高能点火装置，火花频率为 6 次 /s，可以形成连续的电火花，火花能量为 10J，远远大于实验中相关可燃气体的最小点火能量。

实验分析了不同的温度、压力和惰性气体浓度对于爆炸极限的影响，得到了如下结论。

（1）初始温度越高，爆炸极限范围就越大，即爆炸下限降低，爆炸上限升高。爆炸上限的变化比爆炸下限的变化明显。温度对爆炸极限的影响机理是：温度升高，分子内能增加，同时容易发生碰撞，使爆炸危险性增大。如果爆炸装置中有水存在，温度升高，系统内的水蒸气含量增加，会缩小爆炸范围。

（2）压力对爆炸上限的影响较大，压力升高，爆炸上限逐渐变大，使得爆炸范围变得更广。压力对爆炸下限的影响较小，压力升高，爆炸下限略微降低。压力对爆炸

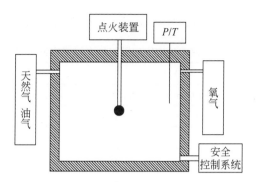

图 6-26　爆炸极限实验装置

极限的影响机理是：压力增大，会使系统内的气体分子更容易发生碰撞。

（3）惰性气体浓度增大，爆炸上限逐渐下降，爆炸下限逐渐上升。加入 N_2 的混合气体，爆炸上、下限在 N_2 总浓度达到 81.5% 时重合，即 N_2 浓度大于 81.5% 时，甲烷不会发生爆炸。加入 CO_2 的混合气体，爆炸上、下限在 CO_2 浓度达到 22.1% 时重合，即 CO_2 浓度大于 22.1% 时，甲烷不会发生爆炸。惰性气体的加入减少了混合气体中 O_2 的体积分数，这是惰性气体抑制爆炸的主要机理。

通过实验，测定了常见可燃气体爆炸极限和临界氧含量及几种油田典型气体组分爆炸极限和临界氧含量的数据，详见表 6-8 和表 6-9。

表 6-8　常见可燃气体爆炸极限和临界氧含量

	CH_4	C_2H_6	C_3H_8	C_4H_{10}	H_2	H_2S	CO
爆炸下限 /%	5	3	2.1	1.9	4	4.3	12.5
临界氧含量 /%	10	10.5	10.5	12.35	2	6.35	6.15

表 6-9　不同气样爆炸极限和临界氧含量

气样	组分	爆炸下限 /%	爆炸上限 /%	临界氧含量 /%
CH_4（实验值）	C_1	4.74	16.58	11.71
CH_4（模型预测值）	C_1	5.00	15.00	10.00
天然气气样（实验值）	$80\%C_1+15\%C_2+5\%C_3$	4.14	16.52	12.05
天然气气样（模型预测值）	$80\%C_1+15\%C_2+5\%C_3$	4.12	15.82	10.04
X 油田气样（模型预测值）	$76\%C_1+3\%C_2+5\%C_3+8\%C_4+6\%C_5+2\%C_6$	3.41	13.73	10.73
X 油田气样（实验值）	$75\%C_1+5\%C_2+5\%C_3+15\%C_4$	3.67	14.81	12.90
大港油田气样（实验值）	$5\%C_2+0.7\%CO_2+C_1\%$ 平衡			12.57
大港油田气样（模型预测值）	$5\%C_2+0.7\%CO_2+C_1\%$ 平衡	4.87	15.01	10.04
大庆油田气样（模型预测值）	$62.4C_1+9\%C_2+13.5\%C_3+5.9\%C_4+9.4\%N_2$	3.98	13.21	10.45

从表 6-8 和表 6-9 中可以看出，在以甲烷为主要可燃成分的混合气中，其最低爆炸下限为 3.41%（表 6-4），临界氧含量最低为 10.00%。

考虑到火驱采出气体组分的浓度是不断变化的，需要采用公式法修正计算多元混合气体动态的爆炸极限。由于火驱产出气体中还混合有空气组分，常规的经验公式法不能直接使用，需要经过进一步的处理，具体思路是：以实测的 O_2 含量为基准，按照空气中的氮氧比（78/21）计算出一部分 N_2 含量，将这部分 N_2 和 O_2 含量作为空气抽提出来，剩余的混合气体当做一个计算整体，利用经验公式法计算所得的爆炸极限就是产出气体的爆炸极限 [式(6-8)]。

$$l_{下限}=l_{m下限}\cfrac{\left(1+\cfrac{(d+g_2)/(a+b+c+d+g_2)}{1-(d+g_2)/(a+b+c+d+g_2)}\right)\times100}{100+l_{m下限}\times\cfrac{(d+g_2)/(a+b+c+d+g_2)}{1-(d+g_2)/(a+b+c+d+g_2)}}$$

$$l_{上限}=l_{m上限}\cfrac{\left(1+\cfrac{(d+g_2)/(a+b+c+d+g_2)}{1-(d+g_2)/(a+b+c+d+g_2)}\right)\times100}{100+l_{m上限}\times\cfrac{(d+g_2)/(a+b+c+d+g_2)}{1-(d+g_2)/(a+b+c+d+g_2)}}$$

（6-8）

式中，$l_{下限}$ 为爆炸下限；$l_{m下限}$ 为多元混合气体动态爆炸下限；$l_{上限}$ 为爆炸上限；$l_{m上限}$ 为多元混合气体动态爆炸上限；a、b、c、d、g_2 为混合气体中各组分的体积分数。

结合实验数据和相关研究文献中的经验公式，就可以较为准确地确定油井产出气体的安全浓度。

2. 气体中毒性的分析

火驱产出气体中的有毒有害气体 CO、H_2S、SO_2 的安全浓度极限可由相关气体安全手册查到。据此，即可对混合气体的毒性做出评价。具体评价标准如下所述。

（1）若 H_2S 浓度小于 10×10^{-6}，SO_2 浓度小于 4×10^{-6}，以及 CO 浓度小于 50×10^{-6}，说明当前的混合气体毒性处于安全范围，评价等级为安全。

（2）若 H_2S 浓度大于 10×10^{-6}，且小于 20×10^{-6}，SO_2 浓度大于 4×10^{-6}，且小于 5×10^{-6}，以及 CO 浓度大于 50×10^{-6}，且小于 200×10^{-6}，说明当前的混合气体毒性接近中毒范围，评价等级为警告。

（3）若 H_2S 浓度大于 20×10^{-6}，SO_2 浓度大于 5×10^{-6}，以及 CO 浓度大于 200×10^{-6}，说明当前的混合气体毒性处于中毒范围，评价等级为危险。

3. 气体安全评价软件的开发

采用前面总结出的爆炸极限和中毒风险评价的方法，既可对火驱生产运行提供必要的安全参考。但是考虑到现场操作人员的操作便利性，将以上综合评价方法编制成气体安全性评价软件。

将现场快速分析仪测量出的产出气体中各种组分的浓度输入该软件（图6-27），即可对火驱生产井产出气体组分的爆炸危险性及毒性做出分析评价，评价结果可分为安全、警告、危险 3 个等级，评价结果可以保存至数据库，从而对火驱生产井的安全运行及现场采样人员的人身安全提供必要的安全提示和参考。

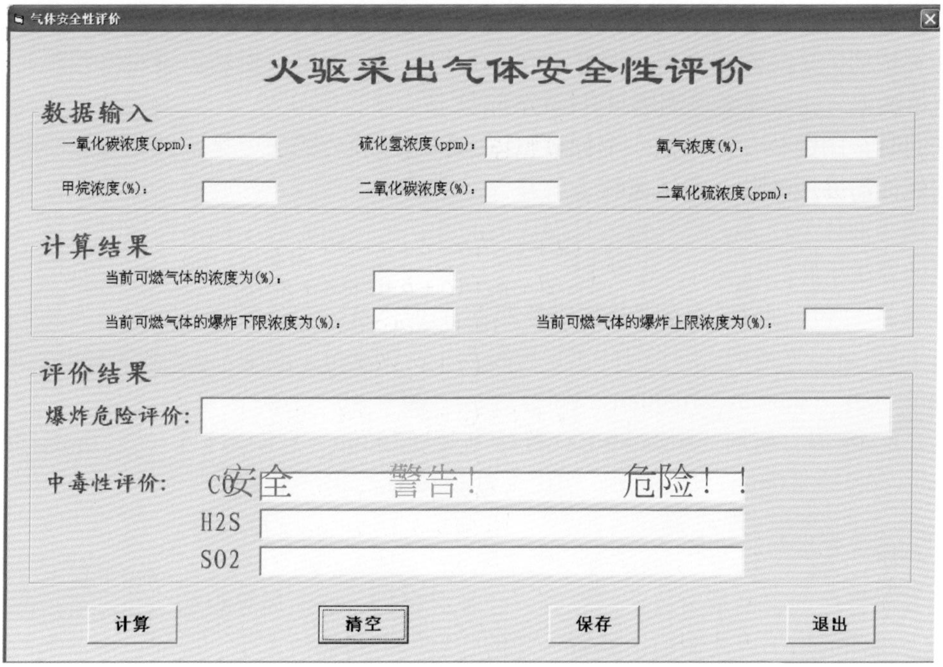

图 6-27　火驱采出气体安全评价软件界面

三、火驱井下作业技术

火驱生产井具有高温、压力系数低（0.5 ～ 0.8）、高产气的特点，产气量一般在 3000 ～ 5000m³/d，最高可达 10000m³/d，并含有毒气体（H_2S、CO），普通压井技术发生漏失等无法实施压井作业，研究了多种压井技术，确保修井作业安全。

1. 低压高温修井工艺原理

火驱修井工艺中，采用常规的修井作业技术不能实现有效压井，通过室内研究，采用暂堵剂原理在有效压井时间内进行修井作业，暂堵剂由常规暂堵剂变为高温暂堵剂。

暂堵剂的工作原理：暂堵剂由基液和交联剂两部分组成；暂堵剂的基液为聚合物溶液（同分子化合物），在施工时按一定的交联比加入一种交联剂溶液后形成冻胶，再将这种冻胶注入井眼内，在破胶前可有效地封隔地层流体。使用暂堵剂进行低压气井修井是为了暂时封堵地层，以确保安全完成修井作业，然后再采取其他方式使暂堵剂破胶水化后排出，最终不伤害产层。

以暂堵剂的基本配方为基础，根据不同低压气井的情况，如井深、井温、井身结构、地层压力、地层流体等，提出有针对性的具体技术要求，如暂堵剂的用量、成胶性能、破胶时间的控制、破胶方法的选定等。暂堵剂的技术难点是破胶时间及破胶效果的控制。通过加入不同比例的破胶剂可以有效地控制暂堵剂的破胶时间，而破胶效果必须依靠合理选择破胶方式及破胶药品。

针对火驱的特殊情况，研制出了油溶性高温暂堵剂。压井时，把碱液＋瓜尔胶＋悬浮暂堵剂的压井液体系打入井底，在井底对油层实现屏蔽暂堵后进行修井作业，后期因遇油即溶的原理实现油层与井筒的连通。

同时，针对不同生产井的具体情况，火驱压井采取了3种方法：产气量较小的井，采用碱性压井液压井；产气量较大的井，采用碱性压井液＋冻胶液＋油溶性常温暂堵剂的压井液体系压井；产气量大且温度高的井，采用冻胶液＋油溶性高温暂堵剂＋束缚水的方法压井。

火驱压井用暂堵剂的主要技术指标如下所述。

（1）高温暂堵剂：耐温140℃；粒径为1～10mm，具体为2.5～3.5mm、3.5～5.5mm、6.0～8.0mm、10.0mm；软化点为≥100℃。

（2）常温暂堵剂：耐温80℃；粒径为1～10mm，具体为2.5～3.5mm、3.5～5.5mm、6.0～8.0mm、10.0mm；软化点为≥30℃。

2. 高温暂堵剂的研制

高温暂堵剂主要是由复合树脂胶、烃类混合物、稳定剂等组成，经过复杂的化学反应、特殊的加工工艺制成的具有一定的强度、不同粒径大小、溶油而不溶水的固体颗粒，其特点如下所述。

（1）产品常温下为粒状，随着温度的升高而逐渐软化。

（2）油溶性好，在油井投产后暂堵剂可溶于原油而排出。

（3）与其他处理剂配伍性好。

（4）本产品无毒，不伤害油层，不污染环境。

火驱采用的JJZX-1油溶性暂堵剂分两类：油溶性暂堵剂JJZX-1A（常规）（表6-10）和油溶性暂堵剂JJZX-1B（高温）（表6-11）。

表6-10 油溶性暂堵剂JJZX-1A性能规格

外观	体积密度/（g/cm^3）	油溶率/%	软化点/℃	粒径/mm
固体颗粒	0.56～0.68	≥85	≥30	2.5～3.5、3.5～5.5、6.0～8.0、10.0

表6-11 油溶性暂堵剂JJZX-1B性能规格

外观	体积密度/（g/cm^3）	油溶率/%	软化点/℃	粒径/mm
固体颗粒	0.56～0.68	≥85	≥100	2.5～3.5、3.5～5.5、6.0～8.0、10.0

3. 火驱现场压井作业分析

通过4年的研究和试验，根据红浅1井区火驱试验区工况，研制出了3种压井液体系，现场应用效果统计见表6-12。

表 6-12　红浅 1 井区火驱试验区修井分类总结表

压井方法	适合工况	一次压井成功率 /%
碱性压井液	新井，气量小	62.50
碱性压井液 + 冻胶液 + 油溶性常温暂堵剂	新井，气量大	81.00
冻胶液 + 油溶性高温暂堵剂 + 束缚水	老井，气量大	100.00

火驱配套压井液体系成功研制，实现了火驱安全生产与作业，7 年成功压井 160 余井次。

主要参考文献

陈广宇，伍晓林，张国印，等.2002.油田污水中有机物对复合体系界面张力的影响［J］.大庆石油地质与开发，21（3）：65-67.

程绍志，胡常忠，刘新福.1998.稠油出砂冷采技术［M］.北京：石油工业出版社.

代学成，李东文，王东，等.2004.微生物开采稠油技术在克拉玛依油田的应用研究［J］.新疆农业科学，1（41）：66-69.

邓勇，易绍金.2006.稠油微生物开采技术现状及进展［J］.油田化学，23（3）：290-291.

董本京，穆龙新.2002.国内外稠油出砂冷采技术现状及发展趋势［J］.钻采工艺，25（6）：18-21.

杜元胜，黄强，梁金强，等.2013.稠油单罐自动计量装置：中国，201320271255.2［P］，2013-11-13.

付军.2001.重油出砂冷采产量预测［D］.北京：中国石油勘探开发研究院.

韩冬，沈平平.2001.表面活性剂驱油原理及应用［M］.北京：石油工业出版社.

何志勇，徐新俊，贾金辉，等.2006.大港油田官109-1断块稠油油藏碱/表面活性剂吞吐采油技术［J］.油田化学，23（2）：116-119.

胡盛忠.2004.石油工业新技术级标准规范手册——石油开采新技术及标准［M］.哈尔滨：哈尔滨地图出版社.

黄立信，田根林，童正新.1996.化学吞吐开采稠油试验研究［J］.特种油气藏，3（1）：44-50.

黄强，蒋旭，王登，等.2016.高温携汽超稠油段塞流捕集处理一体化装置，201520354953.8［P］，2016-01-13.

黄世伟，张廷山，霍进.2006.稠油微生物开采矿场试验研究［J］.河南石油，20（1）：46-49.

蒋旭，夏新宇，黄强，等.2014，高温携汽流体换热计量一体化装置：中国，201320721046.3［P］，2014-04-30.

李强，姚玉萍，薛兴昌，等.2015.原油采出液用换热器［实用新型］：201420807481.2［P］，2015-07-08.

刘文章.1997.稠油注蒸汽热采工程［M］.北京：石油工业出版社.

刘喜林，赵政超，刘德铸，等.2002.蒸汽萃取开采稠油技术［M］.北京：石油工业出版社.

刘中春.2008.提高采收率技术应用现状及其在中石化的发展方向［J］.中国石化，（4）：5-8.

罗玉合，孙艾茵，张文彪，等.2008.稠油出砂冷采技术研究［J］.内蒙古石油化工，1（2）：73-75.

史权.2002.用化学方法提高稠油油藏采收率［J］.国外油田工程，18（4）：1-10.

宋思，赖德贵，杜元胜，等.2012.自平衡双罐稠油计量装置：中国，201120563061.0［P］，2012-12-29.

唐春燕，刘蜀知.2007.稠油热采技术综述［J］.内蒙古石油化工，19（6）：128-129.

王杰祥.2006.油水井增产增注技术［M］.东营：中国石油大学出版社.

王启尧，吴芝华．2006．八面河油田注氮气与蒸汽提高稠油采收率试验［J］．江汉石油职工大学学报，19（6）：59-60．

吴国庆，黄立信，陈立峰．2000．稠油化学吞吐技术研究［J］．西安石油学院学报（自然科学版），15（2）：29-34．

武海燕，张廷山，兰光志，等．2005．克拉玛依油田微生物吞吐矿场试验及效果分析［J］．西南石油学院学报，27（3）：57-59．

谢建军．2005．河南油田稠油热采后期进一步提高采收率技术的探讨［J］．河南石油，19（2）：58-60．

杨振宁，陈广宇．2004．国内外复合驱技术研究现状及发展方向［J］．大庆石油地质与开发，23（5）：94-97．

袁士义，刘尚奇，张义堂，等．2004．热水添加氮气泡沫驱提高稠油采收率研究［J］．石油学报，25（1）：57-61，65．

张朝晖．2005．国内外稠油开发现状及稠油开发技术发展趋势［D］．北京：中国石油勘探开发研究院．

张春栋．2006．电加热杆开采稠油技术在纯梁采油厂的应用［J］．内蒙古石油化工，1（2）：117-118．

张飘石．2006．微生物开发稠油技术研究［J］．油气田地面工程，25（9）：26-27．

张锐，朴晶明，邓明．2007．火烧油层段塞＋蒸汽驱组合式开采技术研究［J］．特种油气藏，14（5）：66-69．

张润芳，王纪云，张燕，等．2005．古城油田 B125 断块表面活性剂驱技术［J］．石油钻采工艺，27（4）：51-55．

张廷山，兰光志，邓莉，等．2001．微生物降解稠油及提高采收率实验研究［J］．石油学报，22（1）：54-57．

郑军卫，张志强．2007．提高原油采收率：从源头节约石油资源的有效途径——国内外高含水油田、低渗透油田以及稠油开采技术发展趋势［J］．科学新闻，1（2）：34-36．

周明升．2006．组合式蒸汽吞吐技术在超稠油油藏中的应用［J］．西部探矿工程，1（12）：107-108．

周伟，肖建洪，陈辉，等．2002．重芳烃驱油剂的研制及应用［J］．江汉石油学院学报，24（2）：91-92，108-109．

周雅萍，刘其成，孟平平．2000．碱／表面活性剂改善千 22 块普通稠油开采效果实验研究［J］．特种油气藏，7（2）：39-43．

Thomas S，等．2003．稠油开采的化学方法［J］．徐雅莉，邸秀莲，译．特种油气藏，10（2）：95-96．

Alam M W，Tiab D. 1988. Mobility control of caustic flood［J］. Energy Sources，10（1）：1-19.

Butler R M. 1994. Steam Assisted gravity drainage：Concept，development，performance and future［J］. Journal of Canadian Petroleum Technology，33（2）：44-50.

Jennings Jr H Y，Johnson Jr C E，McAuliffe C D. 1974. A caustic waterflooding process for heavy oils［J］. Journal of Petroleum Technology，26（12）：1344-1352.

Liu Q，Dong M，Ma S，et al. 2007. Surfactant enhanced alkaline flooding for Westen Canadian heavy oil recovery［J］. Colloids and Surfaces A：Physicochemical and Engineering Aspects，293（1-3）：63-71.

Liu Q，Dong M，Ma S. 2006. Alkaline/surfactant flood potential in Western Canadian heavy oil reservoirs［C］//SPE/DOE Symposium on Improved Oil Recovery. Society of Petroleum Engineers，Tulsa.

Luhning R W，Das S K，Fisher L J，et al. 2003. Full scale VAPEX process-climate change advantage and economic consequences [J]. Journal of Canadian Petroleum Technology, 42 (2): 29-34.

Okandan E. 1977. Improvement of waterflooding of a heavy crude oil by addition of chemicals to the injection water [C] //SPE International Oilfield and Geothermal Chemistry Symposium. Society of Petroleum Engineers, La Jolla.

Taylor K C, Nasr-El-Din H A. 1996. The effect of synthetic surfactants on the interfacial behaviour of crude oil/alkali/polymer systems [J]. Colloids and Surfaces A: Physicochemical and Engineering Aspects, 108 (1): 49-72.